作物营养强化对改善人口健康的影响及经济评价

青平 廖芬 李剑 曾晶 著

本书受到国家自然科学基金国际合作项目"作物营养强化对改善人口营养健康影响及评估研究"（71561147001）、国家社科基金重大项目"新形势下我国粮食安全战略问题研究"（22 & ZD079）、中国工程院战略研究与咨询项目"双循环背景下我国粮食安全韧性及风险研究"、中央高校基本科研业务费专项资金"面向未来的新型食物系统构建及经济社会影响评估研究"（2662021JC003）、山东省博士后创新人才支持计划以及华中农业大学食物经济与营养健康研究中心的资助。

科学出版社

北 京

内 容 简 介

改善人口健康状况、提高整个民族的健康水平，是当前中国面临的重大战略任务。本书调研了中国农村居民营养健康状况及存在的问题，并从宏观和微观两个层面实证评析了在中国开展作物营养强化项目的健康效益、经济效益和成本效益。此外，本书还构建了中国区域级作物营养强化优先指数，并对其市场推广前景、风险及化解机制进行了分析。本书的研究有利于中国在未来以营养型农业为核心，进一步优化农业和粮食生产模式，构建以人口健康营养需求为导向的现代食物产业体系，最终致力于解决中国人群的隐性饥饿和营养失衡问题。

本书可供关注中国居民营养健康问题的高等院校和科研机构的研究人员以及从事"三农"工作的政府决策部门与实践部门的人员参考阅读。

图书在版编目（CIP）数据

作物营养强化对改善人口健康的影响及经济评价 / 青平等著. —北京：科学出版社，2024.1

ISBN 978-7-03-072211-9

Ⅰ.①作… Ⅱ.①青… Ⅲ.①作物－植物营养－影响－人口－健康－研究－中国 Ⅳ.①S147.2 ②R197.1

中国版本图书馆 CIP 数据核字（2022）第 081470 号

责任编辑：徐 倩 / 责任校对：贾伟娟
责任印制：张 伟 / 封面设计：有道设计

科学出版社 出版
北京东黄城根北街 16 号
邮政编码：100717
http://www.sciencep.com
北京中科印刷有限公司 印刷
科学出版社发行 各地新华书店经销
*
2024 年 1 月第 一 版 开本：720×1000 1/16
2024 年 1 月第一次印刷 印张：19 3/4
字数：400 000
定价：226.00 元
（如有印装质量问题，我社负责调换）

序

仓廪实、天下安，粮为国之本。在中华民族伟大复兴的战略全局和世界百年未有之大变局的历史交汇期，保障粮食安全与营养安全已然发展成为关乎人类经济发展和社会安全稳定的重大基础性及战略性问题。据联合国粮食及农业组织估计，2020 年，全球有 7.2 亿～8.11 亿人口面临饥饿，近 23.7 亿人无法获得充足的食物。相较于 2019 年，人数分别增加 1.61 亿人和 3.2 亿人。在中国，隐性饥饿人数在 2015 年就达到了 3 亿人，这说明我国营养不良人口数量庞大，并且在气候变化、食物结构升级、经济减速的多重作用下，粮食不安全与营养不良情况呈现日益复杂的局面，我国粮食系统和国民营养健康将承受更严重的负面影响。因此，有必要把保障粮食和营养安全放在突出位置，毫不放松地抓好粮食生产，加快转变农业发展方式，探索中国特色现代化农业发展道路。

中共中央、国务院印发的《"健康中国 2030"规划纲要》和国务院办公厅印发的《国民营养计划（2017—2030 年）》，系统全面地部署了保障国民营养安全、重视粮食和营养安全，始终把人民健康放在优先发展的战略地位。营养健康问题已经成为社会共识，居民对食物的需求已经从原来简单的吃得饱转变为吃得好、吃得安全、吃得营养、吃得健康。但长期以来，受传统农业生产方式的影响，农业生产重产量、轻质量，这严重影响了我国农产品营养品质的提高。在此背景下，大力提倡和发展营养型农业，转变农业生产方式，增强农产品营养含量，成为改善居民营养健康水平的新尝试。

营养型农业的核心是作物营养强化技术体系，通过植物育种或农艺手段提高现有主粮、蔬菜和饲料农作物中的微量营养素与健康功能因子含量，从而使人们通过日常食用植物源或动物源产品产生明显的健康效应，进而提高人体营养健康水平。依靠作物营养强化技术发展农业，不仅要关注农产品产量的提高，更重要的是提高现有农产品质量和营养价值。营养型农业是集"农业—食物安全—营养"于一体的新型农业，在发展可持续农业的同时，兼具食物安全与营养安全及营养健康价值的融合。以营养促农业，以农业保安全，一方面，可使人们获得丰富食品的途径多样化；另一方面，可以加快营养食品的供应速度。因此，以作物营养强化农产品为核心的营养型农业受到了各国政府和学者的强烈推荐。

中国作物营养强化技术自 2004 年开展以来，已经建立了相应的技术体系和评价方法，培育了一批营养强化农作物。但仍要注意到，推广作物营养强化"任重道远",农业食物营养转型发展之路仍然面临着诸多困难和挑战。首先,作物品种研发不断丰富,但还可以更多样化。目前我国研发的作物主要集中在玉米、小麦、水稻和甘薯等主粮作物中,强化的营养素也主要是叶酸、维生素及铁、锌等矿质元素,这在一定程度上可以满足居民营养健康需求,但仍需要进一步扩展作物种类和有益的健康功能因子数量,尤其是加强蔬菜作物的营养强化研发,从而满足居民的多样化需求。其次,作物营养强化的研究还需进一步跨学科交流合作。作物营养强化技术及其农产品作为一种新型的农业生产技术或新型农产品,其对人口健康改善的研究是典型的跨学科研究。目前,该领域的研究仍然相对较少,在国内尤为欠缺,需要经济学家、农学家、营养学家等密切合作。再次,作物营养强化还需进一步标准化。为推广营养型农业,亟须建立健全营养强化作物及其产品的强化标准、技术标准和检测标准规范,从而保障作物营养强化及营养型农业的稳定发展。最后,作物营养强化的市场化及其风险化解机制有待进一步发展。作物营养强化作为国际前沿的新概念和技术,在中国的起步比较晚,目前作物营养强化农产品市场化、商业化程度待深化,企业、消费者对作物营养强化农产品的接受度还需验证,有必要进一步通过科企联合、协同创新,加快开发新的适合不同人群需求的营养型和功能型新产品,广泛了解作物营养强化农产品推广过程中的风险与化解机制。

为了有效推进营养型农业的发展,该书从宏观和微观相结合的视角,在丰富的文献阅读和调研的基础上,对中国居民营养健康状况进行了系统的梳理和归纳,并进一步分析了作物营养强化农产品对人口健康的改善效果。此外,结合作物营养强化发展的实践,对其健康效益、经济效益和成本效益进行了详细分析,构建了中国区域级作物营养强化优先指数。最后,对作物营养强化农产品推广过程中的风险因素和机制进行了探索,提出了一些有新意、有见地的思路和对策。值得指出的是,该书的意义主要在于增加人们对作物营养强化的认识与了解,启发人们以新的眼光和视角认识农业,以新的理念发展营养型农业,而这也是该书最为可贵之处。

2022 年 4 月 22 日

前　言

　　洪范八政,食为政首。粮食安全一直关乎国计民生、人民福祉。在新中国成立的70余年来,中国粮食之基更牢靠、发展之基更深厚、社会之基更稳定,粮食安全发展之路备受世界瞩目。习近平强调:"中国人的饭碗任何时候都要牢牢端在自己手中,我们的饭碗应该主要装中国粮。"[①]14亿中国人吃饱饭的问题已然解决,但保障粮食安全、促进国民营养健康与身体综合素质的提升,不仅要吃得饱,还应该树立大农业观、大食物观,向耕地草原森林海洋、向植物动物微生物要热量、要蛋白,全方位多途径开发食物资源,确保国民吃得好、吃得营养、吃得健康。

　　"绿色革命"被认为是解决饥饿问题的有效途径,然而这种通过增加粮食产量的方法并不能完全解决营养摄入不足的问题。事实证明,日常饮食如果主要依赖高热量的主食作物,如大米、玉米及小麦等是不足以解决饥饿问题的。中国在长期的农业生产中,主要关注主食作物的生产,对副食品(如水果、蔬菜等)的生产关注不足,导致副食品供应不足、需求增加和价格高的恶性循环,最终产生了一个新的巨大问题——隐性饥饿。隐性饥饿是指居民整体营养质量差,即居民个人虽然可以摄入足够的热量来维持生活,但其基本饮食不能提供足够的精神和身体健康所需的重要维生素与矿物质。它不仅会影响人们的身体健康,还不利于儿童和青少年的生理与心理发展,如影响儿童的生长发育、导致儿童的患病率和死亡率增加以及降低儿童的生活质量等。隐性饥饿还会带来巨大的经济损失,它会增加个人的患病风险,使其工作能力降低,从而降低成年男女的生产力。相关研究表明,2015年,中国有3亿人存在营养不良问题,由铁缺乏所导致的经济损失占GDP的3.6%。2017年,世界范围内有25亿人存在隐性饥饿,主要集中在妇女和儿童。因此,解决隐性饥饿已经成为影响我国发展的重要问题。《"健康中国2030"规划纲要》也进一步强调了其重要性。

　　为了有效对抗隐性饥饿,各国政府和学者采取了多种方式,主要有饮食多样化、营养素补充剂、食物强化和作物营养强化四种。前三种由于经济、社会、选择化合物有关的技术困难等原因,其覆盖范围十分有限。具体而言,饮食多样化是解决隐性饥饿最理想和可持续的办法,但其对于相对贫困地区和相对贫困人民而言往往较难实现。营养素补充剂是相对有效的,但其价格相对较贵,贫困人民

---

① 让中国人的饭碗牢牢端在自己手中. http://www.xinhuanet.com/2022-08/09/c_1128900052.htm[2022-08-09].

往往支付不起，并且营养素补充剂不能从根本上解决隐性饥饿，可能会有重复发生的风险。迄今为止，除了加碘食盐外，食物强化成功的案例也相对较少。因此，作物营养强化应运而生，它是通过在人们日常消费的主要作物中添加微量营养素，从而起到改善主要作物的营养质量的目的。它是一种以农业为基础的干预战略，符合大食物观，主要通过培育具有较高微量元素含量的主食作物实现，可以大面积有效地改善贫困地区和贫困人口的健康状况，具有显著的健康优势和经济效益。

作物营养强化作为解决隐性饥饿较为经济有效的手段，受到了世界各国政府和学者的广泛关注，与之相关的研究逐渐增加。中国拥有 3 亿隐性饥饿人口，数量庞大，因此，研究作物营养强化意义重大，作物营养强化不仅可以有效改善中国居民的营养健康状况，减轻由此带来的疾病负担、健康损失和经济损失，还可以有效巩固中国脱贫攻坚成果，防止返贫。但由于中国作物营养强化起步较晚，尚未进行大规模种植和推广，其相关研究也相对欠缺，作物营养强化对人口健康的改善效果、经济评价与市场分析等方面的研究更是凤毛麟角。

在此背景下，国家自然科学基金国际（地区）合作交流项目"作物营养强化对改善人口营养健康影响及评估研究"于 2016 年正式立项，该项目致力于从生产端、消费端、营养端和政策端评估作物营养强化的影响。十多位华中农业大学经济管理学院食物经济课题组、国际食物政策研究所（International Food Policy Research Institute，IFPRI）的多年从事食物经济问题研究的研究人员组成了一个研究团队，进行了长达 5 年的联合攻关，对"作物营养强化改善人口健康"问题进行了全方位、多角度的系统探索，并将主要研究及其成果形成《作物营养强化对改善人口健康的影响及经济评价》一书。

我们不仅期待本书的出版能够进一步推动中国作物营养强化相关研究的理论思考与实践探索，更期待着中国居民早日摆脱微量营养素营养不良，期待着"健康中国"战略目标的早日实现，期待着历经了无数挫折的中国人民尤其是中国农村人民早日实现共同富裕的目标。

2023 年 10 月 20 日于武汉狮子山

目　　录

第一章　绪论 …………………………………………………………… 1

　　第一节　研究背景 …………………………………………………… 1

　　第二节　研究意义 …………………………………………………… 5

　　第三节　文献综述 …………………………………………………… 6

　　第四节　研究目标与分析框架 ……………………………………… 28

　　第五节　研究内容和方法 …………………………………………… 29

　　第六节　本书的结构 ………………………………………………… 35

第一篇　中国居民营养健康状况分析、改善措施及作物营养强化

第二章　中国居民营养健康状况分析 ………………………………… 39

　　第一节　中国居民营养健康状况 …………………………………… 39

　　第二节　中国居民营养素摄入状况 ………………………………… 42

　　第三节　微量营养素摄入影响因素分析 …………………………… 48

　　第四节　中国居民微量营养素摄入存在的问题 …………………… 54

　　第五节　中国居民微量营养素摄入的对策建议 …………………… 55

第三章　微量营养素缺乏及其改善措施 ……………………………… 57

　　第一节　微量营养素缺乏 …………………………………………… 57

　　第二节　微量营养素缺乏的原因与后果 …………………………… 59

　　第三节　微量营养素缺乏对中国居民营养健康的影响 …………… 62

　　第四节　改善微量营养素缺乏的主要方式 ………………………… 63

第四章　作物营养强化 ………………………………………………… 66

　　第一节　作物营养强化提出的背景与定义 ………………………… 66

　　第二节　作物营养强化的发展状况 ………………………………… 68

　　第三节　作物营养强化的比较优势 ………………………………… 71

　　第四节　本章小结 …………………………………………………… 72

第二篇　作物营养强化对人口健康的改善效果分析

第五章　健康效果评价方法与指标体系构建 ················· 77

　　第一节　宏观健康效果评价方法——DALY 方法 ············· 77

　　第二节　微观健康效果评价方法——RCT 方法 ·············· 80

　　第三节　健康效果评价指标体系 ······················· 81

第六章　宏观层面健康改善效果的实证研究：以叶酸强化水稻为例 ····· 91

　　第一节　研究方法 ······························ 92

　　第二节　叶酸强化水稻健康改善效果的分析框架 ············· 93

　　第三节　叶酸强化水稻健康改善效果分析的数据收集 ··········· 94

　　第四节　叶酸强化水稻健康改善效果的实证分析 ············· 96

　　第五节　讨论与启示 ···························· 99

第七章　微观层面健康改善效果的实证研究：以叶酸强化玉米为例 ···· 101

　　第一节　叶酸强化玉米实验设计 ······················ 101

　　第二节　叶酸强化玉米实验方法 ······················ 108

　　第三节　叶酸强化玉米营养干预实验结果 ················· 112

　　第四节　本章小结 ····························· 120

第八章　微观层面健康改善效果的实证研究：以锌强化小麦为例 ····· 122

　　第一节　锌强化小麦实验设计 ······················· 122

　　第二节　锌强化小麦实验方法 ······················· 125

　　第三节　锌强化小麦营养干预实验结果 ·················· 128

　　第四节　本章小结 ····························· 131

第三篇　作物营养强化改善人口健康的经济评价及发展优先序

第九章　经济评价指标体系构建 ························ 135

　　第一节　经济效益评价指标 ························· 135

　　第二节　成本评价指标 ··························· 137

　　第三节　成本-效果评价指标 ························ 137

　　第四节　本章小结 ····························· 139

第十章　经济评价实证研究：以叶酸强化水稻为例 ·············· 141

　　第一节　叶酸强化水稻的经济效益分析 ·················· 141

第二节　叶酸强化水稻的成本分析 ················· 142

第三节　叶酸强化水稻的成本-效果分析 ················· 143

第四节　与其他国家、其他营养干预措施的成本效益比较 ··········· 144

第五节　结论、讨论与启示 ················· 146

第十一章　经济效益的影响因素分析 ················· 149

第一节　经济效益的发展研究动态 ················· 150

第二节　经济效益影响因素 ················· 154

第三节　经济效益研究中存在的问题 ················· 159

第四节　作物营养强化经济效益的研究展望 ············· 160

第十二章　基于区域级 BPI 的中国作物营养强化优先序 ········ 163

第一节　中国区域级 BPI 的概念 ················· 164

第二节　中国区域级 BPI 的测算方法 ················· 165

第三节　中国区域级 BPI 的数据来源 ················· 169

第四节　中国区域级 BPI 的评价 ················· 169

第五节　中国区域级 BPI 的空间分异 ················· 174

第六节　基于空间分异的进一步分析 ················· 176

第七节　结论与启示 ················· 179

第四篇　作物营养强化农产品市场推广过程中的风险与化解机制

第十三章　产品特质对作物营养强化农产品支付意愿的影响 ········ 183

第一节　研究背景 ················· 183

第二节　理论假说与研究框架 ················· 185

第三节　研究方法 ················· 187

第四节　结果与分析 ················· 188

第五节　结论与启示 ················· 191

第十四章　农产品类型、消费者主观知识对作物营养强化农产品
　　　　　购买意愿的影响 ················· 193

第一节　研究模型与假设推导 ················· 194

第二节　实证检验 ················· 195

第三节　研究结果 ················· 196

第四节　结论与讨论 ················· 198

第十五章　相对价格比较和企业沟通策略的匹配对消费者作物
　　　　　营养强化农产品决策的影响 ································· 200
　第一节　研究背景 ······································ 200
　第二节　研究假设与理论模型 ····························· 201
　第三节　研究 1：相对价格比较和企业沟通策略的匹配对作物
　　　　　营养强化农产品消费决策的影响 ······················ 205
　第四节　研究 2：价格敏感度的中介作用 ······················ 206
　第五节　研究 3：健康意识和调节定向的调节作用 ················ 208
　第六节　结论与建议 ···································· 212
第十六章　沟通信息类型对营养强化食物购买意愿的影响：
　　　　　调节定向和正确感的作用 ·························· 213
　第一节　理论与假设 ···································· 214
　第二节　研究方法 ······································ 217
　第三节　研究结论与启示 ································· 222
第十七章　沟通信息类型对作物营养强化农产品购买决策的影响机制研究···· 224
　第一节　文献回顾及研究假设 ····························· 225
　第二节　实验设计 ······································ 228
　第三节　结果分析与讨论 ································· 231
　第四节　结论与建议 ···································· 233
第十八章　消费者对作物营养强化农产品的支付意愿研究：
　　　　　基于 BDM 拍卖实验法 ···························· 236
　第一节　支付意愿测量方法的选择 ·························· 236
　第二节　BDM 拍卖实验机制设计 ··························· 238
　第三节　实验参与者的描述性统计结果 ······················ 241
　第四节　计量模型与结果分析 ····························· 249
　第五节　本章小结 ······································ 254

第五篇　主要结论、政策启示和未来发展

第十九章　主要研究结论和观点 ······························· 257
　第一节　中国居民微量营养素缺乏问题突出 ···················· 257
　第二节　作物营养强化农产品改善人口健康的重要作用 ·············· 258

第三节　作物营养强化农产品的经济效益和成本效益 …………………… 259

第四节　作物营养强化农产品扩散过程中的风险与化解机制 ………… 262

第二十章　中国作物营养强化农产品发展的问题与发展方向 ………… 265

第一节　当前中国作物营养强化农产品发展值得研究与解决的问题 …… 265

第二节　中国作物营养强化农产品的进一步发展方向 ………………… 268

第二十一章　未来政策取向 ……………………………………………… 272

第一节　关于作物营养强化经济评价指标的建议 ……………………… 272

第二节　关于作物营养强化作物开发的建议 …………………………… 273

第三节　关于优化作物营养强化路径选择的建议 ……………………… 274

第四节　关于扩大作物营养强化农产品覆盖范围的建议 ……………… 275

第五节　关于作物营养强化农产品推广与扩散的建议 ………………… 276

参考文献 ………………………………………………………………… 279

第一章 绪 论

第一节 研究背景[①]

改革开放 40 余年来，中国经济水平有了长足发展，居民生活水平也有了显著改善，中国居民的饮食结构发生了巨大变化（黄季焜，2018）。随着收入的增加，居民在日常饮食中更加注意营养均衡，因此，中国居民的营养健康水平有了很大的提升（林永钦等，2019），部分地区和人群甚至存在营养过剩的问题。与此同时，要注意到，由于气候变化（樊胜根，2021）、经济减速（陈志钢等，2020）等的影响，中国居民的膳食质量有所下降，存在结构不合理的现象（Tian and Yu，2015；汪希成和谢冬梅，2020），微量营养素摄入不均衡的问题普遍存在。世界卫生组织（World Health Organization，WHO）将微量营养素摄入不充分或者营养不均衡定义为隐性饥饿。2019 年，中国有 3 亿隐性饥饿人口，其中缺铁的比例最高，在儿童中更是达到 35.50%（马德福等，2014）。此外，维生素 A 缺乏症（vitamin A deficiency，VAD）也很普遍，城市中小学学生缺乏比例为 9.77%（杨春等，2016）。叶酸缺乏问题同样较为突出，存在叶酸缺乏的人数约有 2.58 亿人（de Steur et al.，2010）。世界范围内存在隐性饥饿问题的人数在 2017 年高达 25 亿人，尤其是妇女和学龄前儿童。由于农村地区和相对贫困人口以便宜的主食作物为主，难以获得足够数量的高价值营养食品，因此隐性饥饿对农村地区和相对贫困人口的影响更大。

微量营养素是指矿物质和维生素，常见的微量营养素主要包括锌、铁、维生素 A 及叶酸等。微量营养素对维持身体健康十分必要，如果摄入不足，会导致微量营养素缺乏。微量营养素的缺乏不仅会影响人们的身体健康，如长期缺乏叶酸会导致贫血和新生儿神经管畸形（谢璐璐等，2019），长期缺锌会对儿童和青少年的生理与心理产生不良影响，生理上表现为生长发育迟缓、患病率和死亡率增加，从而导致人力资本和生活质量降低，心理上表现为容易自卑、焦虑。微量营养素的缺乏还会带来经济上的巨大损失，如中国由缺铁所导致的经济损失就达到当年 GDP 的 3.6%（范云六，2007）。微量营养素摄入不足除了影响身体健康、带来经济损失以外，还会严重阻碍中国巩固脱贫攻坚成果及"健康中国 2030"目标的实

[①] 廖芬. 2020. 作物营养强化农产品改善人口营养健康的经济评价研究[D]. 华中农业大学.

现，从而导致农村地区和相对贫困人口深受其害。微量营养素缺乏所带来的严重后果致使其成为阻碍中国经济社会进一步发展和实现现代化进程的重要因素，因此，减轻微量营养素缺乏刻不容缓。

实践表明，减轻和预防微量营养素缺乏的方式主要有饮食多样化、营养素补充剂、食物强化和作物营养强化四种。作物营养强化是当前改善人口健康状况的最有效途径。它通过植物育种、转基因技术和农艺实践等方式使农作物中维生素和矿物质的含量增加，从而起到减少和预防全球普遍存在的，特别是发展中国家所面临的人群营养不良和微量营养素缺乏问题的作用（张春义和王磊，2009；de Valença et al.，2017）。由于效果明显，近年来作物营养强化日益受到世界各国的高度重视，中国政府近年来也加快了相关工作步伐。图 1.1 为中国作物营养强化的实施策略。作物营养强化提高的微量营养素主要包括铁、锌、维生素 A 及叶酸四种，经常食用营养强化的农作物可以有效改善人体健康和营养状况。

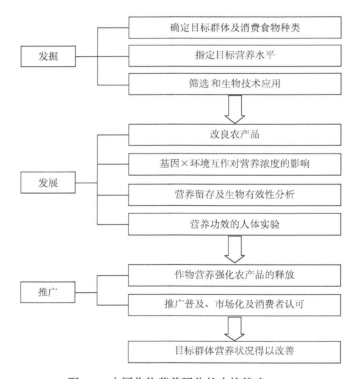

图 1.1　中国作物营养强化的实施策略

作物营养强化对人口健康非常重要。人体健康除了需要碳水化合物、脂类、蛋白质等宏量营养素之外，还需要包括铁、锌、硒、碘等 16 种矿物质及维生素 A、维生素 E、叶酸、维生素 B_2 等 13 种维生素在内的必需微量营养素。如果这些必需微量营养素缺乏或长期摄入不足，人体就会出现各种健康问题，甚至导致疾病，这种现象被称为隐性饥饿（张春义和王磊，2009）。例如，VAD 为世界五大微量营养素缺乏症之一，2009 年 WHO 数据显示有 520 万名学前儿童患有夜盲症，该病症与 VAD 关系密切。中国人口的维生素 A 中等缺乏，在云南、贵州、四川等偏远地区可能有 50%的学前儿童存在 VAD 问题。这些微量营养素的缺乏产生的后果十分严重。例如，VAD 可造成视觉功能的损伤，引起干眼症、夜盲症，降低儿童的免疫功能和抗感染力，影响骨骼及软组织增长，导致发病率和死亡率增高。缺锌的儿童食欲降低，味觉减退，生长发育迟缓，身材矮小，抵抗力差，易患病。缺铁性贫血（iron deficiency anemia，IDA）对育龄妇女和儿童的健康影响非常大，严重 IDA 会增加儿童和母亲的死亡率。缺铁还会损害儿童智力发育，造成儿童、青少年学习能力、记忆力异常。联合国儿童基金会的统计数字表明，1990～2015 年，全世界 5 岁以下儿童中有大约 1.5 亿人为低体重儿童，2000 多万名儿童存在发育不良问题，大约 3.5 亿名妇女患有营养性贫血，这些都与微量营养素缺乏相关。中国的调查结果也表明，相当部分中学生的维生素 A、铁、锌、铜等微量营养素的摄入均不足，由此导致学生贫血发病率较高，智力中下和缺陷者比例居高不下，有些地区甚至超过 40%（常素英等，2006）。

作物营养强化有助于大幅度降低微量营养素缺乏造成的巨大社会经济损失。微量营养素缺乏造成的社会经济损失主要包括：①劳动力损失。微量营养素缺乏会导致劳动者体力不足，劳动能力降低，并造成潜在劳动者在接受教育和身体发育阶段发育迟缓，成年后劳动生产率将平均下降 9%；此外，微量营养素缺乏会导致劳动者智力受损，受教育能力与创新能力不足。早期微量营养素缺乏会导致儿童听力、视力减弱，学习能力下降，即使以后补充微量营养素进行纠正，但学习潜能仍然不能完全复原到正常儿童应有的水平。此外，微量营养素缺乏与各类急性、传染性疾病互为因果，并且是许多慢性疾病的潜在原因。联合国儿童基金会统计结果显示，1999 年，发展中国家 5 岁以下的儿童死亡中，49%与营养不良有直接或间接的关系。儿童成年后易患如冠心病、肥胖病、高血压及糖尿病等疾病。这些慢性病不少源于婴幼儿时期的营养不良。②家庭长期贫困。微量营养素缺乏导致人体残疾和疾病，直接减少家庭收入，而为了治疗疾病、照顾病人，家庭支出显著增加，家庭生存压力增大。此外，父母微量营养素缺乏容易通过遗传导致后代健康状况不佳、身体与智力发育迟缓，家庭脱贫更加无望，"越贫越病、越病越贫"导致许多家庭陷入贫困的恶性循环，对贫困家庭形成致命打击。总之，微量营养素缺乏不但对居民的健康、家庭经济是一个巨大威胁，而且也是对公费医疗体系和医疗保险事业的严峻挑战。③直接经济损失。营养健康是经济发展的动力之一。著名的经济学家罗伯特·福格尔（Robert Fogel）通过对工业革命繁盛时期的英格兰、威尔士、北欧经济增长因素的分析，证明北欧在这一时期的长期经济增长有50%以上应归于其人群的体格发育（身高、体重）的增长（他因创造性地证明这一规律而获得诺贝尔经济学奖）。按照世界银行统计，发展中国家由营养不良所导致的智力低下、劳动能力丧失（部分丧失）、免疫力下降等造成的直接经济损失，占GDP的3%～5%。在中国，由IDA所导致的经济损失相当于GDP的3.6%（成人占0.7%，儿童占2.9%）（张春义和王磊，2009）。

作物营养强化可行性强、成本相对低廉。改善营养不良状况一直以来主要有四种途径，即饮食多样化、营养素补充剂、食物强化和作物营养强化。饮食多样化虽然是理想的办法，但是需要在一定程度上改变人们的饮食习惯，而且合理的膳食还需要经济条件的支持，生活困难家庭在今后相当长的时间内无法做到这点。营养素补充剂见效快，但经济成本高。食物强化也是在较大范围内进行积极人群营养干预的一种简便、有效的膳食措施，中国在食物强化发展中取得较好成就，典型的一个例子就是强化碘盐的推广。但食物强化对于偏远地区的生活困难人民而言往往较难获得。与上述三种方式不同的是，作物营养强化作为减少和预防全球性的，尤其是发展中国家人群中（相对贫困人口）普遍存在的营养不良的根本性解决途径，具有很多无可比拟的优点。首先，它生产简单、易于推广，只需要直接以富含微量营养素的生物代替原有品种即可，不需要增加任何额外劳动和改动原有的生产方式。其次，消费者食用方便、安全。消费者无须改变自己的饮食习惯和食物加工、食用方法，同时它符合中国人"食疗"的理念，容易被广大人群所接受。最后，最为经济有效。例如，如果采取添加营养素的办法提高人口的营养状况，中国2014年的粮食总产量为6亿吨，即便是按每千克5分钱的营养素成本计算也需要投入300亿元。如果再加上生产费用、销售费用等，总费用将远远高于上述数字。相比之下，作物营养强化只需要一次性投入，育成的强化品种就可以源源不断地供给，不需要额外的支出。

鉴于作物营养强化在改善微量营养素缺乏方面所起的重要作用，政府和学者围绕作物营养强化开展了大量研究。现有研究揭示，政府和学者对作物营养强化大多持积极态度，认为其可以显著有效改善微量营养素缺乏，值得大规模种植和推广，但农户和消费者却对作物营养强化持有不同的看法，有的对其持有积极态度，愿意种植作物营养强化农产品并愿意为其支付溢价，而有的则不愿意种植并且拒绝购买或者需要较低的折扣才愿意购买。上述不一致的结论使得对是否应该开展推广及如何开展推广作物营养强化农产品存在争议；并且中国开展作物营养强化相对较晚，尚未大规模种植和生产作物营养强化农产品，相关研究相对欠缺。因此，为了有效改善中国居民营养健康状况，对作物营养强化农产品改善人口健康的影响和经济评价进行深入研究十分有必要。在本书中，我们主要围绕以下几个问题展开：如何构建作物营养强化农产品对人口健康的改善效果评价指标体系？作物营养强化农产品对人口健康的改善效果如何？作物营养强化农产品改善人口健康的经济评价及其影响因素有哪些？农户和消费者对作物营养强化农产品的接受程度、支付意愿（willingness to pay，WTP）如何及其影响因素有哪些？如何吸取经验采取切实可行的策略从而通过作物营养强化改善中国居民营养健康状况？

第二节　研　究　意　义

作物营养强化研究在中国是一个新兴事物，开展时间是 2004 年，但它具有强大的生命力。作为世界最大的拥有 3 亿营养不良人口的发展中国家（樊胜根，2020），提高和改善人口的营养健康状况，从而提高整个中华民族的身体素质、健康水平，是当前中国面临的重大战略任务。作物营养强化的最根本目的在于培育富含各种人体所必需的微量营养素的新型作物品种，从而以相对经济有效的方式保障国民的营养安全，它是当前改善人口健康状况最切实可行的途径，对有效提高中国农村居民的营养健康、促进经济发展和社会稳定、降低整个社会的医疗成本、保护生态环境乃至提升广大人民群众的家庭和个人幸福感都有不可替代的重要意义。

作物营养强化改善人口健康的研究是一个典型的跨学科研究，目前该领域的研究仍然十分落后，在国内尤其比较欠缺，需要经济学家、农学家、营养学家等的密切合作，许多知名科学家和研究机构已经意识到其重要性。例如，国际食物政策研究所已经在该领域开展研究 30 余年，在非洲及其他欠发达地区启动开展了多项研究项目，并与其他国际组织一道资助了中国作物营养强化项目（HarvestPlus-China，HPC）。本书将切实结合中国的社会、经济、文化特点，设计新的研究手段，探讨作物营养强化为什么应该在中国实施及如何实施、如何对其效果进行评估和纠正，并吸收世界范围内作物营养强化的先进经验为中国所用，同时也注重把中国已经成熟的作物营养强化、改善人口健康的做法和经验向世界进行传播。

与现有研究的侧重点不同，本书将以丰富的有代表性的一手调查数据为基础，结合已有数据和成果，完成以下研究任务。第一，通过实地调查揭示中国相对贫困地区农村人口健康状况及微量营养素对人口健康的影响；第二，建构评估作物营养强化改善人口健康的指标体系，对已经实施的作物营养强化农产品项目的健康效果进行事前分析和事后分析，并评价其社会、文化与生态适应性；第三，构建中国区域级作物营养强化优先指数（biofortification priority index，BPI），其包括三个次级指数，即生产指数（production index，PI）、消费指数（consumption index，CI）和微量营养素缺乏指数（micronutrient index，MI），以此明确针对中国农村居民微量营养素缺乏特征的作物营养强化的人群定位、品种选择、强化方向、强化路径；第四，构建有效机制（即构建、协调和整合政府、农户与消费者投入作物营养强化的机制）促进作物营养强化，以改善农村人口健康水平；第五，吸取和借鉴国际经验推广作物营养强化，改善人口健康状况。

第三节　文献综述[①]

一、作物营养强化相关研究

（一）作物营养强化的内涵与意义

人类必需的营养素有近 50 种，其中任何一种营养素摄入不合理都会使身体机能发生紊乱，从而导致各种疾病或者亚健康状态。近年来，发展中国家维生素 C、维生素 B 和维生素 D 的缺乏显著下降，而铁、锌、碘和维生素 A 的缺乏仍然是主要的公众健康问题。Welch 和 Graham（2004）指出全世界有超过 30 亿人口存在微量营养素缺乏，而且数量还在不断增加。微量营养素缺乏的主要原因是人体所必需的维生素和矿物质摄入不足。微量营养素缺乏不仅会影响儿童的生长发育，而且会导致儿童的患病率和死亡率增加，降低儿童的生活质量。因此预防和控制微量营养素缺乏已经势在必行。从 20 世纪 80 年代到 21 世纪初期，发展中国家的农业致力于研究有助于增加热量的主食作物的生产和供应，但蔬菜、豆类和畜产品等富含微量营养素的非主食作物的生产却并没有同等程度增加。从长远来看，增加富含微量营养素食物的生产和改善饮食的多样性将大大减少微量营养素的缺乏。从短期来看，食用作物营养强化农产品有助于通过增加个体在整个生命周期中每日摄取的微量营养素来解决微量营养素缺乏问题（Bouis et al.，2011）。

Traoré 等（1998）认为在发展中国家比较理想的解决微量营养素缺乏问题的方法主要是饮食多样化，该方法的目的主要是增加膳食中微量营养素的种类和数量。Allen（2003）则认为不同的文化背景、饮食习惯和经济水平可能会影响人们对食物的选择、储存、加工和制作，而且饮食多样化的见效时间太长。能在短期内解决微量营养素缺乏问题的方法包括营养素补充剂和食物强化，但是它们需要安全的食物传输系统、稳定的政策支持、适当的社会构架及连续的资金支持。因此，Johns 和 Eyzaguirre（2007）表示，对于无力购买强化食品的低收入家庭，或者居住在强化食品无法波及的偏远农村的人群将无法通过此方法来改善营养状况。

---

① 本章部分研究内容发表于《华中农业大学学报（社会科学版）》2019 年第 3 期。

虽然饮食多样化、营养素补充剂、食物强化和作物营养强化均能有效地改善微量营养素缺乏状况（Oparinde et al.，2016a），但是饮食多样化见效时间太长，营养素补充剂和食物强化经济成本较高，只有作物营养强化具有生产简单、食用方便安全、经济效益高等优点，是解决微量营养素缺乏最为经济有效的途径（Sharma et al.，2017）。它通过植物育种、转基因技术和农艺实践等措施来实现增加农作物中维生素和矿物质含量的目的，也被称为生物强化。如果定期食用作物营养强化农产品，人类健康和营养方面将产生可以衡量的改善。中国作物营养强化农产品开始于 2004 年，至今已种植和推广 20 多种富含铁、锌、维生素 A、叶酸等微量营养素的水稻、玉米、小麦、甘薯及马铃薯。作物营养强化是使食用农作物在生产中提高微量营养素浓度或生物利用性的过程，也就是通过育种手段提高现有农作物中人体可吸收利用的微量营养素的含量（White and Broadley，2009；Hirschi，2009）。微量营养素通常包括铁、锌、铜、硒、碘、钙、镁等矿物质和维生素 A 等维生素。矿物质及维生素等微量营养素缺乏，又称为隐性饥饿。例如，Hallberg（1981）、Rush（2000）指出铁元素的缺乏导致的贫血会对人群体力和智力发展造成巨大的损害。为应对在全球普遍存在的隐性饥饿问题，世界多国科学家正在联合研究用作物营养强化手段以解决微量营养素缺乏问题。微量营养素缺乏是世界各国目前面临的最严重的公共卫生问题之一。

2008 年，哥本哈根会议将微量营养素缺乏列为威胁人类健康的第五大问题。其中，铁和锌的缺乏是最为普遍的，影响了全球半数以上的人口（World Health Organization，2002；White and Broadley，2009），营养素缺乏最严重的要数亚洲和非洲的发展中国家（Gómez-Galera et al.，2010）。全球有超过 20 亿人患有铁缺乏症，锌缺乏的人口数与之不相上下（Gibson，2006）。微量营养素缺乏会损害身体健康（Rawat et al.，2013）。2009 年 WHO 的数据显示，1995 年至 2005 年，有 520 万名学前儿童和 980 万名孕妇患有夜盲症，VAD 是 WHO 确认的四大营养缺乏性疾病之一，已经成为发展中国家一个严重的公共卫生问题。锌和铁缺乏会直接影响儿童生长发育、心理发育和智力发育，降低免疫力，使他们易疲易怒、掉发，在紧急情况下甚至导致死亡（Wintergerst et al.，2007）。

作物营养强化是针对世界上目前普遍存在的营养不良和营养失衡的解决之道。它能够给人们带来更优质、更富有营养的新品种，不管对城市还是农村人口来说都是理想健康食品的来源（Nestel et al.，2006）。作物营养强化提高了主要粮食作物中的微量营养素含量（铁、锌、维生素 A 等），有助于改善广大发展中国家中普遍存在的微量营养素缺乏和营养失衡的状况，消除隐性饥饿，从根本上解决隐性饥饿对贫困地区人口的困扰，提高营养水平，促进人体体力和智力充分发展，为人们幸福提供物质和健康保障。

作物营养强化可分为农艺强化和基因强化两种（Zaman et al.，2018），因此，既可以通过基因工程来增加主食作物中微量营养素水平，也可以采用传统育种技术，如通过施肥（施入土壤、浸泡种子或者叶面喷施）进行农产品的作物营养强化。White 和 Broadley（2009）认为农艺强化具有见效快、易于被广泛接受的特点，更适用于进行碘、锌、硒等的强化。国际作物营养强化项目（HarvestPlus Program）始于 2003 年，是国际农业研究磋商组织（Consultative Group on International Agricultural Research，CGIAR）"全球挑战计划"中的一个项目。国际作物营养强化项目第一期目标是提高 6 种作物（水稻、玉米、小麦、豆类、木薯、甘薯）中 3 种微量营养素（铁、锌、维生素 A）的含量，并研究其在改善人体营养方面的应用；第二期目标将包括大麦、香蕉、花生、谷子、马铃薯等作物并扩大到其他微量营养素。中国于 2004 年参与了国际作物营养强化项目，针对 4 种主要作物（水稻、玉米、小麦、木薯）和 3 种微量营养素（铁、锌、维生素 A）开展研究，并在小麦锌微量营养素生物有效性与营养强化领域研究中取得重要进展。

目前，锌营养强化的研究目标包括水稻、小麦和玉米。在国际玉米小麦改良中心（Centro Internacional de Mejoramientode Maizy Trigo，CIMMYT）及印度等多个国家和科研机构的努力下，作物营养强化培育出的小麦中锌含量在每千克25～36毫克，并在锌缺乏人群密集地区进行的人群营养改善实验中取得一定成效。运用农艺强化（传统育种）和基因强化（分子育种）相结合的技术筛选，培育出的优良玉米品种中锌含量也达到每千克 50～62 毫克。

作物营养强化是缓解或根除微量营养素缺乏经济而有效的途径。相对困难农村地区是微量营养素缺乏的高发区，由于经济落后，动物性食物来源受限，使微量营养素缺乏问题难以得到根本解决，而作物营养强化的水稻、玉米、小麦等是一种物美价廉的农作物，可以简便易行地种植和食用。因此在相对困难地区，通过作物品种置换将传统的低微量营养素农作物逐步替换为高微量营养素农作物，以食物为基础将长期有效地、可持续地改善发展中国家（相对贫困人口）普遍存在的营养不良和微量营养素缺乏问题（Mayer et al.，2008），逐渐消除隐性饥饿，从而将投入营养素补充剂和食物强化及消耗在治疗微量营养素缺乏中的资金解放出来，转而投向更需要的方面。因此，减轻营养不良甚至是消除该现象可以促进经济增长，尤其是在极度贫穷落后的国家和地区（Sachs et al.，2004），其社会经济可以得到更长足和充分的发展。通过作物育种，第三世界国家逐渐适应新时期农业发展方式的转变与食物安全保障，为新的育种技术奠定基础。隐性饥饿这一问题的有效解决可以促进各国之间在农业及其他方面开展合作，有助于提高作物产品的附加值，延长农业产业链，带动相关产业的发展，实现双赢或多赢。

作物营养强化为新时期育种提供了新的方向，目前作物营养强化主要集中在水稻、小麦、玉米、甘薯等几种主要粮食作物及铁、锌、维生素 A、叶酸等几类微量营养素上。

（1）铁。缺铁是主要营养缺乏症之一，会直接导致人体的 IDA，从而影响人的生长发育。WHO 与联合国人口委员会统计结果显示，全世界 30%的人口处于铁缺乏状态。膳食中的铁有两种来源：一种是以血红蛋白、肌红蛋白等形式存在于动物的内脏、血液、瘦肉中的血红素铁，占人体铁吸收量的 10%~40%；另一种存在于谷类、蔬菜、水果等植物性食物中的非血红素铁，占人体铁来源的 60%~90%。蓝丰颖等（2017）的研究表明，人体铁元素缺乏症与主粮中铁含量不平衡及低生物有效性密切相关，其中人体吸收的铁超过 50%来自谷类。对中国人体膳食结构分析表明，中国居民的食物中 70%的热量、65%的蛋白质和大部分微量元素均来自谷类（孙明茂等，2006）。由于人体对主粮的摄入量相当大，因此，谷物可食用部分铁含量的轻微增加或铁生物有效性的部分提高都将大大地改善人体的铁营养状况。一直以来植物育种学家致力于高铁积累谷物品种的育种工作（何万领等，2010）。植物性食物是人群铁等微量元素营养的主要来源。以植物性食物为主的人群缺铁有两个主要原因：①植物性食物中铁的含量较低；②铁的吸收利用率低，即生物有效性（bioavailability）低（谢传晓等，2007）。

（2）锌。锌是人体必需的微量元素，也是容易缺乏的元素，锌缺乏现象在国内外普遍存在。对农作物进行营养强化有望改善这种状况。小麦是世界主要粮食作物之一，中国以小麦为主食的居民占 1/3 以上。提高小麦中矿物质的含量对提高小麦营养价值、解决中国居民尤其是以小麦为主食的生活困难地区居民矿物质营养缺乏问题具有重大意义（白琳等，2010）。

中国农业科学院在国际作物营养强化项目的支持下，对中国北方冬麦区的 240 份小麦品种（系）的锌等主要矿物质含量进行了分析，成功筛选出‘中优 9507’‘京冬 8 号’等富锌小麦品种，但其锌的生物利用率尚不清楚，而这是筛选富锌小麦品种的关键数据。

（3）维生素 A。维生素 A 是一系列脂溶性维生素 A 的统称，包括视黄酯、视黄醇、视黄醛和视黄酸等衍生物。在动物体内，不同形式的维生素 A 承担着不同的功能。视黄酯是维生素 A 的主要储存形式，主要储存在肝脏中。当血清中维生素 A 含量下降时，视黄酯可转化成视黄醇，使血清中视黄醇含量保持稳定（刘楠楠和严建兵，2015）。视黄醛是视紫红质的辅基，可与视蛋白结合作为光感受器（Zhong et al.，2012b）。维生素 A 是人体必需的微量营养素，但人体自身不能合成，只能从食物中获得，动物性产品如蛋奶制品和动物肝脏中富含有活性的维生素 A；某些植物性食品如绿叶和黄色蔬菜及橙色的水果通常富含 β-胡萝卜素，其在人体中可转化为维生素 A（Tang，2010）。

维生素 A 缺乏和过量都会对人体健康造成损害。VAD 会造成干眼症、夜盲症、皮肤毛囊角质化，同时使免疫力降低，容易感染疾病，严重时可导致死亡（Sherwin et al.，2012）。另外，过量摄入维生素 A 会引起中毒（Zhong et al.，2012b），产生胡萝卜素血症，皮肤变黄。因此，适量维生素 A 的摄入对人体非常重要。

（二）国际作物营养强化研究进展

国外关于作物营养强化的研究开始较早，大量学者研究了作物营养强化，主要集中在作物营养强化农产品开发、成本效益和生物有效性分析及消费者对作物营养强化农产品的接受度与支付意愿等方面。

1. 作物营养强化农产品开发

目前各国已经通过作物营养强化技术培育出了许多高类胡萝卜素的甘薯新品种，其中一部分已经在乌干达进行了产量实验。有学者在肯尼亚已经筛选出 34 种高类胡萝卜素甘薯，并进行了种植。国际食物政策研究所也培育出了富含 β-胡萝卜素的玉米和木薯，β-胡萝卜素的含量最高可达到每千克 20 毫克，并且已经在非洲进行了种植和传播。此后，各国育种专家和机构也开展了一系列相关工作并取得了一定的成果，如培育出了一系列铁含量较高的农产品，水稻的铁含量为每千克 6 毫克，小麦为每千克 23 毫克，大豆为每千克 60 毫克；并且也培育出了几种锌含量较高的农作物品种，如水稻、小麦和大豆，各自的锌含量分别为每千克 22 毫克、24 毫克和 20 毫克。这些农产品的开发和培育为开展人体实验提供了依据，并为作物营养强化的进一步发展奠定了基础。

2. 作物营养强化成本效益和生物有效性分析

失能调整生命年（disability-adjusted life year，DALY）方法经常被用来衡量某种疾病的负担及其潜在的健康益处，是一种事前分析的方法。由于作物营养强化农产品尚未大规模生产，因此，此方法也适用于作物营养强化农产品的生物有效性分析。Zimmermann 和 Qaim（2004）首先将其应用到作物营养强化中，分析结果表明，黄金大米对于减少 VAD 所产生的潜在健康益处为每年 1600 万～8800 万美元。与此同时，研发投入的回报率也高达 66%～133%。随后，部分学者也采用 DALY 方法研究作物营养强化的成本效益，结果表明，作物营养强化是一项有价值的投资，其收益远超于成本（Nestel et al.，2006）。例如，当作物营养强化可以覆盖乌干达 25%～50% 的人群时，传播富含 β-胡萝卜素的甘薯每减少 1 个 DALY 损失所需要的成本小于 5 美元；当作物营养强化可以覆盖 75% 的人群时，补充维生素 A 每减少 1 个 DALY 损失所需要的成本为 12 美元，世界银行将其认为是高成本效益的。此后，DALY 方法成为衡量作物营养强化成本收益和生物有效性最为常见的方法。

DALY 方法被大量研究人员用来衡量不同国家（如菲律宾、印度、乌干达、赞比亚、尼日利亚）、不同粮食作物（如水稻、小麦、甘薯、珍珠粟、玉米）及不同微量营养素（如维生素 A、锌、铁、β-胡萝卜素）的健康效益和成本效益（Lividini and Fiedler，2015）。按照世界银行的标准，他们的研究结果一致表明，作物营养强化农产品是一种具有成本效益的干预措施（Meenakshi et al.，2010）。此外，《哥本哈根共识》还将作物营养强化列为经济发展的最高价值货币投资。专家认为作物营养强化每投资 1 美元，就可以获得 17 美元的收益。但是可以发现，虽然作物营养强化农产品具有成本效益，其干预效果却依赖于特定国家、特定粮食作物及特定微量营养素，不同国家、作物和微量营养素的干预效果可能有较大差异，因此，在进行成本-效果分析（cost-effectiveness analysis，CEA）时，一定要考虑这些具体的差异。

3. 消费者接受度和支付意愿

作物营养强化农产品具有明显的健康效益和较高的成本收益，但作为一种新型农产品，人们并不了解消费者对它的支付意愿，而消费者对作物营养强化农产品的态度和需求关系到其干预效果，因此，了解消费者支付意愿具有重要意义，这导致研究人员围绕消费者支付意愿展开了大量研究。

关于消费者对作物营养强化农产品的接受程度和支付意愿的研究结果表明，消费者对其态度既有正向的，也有负向的。Stevens 和 Winter-Nelson（2008）在莫桑比克开展的口味测试和贸易实验结果表明，消费者在黄色的营养强化玉米、白色的营养强化玉米和本地普通白色玉米中，最喜欢本地普通白色玉米的口感、质地和外观。尽管如此，仍然有一部分消费者对营养强化玉米持积极态度，他们愿意以自己的本地普通白色玉米交换黄色的营养强化玉米。这说明现有的对本地普通白色玉米的偏好并不妨碍消费者接受黄色的营养强化玉米，这有利于实现干预效果。de Steur 等（2017a）的研究也表明消费者对作物营养强化农产品持积极态度，他们通过文献综述研究发现，消费者对作物营养强化农产品普遍持有较高的支付意愿，其溢价达到 23.90%。也就是说消费者愿意为其多支付 23.90%。虽然有不少研究表明消费者对作物营养强化农产品持正面态度，但是作物营养强化农产品可能会导致农作物颜色、外观及形状等的改变，从而导致消费者对其持有负面态度。例如，de Steur 等（2013）在中国山西的一项研究表明，作物营养强化会降低育龄妇女的支付意愿。在肯尼亚对 501 名孕妇的研究也得出了相似的结论（Lagerkvist et al.，2016）。

消费者对作物营养强化农产品的支付意愿既有正向也有负向，为什么会产生如此大的差异呢？为了探索其背后的原因，国外大量学者致力于研究影响消费者支付意愿的因素。通过研究发现，作物营养强化农产品的支付意愿和接受程度受许多因素的影响，如消费者基本特征（包括性别、年龄、受教育程度等）、家庭特征（包括家庭人口数、家里是否有儿童等）、产品禀赋（包括农产品类型、微量营养素类型等）（Oparinde et al.，2016a）、干预目标区域、研究和环境的性质（de Steur et al.，2017b）、饮食习惯（包括饮食的多样化程度、农产品的口感等）及营养信息（包括信息类型、信息框架及提供信息的频率等）等（Oparinde et al.，2016b）。

在消费者接受程度和支付意愿的众多影响因素中，最重要的因素是作物营养强化农产品的颜色和提供的营养信息。Oparinde 等（2016a）在尼日利亚开展的研究表明，颜色对消费者支付意愿呈正向影响，消费者愿意为淡黄色的木薯支付额外的溢价，这一效应在缺乏营养信息的情况下仍然存在。同一年，他们在肯尼亚开展的另一项研究也得出类似的结论，消费者愿意为黄色的玉米支付额外的溢价，溢价幅度高达 24%。这些均表明颜色改变不会妨碍消费者对作物营养强化农产品的偏好，甚至会提高其支付意愿（Oparinde et al.，2016b）。在不同地区、不同微量营养素、不同作物条件下开展的其他研究也说明消费者对作物营养强化农产品的支付意愿不受颜色改变的影响，仍然对其具有较高的偏好（de Groote et al.，2011；Gunaratna et al.，2016）。营养信息是另一重要因素，但关于其研究尚未形成统一结论，有研究认为消费者对正面营养信息的支付意愿高于负面营养信息，也有研究认为详细的营养信息会导致支付意愿的降低。

（三）中国作物营养强化研究进展

中国作物营养强化项目始于 2004 年，前期研究经费（60 万美元）由国际作物营养强化项目资助，共资助 8 个试点课题，包含 4 种作物，分别是水稻（4 个课题）、玉米（2 个课题）、小麦（1 个课题）和甘薯（1 个课题）。这些课题汇聚了大约 100 位来自 30 多个国内外科研机构的专家，他们是具有良好工作基础和专业背景的作物资源学家、育种学家、动物与人体营养学家，项目还有各级疾病预防控制中心等单位的参与，体现了多学科交叉的研究特色，代表了当今科学发展的潮流。目前，已经获得了富含微量营养素（铁、锌、类胡萝卜素）的水稻、小麦、玉米等作物新品种或品系。项目组在云南、贵州和四川等相对贫困地区完成了目标人群的营养状况分析，筛选出了微量营养素严重缺乏的人群，为利用这些作物营养强化培育的新型作物进行人体营养实验奠定了基础。中国作物营养强化取得的进展得到了国内外专家的认可，中国作物营养强化项目被列入国际作物营养强化项目第二期（2008～2011 年）的资助项目（范云六，2007）。目前，中国作物营养强化项目仍在持续开展中。

经过多年的努力，项目各项研究课题组之间不同领域的专家彼此紧密配合，已经建立了全国性的、多学科交叉的作物营养强化研发队伍和组织机构，建立了国际标准的微量元素分析技术平台。在作物新品种培育、人体营养实验、经济效益分析、学科团队和研究平台建设、文章发表和专利申请及公众宣传等方面取得了显著成绩，并得到了国内外专家的认可。2004～2011 年，中国成功举办了 6 次国际会议，共有 54 个研究单位的 295 名国内专家和 53 名国外专家参会，共作 119 个学术报告。2006 年，中国成功举办了"类胡萝卜素分析培训班"，12 名国内外研究人员参加了培训班，发表文章 37 篇。2009 年，中国作物营养强化项目办公室组织编写出版了《生物强化在中国：培育新品种 提供好营养》一书（张春义和王磊，2009）。中国作物营养强化项目办公室通过报纸、杂志、网站和会议等媒介发表文章 38 篇，向公众介绍中国作物营养强化项目的基本情况、取得的进展、隐性饥饿的危害和微量营养素对人体健康的重要性等，增强了公众对作物营养强化的认识。2009 年，中国作物营养强化项目主任范云六院士应邀参加"Grand Challenge 9"会议（由比尔及梅琳达·盖茨基金会举办），并作《中国生物强化——与隐性饥饿和贫困做斗争》报告，参会的中外专家对中国作物营养强化项目取得的进展给予了充分的肯定和赞扬。

中国现有的有关作物营养强化的研究大部分集中于作物营养强化的作物开发、作物营养强化的意义及健康效益、作物营养强化的经济效益及消费者对作物营养强化农产品的接受度和支付意愿等方面。

1. 作物营养强化的作物开发

在培育新品种方面，中国学者经过不断的尝试及努力培育出了一批富含微量营养素的新作物品种。张春义的研究小组已经培育出作物营养强化的甘薯等系列品种。截至 2018 年，中国作物营养强化项目已育成 18 个富含铁、锌和维生素 A 的作物新品种，并对这些作物营养强化品种进行了生物利用率检测和营养效力实验，2 个高铁、锌含量的小麦和 2 个富含 β-胡萝卜素的甘薯品种已通过了品种审定。其中，取得突出进展的作物营养强化甘薯项目"高类胡萝卜素甘薯品种的推广及应用"成功培育 3 个 β-胡萝卜素甘薯新品系，超过国际作物营养强化项目每克甘薯含有 100 微克 β-胡萝卜素的育种目标；作物营养强化玉米项目"高维生素 A 原玉米杂交种的选育"也取得显著进展；"铁富集水稻新品种选育"研究课题已培育高铁含量（每克水稻含有 6.70 微克铁）的水稻新品系'中广香 1 号'，并已在广西优质米组进行区试，'中广香 1 号'表现出高产优质的特点，2010 年通过广西农作物品种审定；"富铁水稻生物有效性及土壤——作物系统的调控"课题建立并优化了 Caco-2 细胞模型，为筛选高生物有效性富铁水稻品种和育种提供了技术支撑；"突变育种培育低植酸型高铁水稻"研究课题通过突变育种得到了 1 个铁含量为每克水稻含有 4.60 微克铁的水稻品系，获得了 1 个铁含量高且生物利用率翻倍的水稻新品系；"铁锌强化小麦的筛选和功能研究"课题获得了高铁锌含量小麦品种'京冬 8 号'，超过和接近国际作物营养强化项目的育种目标，'中麦 175'已分别通过北京、山西、河北冬麦区审定，并与河北敦煌种业有限公司和北京古船面粉集团合作开发，年推广面积约 10 万公顷；"高维生素 A 源玉米杂交种的选育"研究课题培育了 3 个适应目标地区高维生素 A 前体的玉米新品系，已在云南省马原县完成了人体实验基线调查；"富铁玉米品种筛选与利益"研究课题获得高铁含量的玉米新品系'中铁 2 号'，接近国际作物营养强化项目每克玉米含有 50 微克铁的育种目标，与低铁对照品种差异显著。

应用作物营养强化来解决人群微量营养素缺乏问题主要有两个明显的优点。第一，同食物强化和药物补充相比，作物营养强化可以提供足够的人体所需的微量营养素。通过作物营养强化改良作物是一次性投入，可以使众多的农村和城市人口受益。第二，在大多数情况下，食物强化或者口服补充营养素仅适用于城市，而作物营养强化却可以使生活困难地区营养不良的农村人口也能改善这些微量营养素的摄入水平。因此，作物营养强化可以与其他营养干预手段互为补充。

2. 作物营养强化的意义及健康效益

中国最先开始作物营养强化研究的是范云六等，主要致力于研究作物营养强化的作物开发及其意义，但并没有真正揭示作物营养强化对人体营养健康状况的影响，只有张春义在 2007 年首次通过人体实验证明作物营养强化对人体营养健康水平的改善。此后，中国学者主要研究作物营养强化对营养健康的影响，以期为作物营养强化的进一步发展提供依据。例如，王玉英等（2007）开展的对婴幼儿进行富含蛋白质和微量营养素的辅食干预实验结果表明，富含蛋白质和微量营养素的辅食可以有效促进婴幼儿的身高体重发育。何一哲等（2008）则阐述了中国发展作物营养强化农产品的意义及所具有的优势。林黎等（2011）通过对国外现有研究的回顾发现，作物营养强化能够有效改善人体营养健康状况，且已经成为许多国家的优先发展事项。上述研究说明了作物营养强化的意义，但没有直接揭示其健康效益，de Steur 等（2012a）采用 DALY 方法研究了中国开展作物营养强化的健康效益，结果发现，中国现有的疾病负担为每年 106 万个 DALY 损失值，作物营养强化干预后可以降低 46% 的疾病负担。这说明在中国开展作物营养强化农产品具有明显的健康效益。

3. 作物营养强化的经济效益

随着研究的深入，学者开始探讨作物营养强化农产品在中国情景下的成本效益。de Steur 等（2012a）进行成本-效果分析的结果表明，每减少 1 个 DALY 损失值所需要的费用在乐观情景下为 2 美元，而在悲观估计下则需要 10 美元。

在 de Steur 等（2012a）的研究之后，中国学者张金磊和李路平（2014）借鉴和采用 DALY 方法，研究了作物营养强化富铁小麦对中国居民 IDA 所造成疾病负担的影响。结果发现，以 2008 年为基年，在乐观情景的情况下，作物营养强化富铁小麦所造成的疾病负担为基年的 23.62%，在悲观估计的情况下，作物营养强化富铁小麦所造成的疾病负担为基年的 9.13%，这表明作物营养强化富铁小麦能够有效减少中国由缺铁所导致的疾病负担。在这一结果的基础上，李路平和张金磊（2016）对中国的作物营养强化富铁小麦进行了事前成本-效果分析，计算结果表明中国作物营养强化富铁小麦是高成本有效的，并且可以带来可观的经济效益，一年的经济效益可以达到 23.53 亿元至 60.91 亿元。

上述研究均表明在中国开展作物营养强化农产品具有明显的健康效益和可观的经济效益，但仍然可以发现在不同地区、不同作物和不同微量营养素条件下的研究结果间存在较大的差异，此时探索差异出现的原因尤为重要。一个可能的解释是各地区间的饮食习惯和膳食结构不同，因此，接下来可以探讨饮食习惯和膳食结构对作物营养强化健康效益及经济效益的影响。此外，现有研究大多采用事前分析的 DALY 方法，聚焦于某一特定的农产品和特定的微量营养素，忽视了事后分析和多种微量营养素同时作用的情况。事后分析对于了解作物营养强化农产品改善人口健康的真实影响至关重要，此外，还可以为提高农户种植意愿和消费者支付意愿进而扩大覆盖范围、增加受益人群提供依据。因此，未来应该采用事后分析方法研究多种微量营养素同时强化的影响，从而使得作物营养强化农产品可以最大限度地改善人口尤其是农村地区生活困难人口的营养健康状况。

4. 消费者接受度和支付意愿

作物营养强化可能会导致农产品颜色、外观和形状发生变化，从而区别于普通农产品，这会进一步导致消费者对其接受程度下降，因为消费者可能会更加偏好与原型相一致的农产品，因此，十分有必要探索消费者对作物营养强化农产品的支付意愿和接受程度。中国开展了一系列消费者对营养强化农产品的支付意愿研究，但没有形成统一的结论。Pray 和 Huang（2007）的研究指出消费者和政府对农艺强化农产品的支付意愿与接受度较高，但对基因强化农产品的接受度较低。de Steur 等（2012b）在山西开展的研究也指出，山西育龄妇女对富叶酸大米的支付意愿较高，平均愿意支付的溢价为 1.73 元或 33.70%，消费者知识是影响其支付意愿的主要因素。但随后的研究却表明，同样是叶酸强化农产品，作物营养强化却会降低消费者的支付意愿（de Steur et al.，2013），这主要是由于消费者对其了解太少。郑志浩（2015）开展的研究也表明消费者对转基因大米的支付意愿较低，只有在其价格比普通大米低 42% 的情况下，消费者才有可能愿意购买转基因大米，而且关于环境和营养改善，无论是正面信息还是反面信息，均会导致消费者支付意愿的降低。

中国主要也是采用拍卖实验法来研究消费者对作物营养强化农产品的支付意愿和接受程度，大量研究发现，支付意愿和接受程度主要受消费者基本特征、消费者认知和态度及产品营养健康相关信息的影响。刘贝贝等（2018）的研究表明消费者主观知识对营养强化产品的支付意愿具有正向影响，主观知识越高，对营养强化食品越了解，支付意愿越高。青平等（2018）通过实验证明提供作物营养强化的沟通信息给消费者可以有效增加消费者的支付意愿，特别是有关消费者特质的针对性沟通信息。健康意识也会影响消费者对作物营养强化产品的接受度和支付意愿，消费者健康意识越高，越有可能购买营养强化产品（刘贝贝等，2019）。另外，学者的研究也表明，适当地给消费者显示（孙山等，2018）和传达（李蒙蒙，2018）营养强化农产品改善营养健康状况的信息可以提高其支付意愿。

从作物营养强化相关研究进展可以发现，现有的研究大多集中于作物营养强化的作物开发、健康效益、经济效益和消费者的接受度及支付意愿方面，但通过回顾可以发现，现有健康效益的研究大多采用事前分析方法，而较少或基本没有采用事后分析方法，但只有通过事后分析方法才能明确作物营养强化农产品对消费者营养健康的真正影响。此外，事后分析提供的营养改善证据是提高农户种植意愿、消费者接受意愿进而扩大其受益人群和覆盖范围的依据，事后分析法也可以为政府与企业推广作物营养强化农产品提供决策依据和指导。因此，应增加对作物营养强化农产品事后分析以了解其实际影响。并且可以注意到，同样是作物营养强化的农产品，支付意愿却有增加有降低，因此，应该进一步加强对作物营养强化农产品的支付意愿研究，以便明确消费者对作物营养强化农产品的真实态度并进一步研究其支付意愿的影响因素，从而有利于作物营养强化农产品的宣传推广。

二、人口健康相关研究

（一）微量营养素与营养健康的关系

微量营养素在新陈代谢和维持组织功能中起着中心作用。因此，必须保证微量营养素的适当摄入，过多或者过少的摄入都会对居民的营养健康产生不良影响。但对大多数发展中国家而言，过多的摄入是不太可能存在的，基本上还是摄入不足的问题。2017 年，世界上有 25 亿人存在微量营养素缺乏的问题。特别是对于中国而言，虽然由于经济水平的增长，中国居民的营养健康水平有了很大的提升，但是可以发现，中国仍然有很多人存在微量营养素摄入不足的问题。WHO 将营养素摄入不足或营养失衡称为隐性饥饿（Rawat et al.，2013）。2019 年，中国有 3 亿隐性饥饿人口，在农村地区有超过 30% 的儿童缺乏维生素 A（甘倩等，2016），中小城市小学生维生素 A 的边缘缺乏率和缺乏率分别为 20.56% 和 9.77%（杨春等，2016），还有高达 35.5% 的儿童存在铁缺乏的情况，同时存在不同程度锌缺乏的儿童比例也高达 39.6%（马德福等，2014）。微量营养素的缺乏不仅会影响人们的身体健康，如长期缺乏维生素、矿物质可能引发心脏病及癌症，长期缺乏叶酸会导致贫血和新生儿神经管畸形（谢璐璐等，2019）；还会带来经济上的巨大损失，如中国由缺铁所导致的经济损失就达到当年 GDP 的 3.6%（刘贝贝等，2019）。由于微量营养素对居民营养健康乃至经济的发展和社会的稳定起着不容忽视的作用，因此，预防和控制微量营养素缺乏势在必行。

（二）营养健康影响因素

适当摄取有营养的食物是实现和维持良好健康与福祉的先决条件。营养与居民健康密切相关，随着经济水平的增长，居民对饮食的要求从吃得饱转变为吃得好，为了确保这一目的，就必须要摄入足够的营养，因此，居民的营养健康状况十分重要。随着中国城镇化进程的加快，居民的营养健康水平得到了一定的改善，但要注意到，中国在 2019 年仍然有 3 亿隐性饥饿人口。营养不良不仅会影响居民的身体健康，而且会造成巨大的经济损失，因此，国家采取了有效措施解决营养不良，如免费给孕妇发放叶酸片、免费给老年人做检查等，但这些措施的效果十分有限，只有了解居民营养健康的影响因素，才能从根本上解决营养不良问题。学者围绕营养健康的影响因素开展了大量研究，结果发现，影响居民营养健康的因素主要有居民基本特征、社会和制度支持及认知和态度等。

居民的基本特征会对其营养健康水平产生显著影响，于晓薇等（2010）的研究指出，居民的家庭状况、收入、工作及生活习惯会对其健康水平产生影响。而其他研究也表明，小学生的营养健康水平还受到其父母文化程度的影响，父母文化程度越高，小学生的营养健康水平就越高（吴秀芳和刘沛，2012）。通过对中国健康与营养调查（China Health and Nutrition Survey，CHNS）面板数据的分析，储雪玲和卫龙宝（2010）发现了中国农村居民营养健康的影响因素主要是文化程度和收入，文化程度越高，越有可能保持良好的营养健康状况，对于收入也是一样的结论。除了基本特征会对居民营养健康水平产生影响以外，社会和制度支持等也会影响其健康状况。社会医疗保障越全面，居民的营养健康状况就越良好（于晓薇等，2010；储雪玲和卫龙宝，2010），因此，为了有效保障居民营养健康水平，应该加强社会保障及公共资源支出。也有学者发现，居民的营养知识和态度也是影响其健康状况的重要因素。Grunert 等（2012）在6 个国家开展的研究表明，居民的态度会显著地影响其营养知识，进而影响其健康状况。而一项关于小学生的研究也表明，小学生本身的营养知识水平及其父母的营养知识水平对小学生的健康饮食行为有着显著的影响（吴秀芳和刘沛，2012），因此，应该采取营养教育的手段提升其营养知识水平，进而起到改善营养健康状况的作用。

（三）营养健康的经济评价方法

营养健康的经济评价是对改善营养健康的各种措施进行经济评估，对其预期收益和成本进行比较，从而为政府和相关人员的资金投入提供依据。在进行营养健康的经济评价时，成本-效果分析是最经常使用的方法，而营养健康的成本-效果分析又依赖于营养健康的准确衡量。因此，要想对营养健康进行经济评价，必须先采用一定的标准衡量营养健康，而在健康经济学、发展经济学及贫困经济学中衡量营养健康的方法主要有膳食营养素参考摄入量评价法、DALY方法和随机对照试验（randomized controlled trial，RCT）方法。因此，营养健康的经济评价方法主要有膳食营养素参考摄入量评价法、DALY 方法、RCT 方法和成本-效果分析方法四种。

（1）膳食营养素参考摄入量评价法。此方法是将膳食提供的营养素量与推荐的膳食营养素参考摄入量进行比较以评价该膳食营养价值的一种评价方法。由于居民摄取的营养素水平来源于其日常消费的食物种类和食物数量，而每种食物所提供的能量、蛋白质、脂肪和热量是一定的，再结合居民的消费数量，就可以运用膳食营养素参考摄入量法估算居民从各类食物及其消费量中摄入的营养素（曹志宏等，2012）。但是这种方法的特点是需要计算每一种食物的营养素量和摄入量，因此工作量比较大。

（2）DALY 方法。DALY 方法最早是由 Murray 和 Lopez（1996）提出来的，他们首次用 DALY 来衡量疾病负担。随着研究的不断发展，DALY 方法在健康经济学中也越来越多地被用来衡量健康或者疾病负担，从而进行经济效益和成本-效果分析。DALY 损失是指个体由患病所导致的全部健康生命年的损失。DALY 损失主要由两部分组成，第一部分是由疾病所导致个体死亡所产生的健康生命年的损失（years of potential life lost，YLL），第二部分是由疾病所导致的伤残所产生的健康生命年的损失（years lived with disability，YLD）。由此可以看出 DALY 是综合评价健康和疾病负担的合适方法，1 个 DALY 损失值表示

1 个健康生命年的损失（张金磊和李路平，2014），将 DALY 损失值货币化以后可以计算由此所产生的经济效益，并且据此结合其开展成本可以进行成本-效果分析。

（3）RCT 方法。RCT 方法是起源于医疗卫生服务行业研究药物干预效果最常见的方法。随后，此方法被发展经济学和贫困经济学广泛使用，作为验证因果关系的重要手段。2019 年，诺贝尔经济学奖的获得者班纳吉（Banerjee）、迪弗洛（Duflo）和克雷默（Kremer）也在他们的研究中强调了 RCT 方法的重要性，并将其完美地运用到扶贫工作中，且取得了卓越成效。RCT 方法可以很好地进行经济分析和政策评估。因此，RCT 方法成为发展经济学及贫困经济学进行政策评估和经济评价越来越常用的理论与方法。其实施过程为将拟研究对象随机分组，然后对不同的组实施不同的干预措施，从而比较干预的不同效果。

大量学者将 RCT 方法用于营养健康的改善，如 Duflo 等（2011）通过一项为期 7 年的 RCT 方法验证了教育补贴对肯尼亚青少年女生辍学、怀孕和婚姻等的影响，结果表明，教育补贴可以显著减少青少年女生的辍学、怀孕和婚姻比例。随着 RCT 方法的发展，发展经济学领域也借鉴此方法来研究某一干预措施的效果。例如，研究沟通信息对消费者食物浪费行为的影响，结果发现，看信息的消费者比不看信息的消费者的浪费量更少（Whitehair et al.，2013）。具体到作物营养强化就是将研究对象随机分成实验组跟控制组，让实验组的被试食用营养强化后的主食，而控制组的被试则食用普通主食，最后衡量两组被试体内微量营养素含量的变化，进而揭示作物营养强化对人口健康的影响。RCT 方法的优点是采用随机的方式将研究对象分组，可以使研究对象间的差异均衡化，使得各组之间具有可比性，是目前最为严谨的实验设计，但同时它也具有实施困难、成本高等缺点。

（4）成本-效果分析方法。成本-效果分析是比较预期成本和收益以评估是否"物有所值"的重要工具（胡银根等，2019；陈雪婷等，2019）。作为评估健康干预是否值得进行的主要技术，成本-效果分析测量了每个 DALY 节省的成本。在中国引入作物营养强化农产品的成本-效果分析可以通过将相关成本和潜在的健康益处并列来评估。每个 DALY 节省的成本是分析卫生计划特别是作物营养强化农产品成本效益的常用措施。这是通过比较总成本（以美元计）的净现值（net present value，NPV）和节省的 DALY 所带来的经济效益的总额（两者的折扣率都为 3%）来实现的。

三、消费者农产品支付意愿相关研究

消费者的支付意愿对于农产品的定价、销售与推广具有至关重要的作用，因此，有效了解消费者农产品支付意愿意义重大，而了解支付意愿的前提是知道如何测量支付意愿及其影响因素，本节在以往研究的基础上，整理了消费者农产品支付意愿的测量、影响因素及消费者对作物营养强化农产品支付意愿的相关研究结论，以期为后续研究提供切入点。

（一）消费者农产品支付意愿的测量方法

了解消费者支付意愿对于新产品的制造商来说非常重要，因为这有助于他们估计销售产品所获得的利润（Moro et al.，2015）。近年来，人们主要通过拍卖实验的方法来调查支付意愿（吴林海等，2014），同时也存在其他方法，如条件估值法（Vassalos 等，2016），以及选择实验法（尹世久等，2015a）。消费者农产品支付意愿的测量主要分为两类，一类是通过调查，另一类是基于观察的数据（图 1.2）。通过调查的测量包括直接调查和间接调查，从调查中获得的偏好数据被称为陈述性偏好。在直接调查中，消费者通常被要求说明他们愿意为某种农产品支付多少，主要包括专家/销售人员调查和消费者调查；在间接调查中，消费者通常被要求对某种农产品进行评价或者排序，主要包括联合分析和选择实验。基于观察的数据测量包括市场数据和实验数据，市场数据分析是利用现有的销售数据进行分析与预测，这类数据通常较难获得并只能对已经购买的消费者进行分析，而不能了解

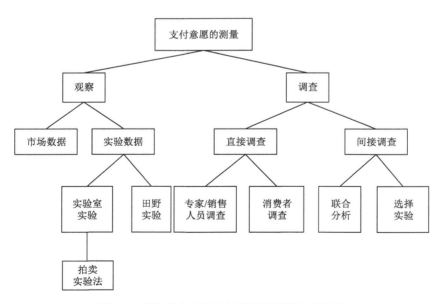

图 1.2　消费者农产品支付意愿的测量方法汇总

没有进行购买的消费者的行为。通过实验获取的数据通常有实验室实验和田野实验两种数据，这两种实验数据之间最大的区别是消费者是否意识到自己正在参与实验。实验室实验主要是指各种拍卖实验，基于观察得到的偏好数据通常被称为显示性偏好；田野实验成本较高，并且较难控制。因此，采取实验法测量消费者的支付意愿时，主要采用拍卖实验法来进行。

拍卖实验法（auctions experiments）是使用显示性偏好方法测量消费者农产品支付意愿时最常采用的实验方法。最先提出用拍卖实验法来测量消费者支付意愿的学者是 Vickrey（1961），这种拍卖方式也被称为维克里拍卖。在这种拍卖中，参与者以密封形式，如在一个封闭的信封中，提交一份包含他或她愿意支付多少的出价。如果某个参与者出价最高，他或她将赢得拍卖。然而，参与者只需支付第二高出价的价格。因此，如果 n 个参与者在维克里拍卖中出价，第 n 个最高的出价将以第 $n-1$ 个最高的出价赢得拍卖。这个机制可以激励参与者展示他们的真实出价，因为如果他们的出价赢得了拍卖，他们就必须购买商品（Vecchio et al.，2016）。由于赢得出价的参与者只需要支付第二高的价格，因此，这种拍卖方式也被称为二级价格拍卖。这种拍卖方式是最适合的标准拍卖机制。但是，在重复拍卖中，二级价格拍卖实验法就不再是最合适的，而 n 级价格拍卖、随机 n 级价格拍卖和偏好诱导（preference elicitation）实验等激励相容的拍卖机制（朱淀等，2013）则更为适合，因为在重复拍卖中消费者的竞价往往具有"非真诚性"。n 级价格拍卖与维克里拍卖类似，也是 n 个参与者一起出价，但不同的是 n 级价格拍卖是第 $n-1$ 个最高出价者将以第 n 个最高价格赢得拍卖。其优点是可以增加获胜的机会，并且通过让一半的人赢得拍卖来防止非真诚出价。随机 n 级价格拍卖则是在 n 级价格拍卖的基础上由实验监管者来抽取随机价格开展 n 级价格拍卖。中国学者吴林海等（2013）运用随机 n 级价格拍卖实验法研究了消费者对不同层次安全信息的可追溯猪肉的支付意愿，但这种方式存在难以向实验参与者解释及实验监管者难以管理的问题。贝克尔-德格鲁特-马尔沙克（Becker-DeGroot-Marschak，BDM）机制属于一对一的诱导拍卖实验法，具体的实验程序如下。首先要求实验参与者对实验产品进行出价，这个价格是实验参与者的最高支付意愿，然后实验人员从随机价格发生器中随机抽取一个价格，但是实验参与者并不知道随机价格发生器中价格的具体概率分布，最后将随机抽取的价格与实验参与者的出价进行比较。如果实验参与者的出价高于实验人员随机抽取的价格，则实验参与者竞拍成功，实验参与者支付了实验人员随机抽取的价格以后就可以获得实验产品。如果实验参与者的出价低于实验人员随机抽取的价格，则实验参与者竞拍失败，实验参与者无须支付但也无法获得实验产品（Becker et al.，1964）。从上述实验程序可以看出，BDM 机制更适合于测量消费者个体的支付意愿和偏好，这在一定程度上可以减轻群体拍卖中信息关联的不足；并且在

BDM 机制中，价格是随机抽取的，无论出价高低均有成功的机会，这会避免"非真诚性"出价。因此，BDM 机制成为测量农村消费者农产品支付意愿最常使用的拍卖机制。中国学者应瑞瑶等（2016）就运用 BDM 机制研究了消费者对可追溯猪肉信息属性的支付意愿并探究了影响消费者支付意愿的因素。

联合分析（conjoint analysis）是一种旨在引出消费者对产品类型偏好结构的方法（Dauda and Lee，2015）。使用联合分析时，会给消费者呈现不同的产品替代品，这些替代品之间的区别是产品属性的不同。产品的属性可能包括不同的水平，如酸奶的一个属性就是其口味，那属性水平则可以是芒果味、草莓味等。产品包含不同的产品属性和水平，因此，会组合成不同的产品描述，从而可以估计消费者对各属性的估值及其占整体估值的比例。这一方法被许多学者用来衡量消费者对农产品的支付意愿。例如，中国学者吴林海等（2013）使用联合分析方法研究了消费者对可追溯猪肉的偏好程度，分析结果表明，中国消费者对认证猪肉具有较高的溢价，但溢价幅度不能超过 30%。通常，价格包含在联合分析中，并被视为产品的属性或特征。至于其他属性，价格对总估价的贡献是根据不同的价格水平计算的。当参与者完成了联合分析后，可以预测具有指定价格的许多可用产品中哪个产品最具吸引力（张祖庆和姜雅莉，2011）。但通过进一步的研究和分析发现，联合分析方法在很大程度上依赖于实验参与者会以给定的价格接受现有产品这样一种假设，而这种价格是存在误差的，实验参与者有可能一开始就不愿意为现有产品支付价格，他们也不愿意为其他产品配置支付估计价格。在这种背景下出现了极限联合分析方法，该方法可以有效克服联合分析方法的局限，避免错误的主要来源，即选择不适当的现有给定产品。Hein 等（2020）在一项实证研究中使用了类似的方法，他们让实验参与者根据价格订购不同的产品，并要求被试指出他们实际购买的产品。但可以发现，极限联合分析方法的价格属性通常被配置为涵盖一般市场价格的范围，这对于愿意支付高于或低于市场平均价格的实验参与者来说是个问题；而联合分析方法并没有考虑产品属性和水平的组合是否真实存在，只是基于各种组合，采用数学方式计算其支付意愿，这对于消费者和企业而言都存在问题。因此，在衡量消费者农产品支付意愿的实际应用时，无论是联合分析方法还是极限联合分析方法，学者都较少使用，而是通过选择实验方法或者拍卖实验法来衡量消费者对农产品的支付意愿。

选择实验（choice experiment）是食品营销中最常用的一种陈述偏好方法，用于调查消费者对某一商品或服务的支付意愿，通过让消费者评估不同的属性和属性水平来获得支付意愿情况（尹世久等，2015b；俞振宁等，2018）。此外，选择实验中的选择任务与实际购买情况惊人地相似，即要求消费者在具有不同属性的产品之间进行权衡（Meas et al.，2015）。选择实验提供了几个假设的购买场景，在每个购买场景中，要求实验参与者在代表具有不同属性的产品的替代品和具有不购买选项的属性级别之间做出选择。选择实验的基本假设是消费者从属性的消费中获得效用，在计算支付意愿时可以得到货币偏好。大量的研究表明，从选择建模框架中获得的结果与实际行为或显示的偏好相当一致（Wu et al.，2015）。在选择实验中，熟悉决策机制是该方法的主要优点之一。因此，选择实验方法成为研究消费者农产品支付意愿较为常用的方法。但随着研究的深入，有学者发现选择实验的一个限制是它可能导致假设偏差。与拍卖实验等非假设方法相比，假设方法中缺乏经济承诺可能是个人估计的支付意愿和其最终愿意支付的价格不一致的原因之一，通常是估计过高。假设偏差是指个人在假设和非假设评估方法中支付意愿的差异（Penn and Hu，2018）。为了减少选择实验中的假设偏差，一些研究实施了真实选择实验（real choice experiments），在实验参与者完成所有选择任务后，通过随机选择其中一个选择任务作为约束来激励任务（de-Magistris and Gracia，2014；Bazzani et al.，2017）。此外，使用真实的产品，参与者必须购买他们在随机选择的任务中选择的产品，除非他们选择了"不购买"选项。以往的研究表明，真实选择实验的激励相容性有助于减轻假设偏差，提供更好的消费者实际支付意愿的估计（Volinskiy et al.，2009）。真实选择实验虽然可以有效减轻选择实验中的假设偏差，但要求实验参与者真实购买他们的选择，并且也需要真实的产品，这导致真实选择实验的成本较高；另外，对于一些还没有大规模上市和推广的新产品并不是很适用。因此，在研究新产品的支付意愿时，很多学者还是采用拍卖实验法来进行测量，特别是对于农村地区而言，BDM 机制是最适合的方法。

（二）消费者农产品支付意愿的影响因素

消费者农产品支付意愿关系到农产品的推广和销售，它们是影响农业企业利润的关键因素，因此，提高消费者对农产品的支付意愿至关重要。要想有效增加消费者的支付意愿，就必须了解影响消费者农产品支付意愿的因素，以往国内外学者围绕农产品支付意愿的影响因素开展了大量研究，结果表明，影响消费者农产品支付意愿的因素主要有消费者基本特征、消费者认知和态度及产品信息和价格。

1. 消费者基本特征对农产品支付意愿的影响

消费者基本特征如性别、年龄、收入和受教育程度等均会影响其支付意愿。在所有的人口统计学特征中，性别对支付意愿的影响最强，之后依次是收入、受教育程度和年龄（Wolters，2014）。但关于性别对消费者支付意愿的影响却并没有形成统一的结论。有研究表明，女性对有机蔬菜的支付意愿高于男性，这可能是由于男性是较为理性的消费者，而女性一般是家庭食物消费的决策者且更关心家庭成员的健康（戴迎春等，2006；López-Mosquera，2016）。但也有研究指出，男性有时候对亲环境食物的支付意愿会高于女性，还有研究表明性别对消费者亲环境食物的购买行为没有影响（尹世久等，2013）。

　　关于年龄对消费者支付意愿的影响也有相互矛盾的结论。例如，戴迎春等（2006）的研究指出，相较于 30～39 岁年龄段的消费者，年龄较大的消费者对有机蔬菜的支付意愿更高。Moro 等（2015）关于富含儿茶素酸奶的研究有相似的结论，在他们的研究中，45～64 岁年龄段的消费者支付意愿最高。但也有研究指出，50 岁以上的消费者对无公害猪肉的支付意愿最低（罗丞，2010），年龄较低的年轻消费者则对具有道德属性的产品的支付意愿更高。收入对消费者支付意愿的影响是正向的（周应恒和彭晓佳，2006）。受教育程度对消费者支付意愿的影响则存在较大的争论，吴林海等（2010）的研究指出消费者的受教育程度越高，对可追溯食品的支付意愿就越高，就越愿意为其支付额外的溢价，但也有研究指出受教育程度对消费者有机蔬菜（周应恒和彭晓佳，2006）和有机食品（尹世久等，2013）支付意愿的影响不显著。由于性别、年龄、受教育程度等消费者基本特征对消费者支付意愿的影响均存在模棱两可的结论，因此，应进一步明确消费者基本特征对消费者关于作物营养强化农产品支付意愿的影响。

　　2. 消费者认知和态度对农产品支付意愿的影响

　　除了消费者基本特征以外，消费者认知和态度相关的变量也会对消费者的支付意愿产生影响。Dixon 和 Shackley（2003）的研究指出，那些相信强化食品有额外健康益处的消费者愿意为强化食品支付的价格是那些不相信强化食品有额外健康益处的消费者的两倍。因此，消费者的支付意愿会受到其认知和态度的影响。例如，消费者主观知识对其营养强化农产品的支付意愿具有正向影响（刘贝贝等，2018），消费者主观知识越多，对营养强化食品越了解，支付意愿越强。其他学者的研究也得出了类似的结论（王志刚和毛燕娜，2006；罗丞，2010）。消费者对农产品的信任程度也是影响其接受意愿的重要因素，这一结论得到了学者的广泛认同，信任程度越高，支付意愿越高（Siegrist et al.，2015；Ricci et al.，2018）。

　　消费者的健康意识和健康状况也会显著影响支付意愿（Asselin，2005；赵卫红和刘秀娟，2013）。有研究指出，消费者的健康意识和健康状况会显著地正向影响其对富含 Omega-3 脂肪酸鸡蛋的支付意愿，健康意识越强，健康状况越好，对富含 Omega-3 脂肪酸鸡蛋的支付意愿就越高（Asselin，2005）。其他学者关于绿色产品和有机蔬菜的研究也得出了类似的结论，对健康的关注度越高，对绿色产品和有机蔬菜的支付意愿就越强（张蓓等，2014；王财玉和吴波，2018）。根据计划行为理论，消费者的态度、规范和知觉行为控制是影响其行为意愿的主要因素，因此，有很多学者借鉴此理论来研究支付意愿的影响因素。结果发现，消费者对食品的态度（张应语等，2015）、对政府监管的评价（Yin et al.，2010）、购买便利性（王丽佳和霍学喜，2018）、环保意识（Falguera et al.，2012）和食品安全意识（朱俊峰等，2011）均会显著地正向影响其支付意愿，特别是食品安全意识。食品安全意识更高的消费者，在日常饮食过程中更加注意食品安全，因此会更愿意为有机食品等功能性食品支付较高的价格（刘军弟等，2009）。

3. 产品信息和价格对农产品支付意愿的影响

消费者认知和态度会影响其支付意愿，而认知和态度则会受到产品信息和价格等的影响，因此，了解产品信息和价格对支付意愿的影响也具有重要意义。以往学者围绕产品信息和价格开展了大量研究，结果表明，适当地显示（孙山等，2018）和传达（Hellyer et al.，2012；Teuber et al.，2016；李蒙蒙，2018）信息可以提高消费者的支付意愿。Marette 等（2010）发现不同的信息会对消费者的决定产生不同影响：显示产品能够降低胆固醇水平的积极信息会正向影响支付意愿，但消费者对产品存在潜在风险的信息关注较少，这类信息不会影响消费者的支付意愿。Hellyer 等（2012）通过研究发现在产品上显示健康声明会增加消费者的支付意愿，特别是对于那些事先不知道成分也不了解相关知识的人。青平等（2018）通过实验证明提供作物营养强化的沟通信息给消费者可以有效地增加消费者的支付意愿，特别是针对消费者特质的针对性沟通信息。

适当地显示和传达健康相关信息会显著增加购买功能性食品的意愿，但并非所有的研究都得出了统一的结论。例如，Vecchio 等（2016）的研究发现，同样具有健康效益的生物食品，即使提供了有益于健康的声明，也不会对消费者的支付意愿产生影响。因此，我们必须认识到，提供信息可能适得其反。如果消费者对某一技术过程或发展缺乏信任，我们可能会获得相反的结果，即显示信息（如借助纳米技术制造的产品）可能会降低支付意愿，甚至可能导致消费者拒绝产品（Roosen et al.，2015）。鉴于提供产品信息并不一定总是对消费者农产品支付意愿产生积极影响，为了有效解决此问题，进而达到增加农业企业销售和改善消费者营养健康的目的，需要进一步明确产品信息对消费者支付意愿的具体影响及其边界条件，或者提供值得信任的产品能够改善营养健康的信息，如借助 RCT 方法证明。

（三）消费者对作物营养强化农产品的支付意愿研究

为了进一步推广作物营养强化农产品，有效解决隐性饥饿问题，就必须了解消费者对作物营养强化农产品的支付意愿。围绕这一主题，国内外学者在莫桑比克（Stevens and Winter-Nelson，2008）、肯尼亚（Lagerkvist et al.，2016）、尼日利亚（Oparinde et al.，2016a）、印度（Banerji et al.，2016）及中国（de Steur et al.，2013；郑志浩，2015）开展了大量相关研究和实验，结果发现，国外消费者对作物营养强化农产品的支付意愿和接受程度较高，而中国消费者对其支付意愿则没有形成统一的结论，现有的研究表明，中国消费者对作物营养强化农产品的支付意愿既有正向影响又有负向影响。

作物营养强化可能会导致农产品颜色、形状和味道的改变，这有可能会导致消费者支付意愿的降低（廖芬等，2019），但关于国外的研究却发现，由作物营养强化所导致的改变并不会降低消费者的支付意愿。Stevens 和 Winter-Nelson（2008）通过在莫桑比克马普托进行的味觉测试和贸易实验发现，现有对白色玉米的偏好并不影响消费者接受黄色的营养强化玉米。Banerji 等（2016）在印度开展的研究也表明消费者对营养强化珍珠粟的支付意愿较高。de Steur 等（2017a）的研究也表明消费者对作物营养强化农产品持积极态度，他们通过文献综述研究发现，消费者对作物营养强化农产品普遍持有较高的支付意愿，其溢价达到 23.90%，也就是说消费者愿意为其多支付 23.90%。在尼日利亚开展的研究表明，消费者愿意为黄色的玉米支付额外的溢价，并且其溢价幅度（24%）高于所需要的折扣幅度（11%）。这说明了颜色改变不会妨碍消费者对作物营养强化农产品的偏好（Oparinde et al.，2016b）。在不同地区、不同微量营养素、不同作物条件下开展的其他研究也说明消费者对作物营养强化农产品的支付意愿不受颜色改变的影响，仍然对其具有较大的偏好（de Groote et al.，2011；Gunaratna et al.，2016；de Steur et al.，2017b）。

与国外一样，中国也开展了消费者对作物营养强化农产品的支付意愿研究，但并没有形成统一的结论。Pray 和 Huang（2007）的研究指出消费者和政府对农艺强化农产品的支付意愿及接受度较高，但对基因强化农产品的接受度较低。de Steur 等（2012b）在山西开展的研究也指出，山西妇女对富叶酸大米的支付意愿较高，平均愿意支付的溢价为 1.73 元或 33.70%，消费者知识是影响其支付意愿的主要因素。但随后的研究却表明，同样是叶酸强化农产品，作物营养强化却会降低消费者的支付意愿（de Steur et al.，2013），主要是由于消费者对其了解太少。郑志浩（2015）开展的研究也表明消费者对转基因大米的支付意愿较低，只有在其价格比普通大米低 42%的情况下，消费者才有可能愿意购买转基因大米，而且无论是关于环境和营养改善的正面信息还是反面信息，均会导致消费者支付意愿的降低。中国消费者对作物营养强化农产品的支付意愿主要受到强化方式和消费者知识的影响，对于通过育种手段实现的作物营养强化的支付意愿较高，而对于基因技术实现的营养强化的支付意愿较低，消费者对营养强化的了解也会显著影响其支付意愿。但可以发现，同样是叶酸强化的农产品，支付意愿却有增加有降低，因此，应该进一步加强对叶酸强化农产品的支付意愿研究，以便明确消费者对叶酸强化农产品的真实态度。

综上所述，以往关于作物营养强化农产品的研究大多集中在作物开发（Low et al., 2007）、干预效果（Haas et al., 2005；Meenakshi et al., 2010）、成本效益和生物有效性及消费者对其接受程度和购买意愿等方面，且存在以下不足：①缺乏人群营养健康评价研究。由于作物营养强化农产品尚未大规模生产推广，因此其健康效益研究大多采用 DALY 方法来对其干预效果进行评价。DALY 方法是衡量其干预效果的有效方法，但用 DALY 方法衡量的健康效益和经济效益只是建立在二手数据基础上的，并不能客观反映其真实影响，因此，接下来应该增加使用一手数据开展的事后分析，以便客观明确其真实影响，并且需要事前分析、事后分析方法相结合，以便进一步衡量作物营养强化产品对消费者营养健康的真正影响，从而能够准确衡量消费者的需求。除此之外，还应进一步增加其受益人群，使其能最大限度地使最广大人群受益。②缺乏市场替代产品评价比较研究。根据以往研究可以发现，作物营养强化消费方面的研究主要集中在评价其干预效果及消费者对作物营养强化农产品的接受意愿等方面，但却忽视了市场上相关替代品的比较研究。作物营养强化作为改善微量营养素营养不良经济有效的方式，具有极高的经济效益和成本效益。但作物营养强化并不是改善微量营养素营养不良的唯一方式，还存在食物强化、营养素补充剂等不同的方式，应对不同方式进行比较，从而确定实施的最优策略。但现有文献大多只分析作物营养强化的成本效益和经济效益，而没有将其与其他替代方式进行比较分析，因此，以后应加强作物营养强化与其他替代方式的比较分析，从而实现效益最大化。③缺乏消费者支付意愿研究。以往关于消费者支付意愿的研究结果表明，中国消费者对作物营养强化农产品的态度既有正向的也有负向的，主要受到强化方式和消费者知识的影响，对于通过育种手段实现的作物营养强化的支付意愿较高，而对于基因技术实现的作物营养强化的支付意愿较低，消费者对营养强化的了解也会显著影响其支付意愿。但应该注意到，即使是同一种微量营养素强化的农产品，消费者的接受度和支付意愿也有增加有降低，因此，接下来应该进一步加强对微量营养素强化产品的支付意愿研究，以便明确消费者对微量营养素强化农产品的真实态度。对于消费者接受度不高的问题，也应该了解影响其接受度的因素，从而对症下药增强其接受度和支付意愿。因此，本书旨在综合运用农业经济学、健康经济学、发展经济学及实验经济学等多学科理论的基础上，创新性地采用事前分析与事后分析相结合的方法，就作物营养强化农产品对改善人口健康的影响及经济评价进行分析，为有针对性地开展和宣传推广作物营养强化农产品提供对策建议，从根本上解决微量营养素缺乏问题，从而改善中国居民的健康状况。

第四节　研究目标与分析框架

一、研究目标

本书研究的总目标是基于中国人口健康的背景与现实,从宏观、微观视角探索作物营养强化农产品对改善人口健康的影响、经济评价及其风险与化解机制,并在此基础上提出通过作物营养强化解决隐性饥饿、改善人口健康状况等问题的政策建议。具体目标如下。

第一,通过文献资料和实地调查揭示中国居民的营养健康状况和微量营养素摄入状况,并对影响微量营养素摄入的因素进行分析,在此基础上分析改善微量营养素缺乏的解决方法,并对作物营养强化的提出、发展与比较优势进行分析,从而揭示作物营养强化开展与实施的现实依据和必要性。

第二,结合中国的实际情况,建构评估作物营养强化改善人口健康的指标体系,利用构建的健康改善效果评价体系,从宏观和微观两个视角分别对作物营养强化项目的实施效果进行事前分析与事后分析,并评价其社会、文化与生态适应性;在就作物营养强化对人口健康的改善效果进行分析的基础上,构建中国区域级的 BPI,其主要包括三个次级指数,即生产指数、消费指数和微量营养素缺乏指数,以此明确针对中国农村居民微量营养素缺乏特征的作物营养强化的人群定位、品种选择、强化方向和强化路径。

第三,对作物营养强化进行经济评价,分析作物营养强化改善人口健康的经济效益和成本效益,并将其成本效益与其他国家、其他营养干预措施的成本效益和成本有效性进行比较,从而揭示中国作物营养强化改善人口健康的经济价值,为政府和企业投资作物营养强化提供依据。

第四,构建作物营养强化农产品扩散过程中的风险与化解机制,揭示消费者对作物营养强化农产品的接受度和支付意愿,并分析影响其支付意愿的因素与促进其接受度的策略,从而促进作物营养强化在中国的发展,以期改善中国居民微量营养素缺乏问题。

第五,在以上研究结果的基础上,分析中国作物营养强化农产品发展所面临的主要问题,并提出进一步发展作物营养强化的政策建议。

二、分析框架

本书的分析框架如图 1.3 所示。

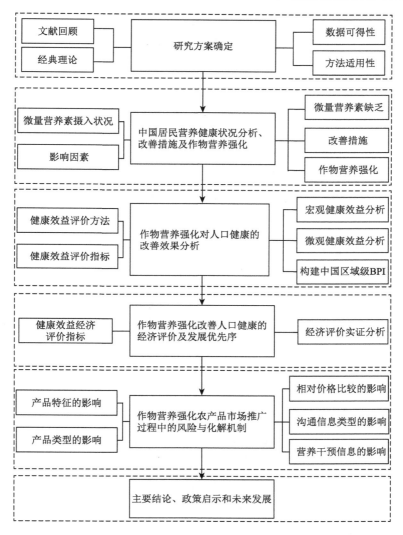

图 1.3 分析框架

第五节 研究内容和方法

一、研究内容

基于以上研究目标，本书的研究内容包括四个方面，其内在联系如图 1.4 所示。

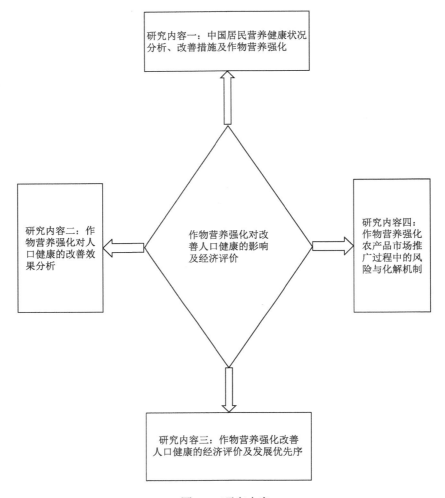

图 1.4　研究内容

（一）研究内容一：中国居民营养健康状况分析、改善措施及作物营养强化

研究内容一的关键问题有：当前中国农村居民的营养健康状况如何？微量营养素摄入状况如何？影响微量营养素摄入的因素有哪些？微量营养素缺乏程度及缺乏的原因和后果是什么？微量营养素缺乏对中国居民营养健康的影响有哪些？改善微量营养素缺乏有什么方法？作物营养强化提出的背景与定义是什么？作物营养强化发展状况如何？作物营养强化有什么样的比较优势？

（1）中国居民营养健康状况分析。运用国家统计局的年鉴，2004 年，卫生部、科技部、国家统计局共同发布的《中国居民营养与健康状况调查报告》，以及文献资料并结合实地调研数据，对中国居民营养健康状况、微量营养素摄入状况和微量营养素摄入影响因素进行分析，从而发现中国农村居民微量营养素摄入存在的问题并据此提出相应的建议。

（2）微量营养素缺乏及其改善措施。通过对中国居民微量营养素摄入状况进行分析可以发现，中国农村居民仍然存在微量营养素缺乏的情况。因此，对微量营养素缺乏的定义、原因与后果进行整理综述，并介绍了微量营养素缺乏的改善措施。

（3）作物营养强化。虽然解决微量营养素缺乏的方式有饮食多样化、营养素补充剂、食物强化和作物营养强化四种。但是前三种由于各自的局限性，其总体覆盖范围有限。作物营养强化是解决微量营养素缺乏最经济有效的方式，但人们对其认知和了解相对较少，因此，本书对作物营养强化提出的背景与定义、作物营养强化的发展状况和作物营养强化的比较优势进行了详细论述，以期增加对作物营养强化的的了解与认知。

（二）研究内容二：作物营养强化对人口健康的改善效果分析

研究内容二回答的关键问题有：作物营养强化对人口健康的改善效果如何？采取哪些指标进行测量？如何排除其他因素带来的营养健康改善？评估如何进行才符合伦理原则？具体而言，该部分拟在对作物营养强化改善人口健康效果评价方法选择、效果评估指标体系构建的基础上，对作物营养强化改善人口健康的实施过程进行研究，通过排除无关干扰变量，从宏观和微观两方面来评估作物营养强化对改善人口健康的影响。

（1）健康效益评价方法与指标体系构建。该部分主要是对作物营养强化改善人口健康的效果评价方法进行阐述，并结合中国的实际情况，构建和完善健康效益评价指标体系。作物营养强化对人口健康的改善效果主要通过 DALY 方法和 RCT 方法进行分析。DALY 方法采用事前分析的方法揭示作物营养强化对整个人群的健康改善效果，而 RCT 方法则采用事后评估的方式衡量作物营养强化对微观个体的健康改善效果。在营养健康效果评价方法的基础上，构建了符合中国实际情况的健康效益评价指标体系。

（2）宏观层面健康效益的实证研究。在对宏观层面健康效益评价方法——DALY 方法进行介绍的基础上，根据中国的实际情况对其进行修正。运用修正后的 DALY 方法，以叶酸强化水稻为例，计算作物营养强化农产品对人口健康的改善效果。作物营养强化通过增强作物中的微量营养素含量，从而增加人体从食物中吸收的微量营养素，降低 DALY 负担，因此，通过 DALY 负担的减少可以有效衡量其健康效益。

（3）微观层面健康效益的实证研究。通过事后分析方法——发展经济学中衡量健康效益的 RCT 方法衡量微观层面作物营养强化农产品对人口健康的改善效果，以了解微观个体营养健康的真实改善程度。本书主要通过在河南省南阳市开展的叶酸强化玉米营养干预实验和在新疆维吾尔自治区泽普县开展的锌强化小麦营养干预实验这两个实验，来说明作物营养强化农产品带来的微观健康效益，并且通过不同地区、不同作物的比较研究可以拓展其外部效度。

（三）研究内容三：作物营养强化改善人口健康的经济评价及发展优先序

研究内容三回答的关键问题有：作物营养强化对人口健康改善的经济效益如何？其成本效益如何？是否值得投资？与其他国家相比，中国开展作物营养强化是否有优势？与其他营养干预措施相比，作物营养强化是否更具有成本效益？影响作物营养强化经济效益的因素主要有哪些？应该针对哪些特定人群、特定区域、选择哪些作物品种开展生物强化？强化的具体方向是什么（即强化所选择作物的哪些微量营养素含量）？换言之作物营养强化的优先领域是什么？为什么？

（1）健康效益的经济评价指标体系。作物营养强化对人口健康具有显著的改善效果，但其经济价值尚不清楚。因此，该部分主要进行作物营养强化改善人口健康的经济评价指标体系构建，主要包括经济效益评价指标和成本效益评价指标两类。

（2）经济评价实证分析。通过前面宏观层面健康改善效果的实证分析可以了解其健康效益，根据 DALY 方法将健康效益货币化，可以明确作物营养强化改善人口健康所带来的经济效益，在此基础上，结合作物营养强化农产品的研发成本进行成本—效果的比较分析。作物营养强化通过增强作物中的微量营养素含量，从而增加人体从食物中吸收的微量营养素，降低 DALY 负担，但是，同时也会因为投入而带来成本的增加。不同的作物营养强化、不同的营养干预措施，其减少的 DALY 损失及投入的成本是有差异的，该部分主要将进行叶酸强化水稻的 DALY 比较分析。

（3）经济效益的影响因素分析。作物营养强化的效果与多种条件因素相关联，并主要取决于以下因素：①技术功效，作物营养强化所使用的食物载体是否含有较高的微量营养素含量、微量营养素含量是否能有效保存及人群是否能有效吸收微量营养素并将其储存在人体中；②膳食结构，特别是膳食中可以促进或抑制微量营养素吸收的食物的消费量；③市场营销和加工方式，所选食物载体是否能够让所有可能存在营养素缺乏的人群及家庭消费，特别是生活困难人口和偏远地区的人群；④成本，成本是影响经济效益的关键因素，如初始铁缺乏更严重的人群的铁营养状况更容易改善，因为缺铁越严重铁吸收率越高，如果人群中更多的人存在贫血，则每个贫血患者治愈的成本相对就要低一些。该部分在控制其他影响因素的基础上，重点分析上述四个方面对作物营养强化经济效益的影响。

（4）作物营养强化发展优先序，即构建中国区域级 BPI。BPI 是新近出现而且通行的判断作物营养强化优先序的指标，其显示了在哪个区域应该优先开展哪种作物营养强化以降低微量营养素缺乏水平。通过不同种类作物营养强化的品质、方向、效益的比较，构建中国区域级 BPI。该指数包括三个次级指数，即生产指数、消费指数和微量营养素缺乏指数。依据实地调查获取的数据及可靠的二手数据对 BPI 进行计算，得出当前应该在特定区域实施何种作物营养强化的具体决策，从而为作物营养强化优先序提供依据，进而有效改善微量营养素缺乏状况。

（四）研究内容四：作物营养强化农产品市场推广过程中的风险与化解机制

研究内容四要回答的关键问题有：实施作物营养强化的过程中面临哪些困难与风险？消费者对作物营养强化的态度与购买意愿如何？影响消费者态度与购买意愿的因素有哪些？如何有效增强消费者支付意愿？消费者有可能因为缺乏了解及从众等因素排斥作物营养强化的农产品并爆发群体性事件，该部分要深入分析形成这些风险的原因并探寻针对性的解决对策。

（1）产品特质对消费者态度和支付意愿的影响。作物营养强化作为一种新型农产品，可能会在一定程度上改变农产品的颜色、味道、外观等，因此，本章主要研究作物营养强化农产品的产品特质对作物营养强化农产品支付意愿的影响，以增加消费者对作物营养强化农产品的了解和接受程度。

（2）农产品类型、消费者主观知识对作物营养强化农产品购买意愿的影响。消费者自身特质也会影响其对新型农产品的接受程度，本章主要研究消费者主观知识的影响，并在此基础上提出相应的对策建议，以提高消费者购买意愿，扩大作物营养强化覆盖范围。

（3）相对价格比较和企业沟通策略的匹配对作物营养强化农产品购买意愿的影响。价格是影响消费者接受度的关键因素，尤其是作为新型农产品的作物营养强化农产品，因此，本章主要研究相对价格比较和企业沟通策略的匹配对作物营养强化农产品购买意愿的影响，明确价格对消费者接受度的影响，从而为企业的定价和营销工作提供依据。

（4）沟通信息类型对作物营养强化农产品购买意愿的影响。沟通信息能够有效影响消费者行为，但有关沟通信息对作物营养强化的研究却相对欠缺，因此，本章主要通过两个实证研究来分析不同沟通信息类型对消费者购买意愿的影响及其生成机理，从而为作物营养强化农产品的宣传推广提供有益指导。

（5）消费者对作物营养强化农产品的支付意愿。消费者支付意愿的研究大多采用假想性实验方法，此方法存在一定的不足，因此，本章通过非假想性拍卖实验法比较是否为消费者提供营养改善信息，消费者对作物营养强化农产品支付意愿的变化，从而了解消费者对作物营养强化农产品的真实支付意愿。此外，通过对支付意愿影响因素的回归分析，可以进一步了解消费者对作物营养强化农产品出价的影响因素，从而为作物营养强化农产品的宣传推广奠定基础。

二、研究方法

微量营养素营养不良是中国面临的普遍公共健康问题，作物营养强化作为解决隐性饥饿较为有效的方式，明确其对健康的改善效果、经济评价及推广过程中面临的风险与化解机制能够为作物营养强化农产品的开展提供战略性指导。因此，无论是从理论上还是实践上，本书研究都非常有意义。为了更加科学地探索作物营养强化农产品对改善人口健康的影响及经济评价，本书需要同时运用定性分析（如文献研究）和定量分析（如实验法）相结合的方法。

（1）在定性分析中，通过对作物营养强化相关研究进行归纳整理，在了解作物营养强化历史和当前状况的基础上，提出本书的研究问题，并且通过规范研究可以从理论上指出本书选题可能为该领域做出的贡献，为研究方法的选取提供依据，有助于实证研究的开展。此外，一般来说，仅仅依靠计量模型和现有文献的研究成果就作物营养强化农产品对改善人口健康的影响及经济评价进行判断还不具有说服力，因此，本书拟对作物营养强化农产品进行调研并搜集一手资料，通过案例的形式对相关实证的结果进行佐证。此外，文中涉及数据价值判断问题时，将会运用交叉学科的优势，通过农业经济学、健康经济学、发展经济学及实验经济学等相关理论和研究成果加以定性分析。

（2）在定量分析中，本书共涉及中国居民微量营养素摄入状况及其影响因素、宏观层面作物营养强化农产品对人口健康的改善效果、微观层面作物营养强化农产品对人口健康的改善效果、中国区域级 BPI 构建、作物营养强化改善人口健康的经济评价及消费者对作物营养强化农产品的态度与支付意愿六个部分的实证分析。具体使用的研究方法如下：①中国居民微量营养素摄入状况及其影响因素，拟通过实地问卷调研进行实证分析。②宏观层面作物营养强化农产品对人口健康的改善效果，拟通过健康经济学的 DALY 方法对上述问题进行实证分析。其中，具体以叶酸强化水稻为例，需要使用的是我国居民由叶酸缺乏所导致的神经管畸形的目标人群的分类及人口数据、我国居民膳食叶酸参考摄入量、叶酸缺乏人群膳食叶酸推荐量等数据，这些数据主要从宏观数据库及前人相关研究结论中获取。③微观层面作物营养强化农产品对人口健康的改善效果，拟通过发展经济学的前沿工具 RCT 方法进行规范的营养干预实证研究。通过在河南南阳开展的叶酸强化玉米营养干预实验和新疆泽普县开展的锌强化小麦营养干预实验可以有效说明作物营养强化对微观个体营养健康的改善效果，并通过两个不同地区、不同作物、不同微量营养素的比较可以扩展其外部效度。④中国区域级 BPI 构建，拟通过 BPI 进行实证分析。⑤作物营养强化改善人口健康的经济评价，拟通过健康经济学的 DALY 方法进行实证分析。⑥消费者对作物营养强化农产品的态度与支付意愿，拟通过准实验法和实验经济学的 BDM 拍卖实验法来进行规范的支付意愿及其影响因素实证研究。

第六节　本书的结构

本书共包含五篇、二十一章。第一章是绪论，介绍了研究背景、研究意义、文献综述、研究目标与分析框架、研究内容和方法、本书的结构。

第一篇是中国居民营养健康状况分析、改善措施及作物营养强化，主要包含三章。第二章是中国居民营养健康状况分析，通过实证研究对中国居民营养健康状况进行分析。第三章对微量营养素缺乏及其改善措施进行阐述和评价。第四章对作物营养强化提出的背景与定义、发展状况及其比较优势进行分析，提出本书的研究问题。

第二篇是作物营养强化对人口健康的改善效果分析，主要包括四章。第五章对作物营养强化改善人口健康的效果评价方法与指标体系进行构建，通过对健康效果评价方法与指标体系的阐述与分析，可以为营养健康实证研究奠定基础。第六章是采用 DALY 方法对宏观层面的健康改善效果进行实证研究，结果发现，作物营养强化农产品具有显著的健康效益。第七章是以叶酸强化玉米为例，通过为期 67 天的 RCT 方法检验了作物营养强化对微观个体营养健康的改善程度，结果发现，叶酸强化玉米能有效改善育龄妇女叶酸缺乏状况。第八章是以锌强化小麦为例，通过为期 8 个月的 RCT 方法检验了作物营养强化对微观个体营养健康的改善程度，结果发现，锌强化小麦在一定程度上对改善青少年生长迟缓率具有积极影响。第七章和第八章通过两个不同地区、不同作物、不同微量营养素的营养干预实验的比较可以增强结果的有效性，并且可以扩展其外部效度。

第三篇是作物营养强化改善人口健康的经济评价及发展优先序，主要包含四章。第九章是经济评价指标体系构建，主要包括经济效益评价指标和成本效益评价指标，构建的指标体系能够为经济评价奠定基础。第十章运用前面的指标体系对作物营养强化改善人口健康的经济评价进行实证研究，并将其与其他国家、其他营养干预措施的成本有效性和成本收益进行比较分析，结果发现，中国作物营养强化具有可观的经济效益，其成本有效性和成本收益率均相对较高，并且作物营养强化的成本有效性优于食物强化和营养素补充剂。第十一章是对作物营养强化改善人口健康经济效益的影响因素进行分析，结果发现技术功效、膳食结构、覆盖率和成本均会对其经济效益产生影响。第十二章基于 BPI 构建中国区域级 BPI，从而明确作物营养强化的发展优先序，其主要包含三个次级指数，即生产指数、消费指数和微量营养素缺乏指数。依据实地调查获取的数据及可靠的二手数据对 BPI 进行计算，得出当前应该在特定区域实施何种作物营养强化的具体决策，从而为作物营养强化优先序提供依据。

第四篇是作物营养强化农产品市场推广过程中的风险与化解机制，主要包含六章。第十三章利用实验法研究了产品特质对作物营养强化农产品支付意愿的影响，结果发现，产品特质对消费者支付意愿存在显著影响。作为创新型农产品的外在产品特质，作物营养强化农产品颜色的改变会降低消费者的支付意愿。第十四章通过实验法探索了农产品类型、消费者主观知识对作物营养强化农产品购买意愿的影响，结果发现，消费者对作物营养强化技术生产的创新型农产品表现出较高的购买意愿，并且购买意愿随着消费者的决策舒适度与主观知识的增加而增加。第十五章是通过相同的方法分析了相对价格比较和企业沟通策略的匹配对消费者作物营养强化农产品决策的影响，研究发现，当企业对相对价格较高的作物营养强化农产品使用高解释水平的信息沟通策略，对相对价格较低的作物营养强化农产品进行低解释水平的信息沟通时，消费者的价格敏感度均较低，购买意愿更高。而消费者的健康意识和调节定向，调节了相对价格比较与企业沟通策略的匹配（高-高、低-低）对消费者决策的影响。第十六章检验了沟通信息类型对营养强化食物购买意愿的影响，通过两个实验表明提供作物营养强化食物的沟通信息能够显著提高消费者的购买意愿，并且这种影响受到消费者调节定向的调节作用。第十七章同样检验了沟通信息类型对作物营养强化农产品购买决策的影响机制，结果表明，沟通信息类型显著增强消费者购买意愿。微量营养素缺乏程度高的消费者面对以问题为中心的沟通信息时，购买意愿会增强；而当微量营养素缺乏程度低的消费者暴露于以情绪为中心的沟通信息时，购买意愿会增强。流畅性在沟通信息类型与购买意愿之间起到了中介作用。第十八章基于 BDM 拍卖实验和 Probit 模型分析了育龄妇女对叶酸强化玉米的支付意愿及其影响因素。结果表明，叶酸强化信息能够增强育龄妇女的支付意愿，育龄妇女愿意为叶酸强化玉米支付溢价，并且溢价高达 104.26%。此外，其支付意愿受到育龄妇女个体特征和对叶酸强化玉米了解程度的影响。

第五篇是主要结论、政策启示和未来发展，主要包含三章。第十九章是主要研究结论和观点，主要对作物营养强化的营养健康改善效果及经济评价的主要结论进行总结。第二十章是对中国作物营养强化农产品发展的问题与发展方向进行阐述。第二十一章是在上述实证分析的基础上，对如何发展作物营养强化并通过作物营养强化改善人口健康，消除隐性饥饿提出相应的对策建议。

第一篇　中国居民营养健康状况分析、改善措施及作物营养强化

第二章　中国居民营养健康状况分析

随着社会经济的发展，中国居民关于食物的要求也不再仅仅只是吃得饱，还追求吃得好，因为这关系其自身营养健康状况，而营养健康状况又会影响其人力资本、生理和心理健康。因此，中国居民营养健康状况及其影响因素引起了广大学者的重视。当前中国居民营养素的摄入状况如何？是否达到了《中国居民膳食指南》的推荐量？不同地区、不同人群之间的摄入量是否存在显著差异？其主要影响因素有哪些？这些问题都没有得到很好的解答。因此，为了更好地对中国居民的营养健康状况采取有效的干预措施，需要进一步详细地了解当前中国居民的营养健康状况、微量营养素摄入状况和其影响因素以及存在的问题，以便进一步开展相应的干预措施。

第一节　中国居民营养健康状况

中国居民营养健康状况及其影响因素的研究主要包括中国居民营养健康水平、中国居民的膳食营养结构及存在的问题三个方面。

在营养健康水平相关研究中，中国学者主要采用三种方法来判断中国居民的营养健康水平。第一种以联合国粮食及农业组织（Food and Agriculture Organization of the United Nations，FAO）开发的食物供需平衡表为基础来衡量中国居民的营养健康水平状况，食物供需平衡表主要是从供应和需求是否平衡的角度来计算中国居民的营养状况。但是这种方法仅仅只是测量热量、蛋白质、脂肪（宋勇军，2018）。第二种通过对局部地区的典型调查来了解中国居民的营养健康水平，如中国食物营养监测系统的建立与发展，通过食物营养监测系统可以了解中国居民特别是儿童的营养健康状况。第三种以国家统计局公布的中国人均主要食物消费量为基础进行换算，从而了解中国居民的营养健康水平（辛良杰和李鹏辉，2018）。这种方法相较于前两种方法可以更全面地了解全国各地区居民在不同时间段的营养健康状况，但也有一定的缺点，因为此方法没有考虑居民外出用餐的相关情况，因此，由此计算的营养健康水平会有一定的误差（许世卫，2001）。

在居民膳食营养结构方面的研究中，大量的研究发现，中国居民的膳食营养模式主要以植物性食物消费为主，而动物性食物消费较少，因此，膳食结构中缺少钙和蛋白质（王灵恩等，2018）。那么如何判断中国居民膳食营养结构是否合理呢？以往主要有两种分析方法来判断膳食营养结构的合理性，首先是以国家统计局公布的居民各类食物的消费数量为基础，结合食物营养成分表来进行计算，从而了解中国居民现有的食物消费模式及其获取的各类营养素水平，判断中国居民的膳食营养结构；其次是以中国居民的膳食营养素参考摄入量为标准，来衡量中国不同地区、不同年龄、不同性别及不同健康状况的居民的营养健康水平，从而以其是否达到参考摄入量为标准来衡量其膳食营养结构是否合理。

虽然居民膳食营养结构相关标准在逐步完善，中国居民膳食营养结构趋于合理，但相关学者的研究却表明，中国的食物结构仍然存在很多问题，主要表现在食物生产结构不够合理，食物加工业落后，加工品种类不多并且食物质量、安全与卫生存在隐患，中国居民饮食习惯不合理（王玉英等，2007）及区域发展不平衡（孙志燕和侯永志，2019），食物消费的差距在拉大等方面。这就进一步导致中国居民膳食营养结构也存在一定的问题，主要体现在以下两个方面。第一，虽然中国居民膳食营养水平有所提高，但是营养摄入不足的状况仍然十分普遍，尤其是偏远地区和农村地区的儿童。营养摄入不足主要表现为营养不良和微量营养素缺乏。首先，尽管中国儿童的营养状况得到了显著改善，但相对生活困难地区和农村地区的儿童仍然存在营养不良，包括发育迟缓和体重不足。此外，还出现了新的令人担忧的问题，如营养不良和营养过剩并存、超重和肥胖的流行率不断上升，特别是在城市地区和富裕的农村地区。其次，微量营养素缺乏的问题也令人担忧，中国儿童缺铁的比例高达 35.50%（马德福等，2014）。此外，VAD 也很普遍，城市中小学缺乏比例为 9.77%（杨春等，2016）。第二，由膳食营养结构不合理所导致的慢性疾病稳定增加。随着中国经济社会的发展，中国居民的饮食结构逐渐变化，从低脂肪高纤维的传统饮食转变为高能量低纤维的西方饮食（刘佳佳等，2019）。这一变化导致中国居民超重和肥胖的流行率不断上升，特别是在城市地区和富裕的农村地区（张宗利和徐志刚，2020）。而超重的儿童可能面临更大的不健康发展风险，并且超重和肥胖一起可导致营养不良相关疾病、传染病和肥胖相关疾病。以上两个方面造成中国面临双重疾病负担。这些均表明虽然人们对营养健康的关注度较高，但中国居民膳食营养结构仍然存在较大问题，营养健康水平仍然有待提高。

鉴于居民营养健康的重要性及中国居民膳食营养结构存在的问题，中国居民的营养健康问题不仅受到了国内学者的广泛关注，国外也有大量学者致力于研究中国居民的营养健康问题。其中《谁来养活中国：耕地压力在粮食安全中的作用及解释》一书引起了国内外学者的广泛关注（罗翔等，2016）。该著作主要关注中国居民膳食结构的变化趋势，并认为中国由于人口众多，居民的粮食需求难以得到满足。但中国学者和政府的研究表明中国居民的粮食与营养健康需求基本可以实现自给自足，部分国外学者的研究也得出了类似结论。因此，中国居民膳食问题主要还是表现在营养摄入不足和相关慢性疾病增加,这导致中国面临双重负担,因此,应该有效解决营养摄入不足的问题。

营养能够反映社会经济发展和人口素质的提高,对人类的生命活动影响巨大。在每日食物摄取过程中,营养物质的摄入要适度(徐菲等,2019)。人体所需营养素主要包括蛋白质、脂肪、糖类(碳水化合物)、水、无机盐、维生素和膳食纤维七大类。营养素摄取不足或过量会引起很多疾病,只有合理均衡营养才能保证人体的正常机能。具体来讲,人类必需的营养素有近 50 种,其中任何一种营养素摄入不合理都会使身体机能发生紊乱,从而导致各种疾病或者亚健康状态。近年来,发展中国家维生素 C、维生素 B 和维生素 D 的缺乏显著下降,而铁、锌、碘和维生素 A 的缺乏仍然是主要的公众健康问题。Welch 和 Graham(2004)指出 2004 年全世界有超过 30 亿人口存在微量营养素缺乏,而且数量还在不断增加。微量营养素缺乏不仅会影响儿童的生长发育,而且会导致儿童的患病率和死亡率增加,降低儿童的生活质量。因此,预防和控制微量营养素缺乏已经势在必行。

随着经济状况的改善,膳食质量明显提高,但微量营养素摄入不足问题仍然存在。城乡居民对《中国居民平衡膳食宝塔》和《中国居民膳食指南》的了解度比较低,其中农村居民的知晓率要远低于城市居民。因此,农村的生活困难地区是微量营养素缺乏的高发区,由于经济落后,动物性食物来源受限,使微量营养素缺乏问题难以得到根本解决。铁、维生素 A 等微量营养素缺乏是中国农村居民普遍存在的问题。2004 年《中国居民营养与健康状况调查报告》显示,中国居民贫血患病率平均为 15.2%;3~12 岁儿童维生素 A 缺乏率为 9.3%,其中,城市为3.0%,农村为 11.2%;维生素 A 边缘缺乏率为 45.1%,其中,城市为 29.0%,农村为 49.6%。全国农村钙摄入量仅为 391 毫克,相当于推荐摄入量的 41%。许多研究对中国居民营养健康状况的把握、分析比较深刻(张同军等,2010;Mandal et al.,2014),但是,对农村居民营养健康的发展趋势的探讨较少,对影响营养健康及营养摄入的各类因素还有待于深入分析,对微量营养素缺乏与营养健康疾病之间的深层联系还有待于进一步挖掘。

营养素的摄取水平取决于食物消费结构和消费量,当食物种类和数量确定后,由其提高的热量、蛋白质、脂肪及各种微量元素的量就确定了。因此,可以运用膳食营养素参考摄入量法估算个体从各类食物及其消费量中摄入的营养素(封志明和史登峰,2006)。收入和食物价格是影响居民营养摄入的主要经济因素,也是以往研究的重点(张车伟和蔡昉,2002;李云森,2012)。同时,人口结构、人力资本、社会特征及地区差异等社会家庭和环境特征因素对营养摄入的影响也在一定程度上得到验证(Zhong et al.,2012a;You et al.,2016;邓婷鹤等,2016)。但在具体研究结果上尚存争议,并且针对农村居民微量营养素摄入影响因素的研究较少。

第二节　中国居民营养素摄入状况

营养是保持人体健康和生命的重要物质基础，而随着社会经济的发展，居民的营养健康问题也日益突出。饮食结构和方式对居民的营养健康有重要影响，为了维持营养健康状况，除了需要常见的碳水化合物、脂肪和蛋白质等宏量营养素以外，还需要锌、铁等矿物质以及叶酸、维生素 A 等维生素在内的微量营养素。如果微量营养素摄入不足，居民营养健康状况会受到影响，并导致疾病，严重的甚至会出现死亡。因此，了解当前中国居民的微量营养素摄入状况为有针对性地解决此类问题提供了依据。本节基于著者在 2019 年 7～8 月开展的 24 小时膳食回顾调研，通过对数据进行整理与分析，并结合《中国食物成分表 2004》将居民消费的食物转化为包括能量、蛋白质、脂肪和碳水化合物 4 种宏量营养素，钙、磷、钾、钠、镁、铁、锌、硒、铜、锰、碘共 11 种矿物质及维生素 A、胡萝卜素、维生素 B_1、维生素 B_2、维生素 B_6、维生素 B_{12}、维生素 C、维生素 E、叶酸、烟酸共 10 种维生素在内的 25 种宏量和微量营养素的摄入量，并依据《2016 版中国居民膳食营养素参考摄入量》对各类营养素摄入量进行评价。

一、对象与方法

（一）调查对象

为了了解农村居民营养素摄入状况及其影响因素，我们选取了湖北作为调研地，通过分层随机的方法先选出经济水平不同的 6 个县，用同样的方法在每个县选取 6 个村，每个村选取 10 户农民作为调研对象，进行居民社会经济信息等基本情况调查，并参照 CHNS 问卷进行居民膳食营养知识调查和居民 24 小时膳食消费调查，共计获得 360 个综合数据。

（二）调查内容及方法

在查阅文献、专家咨询和预调研的基础上，确定了本次调查的具体内容。主要包括居民社会经济信息等基本情况调查、居民膳食营养知识调查和居民膳食消费调查三个方面。居民社会经济信息等基本情况调查包括性别、年龄、受教育年限、职业、家庭年收入、婚姻状况和健康状况等；居民膳食营养知识调查主要了解居民膳食知识的知晓情况，主要包括"含有食品添加剂的食品都不利于人类身体健康""食用油没有保质期，可以长期保存""味精加热后有毒""大量吃含维生素 C 的食品可以预防和治疗感冒"等 8 个题项;居民膳食消费调查采用一天 24 小时膳食回顾法,调查受访者 24 小时内摄入的所有食物种类和数量。在居民 24 小时食物消费数据的基础上,结合《中国食物成分表 2004》中每类食物所含各种营养素的均值,计算出受访者家庭各类营养素人均摄入量。参照《2016 版中国居民膳食营养素参考摄入量》计算标准人每日的上述 25 种营养素的摄入量。标准人是指从事轻体力劳动的成年男性。将居民的每日实际营养素摄入量与参考摄入量进行对比,由此判断农村居民每日营养素摄入量是否达标及其营养健康状况。

(三)统计分析

本调研数据统一经调研团队的电子数据录入平台进行录入和管理,并进一步采用 Stata 17.0 进行数据清理和统计分析。居民各类食物及宏量营养素摄入量使用描述性统计学分析,采用均值±标准差表示。在数据清理的过程中删除了 1 个数据填写不完整的样本,最终用于分析的有效样本为 359 个,样本有效率为 99.72%。

二、结果

(一)样本基本特征

本次共调查了 360 个农村居民的家庭食物消费情况,最终有效样本 359 个。样本中男性有 335 人(93.31%),女性有 24 人(6.69%)。这是由于我们的调研对象主要是户主,而农村家庭的户主大多为男性,因此,性别分布中男性比例较高。受访者的平均年龄为 51.47 岁,标准差为 9.40,这说明受访者的年龄相对较高,这与农村的现实情况是一致的。具体分布为 18~49 岁的有 79 人(22.01%),50~64 岁的有 195 人(54.32%),65~79 岁的有 82 人(22.84%),80 岁及以上的有 3 人(0.84%)。受访者的平均受教育年限为 6.84 年,标准差为 3.09。具体分布为平均受教育年限≤6 年的有 168 人(46.80%),平均受教育年限 7~9 年的有 143 人(39.83%),平均受教育年限 10~12 年的有 46 人(12.81%),平均受教育年限≥13 年的有 2 人(0.56%),由此可见受访者的受教育年限相对较短。受访者大部分为已婚,其所占比重为 94.71%。样本基本特征见表 2.1。

表 2.1　样本基本特征

类别		样本数	占比
性别	男	335	93.31%
	女	24	6.69 %

续表

类别		样本数	占比
年龄	18～49 岁	79	22.01%
	50～64 岁	195	54.32%
	65～79 岁	82	22.84%
	≥80 岁	3	0.84%
受教育年限	≤6 年	168	46.80%
	7～9 年	143	39.83%
	10～12 年	46	12.81%
	≥13 年	2	0.56%
婚姻状况	已婚	340	94.71%
	未婚	19	5.29%
总计		359	100%

（二）农村居民各类食物和营养素摄入情况

由表 2.2 可知，农村居民平均每标准人每日谷类及制品的摄入量为（302.47±206.97）克，薯类、淀粉及制品的摄入量为（101.50±165.85）克，干豆类及制品的摄入量为（15.10±54.83）克，蔬菜类及制品摄入量为（399.75±311.44）克，菌类摄入量为（0.50±6.38）克，水果类及制品摄入量为（23.67±159.91）克，坚果、种子类摄入量为（0.14±2.64）克，畜肉类及制品摄入量为（65.54±97.11）克，禽肉类及制品摄入量为（12.07±62.78）克，乳类及制品摄入量为（1.65±10.93）克，蛋类及制品摄入量为（21.59±42.87）克，鱼虾蟹贝类摄入量为（50.37±135.20）克。

表 2.2 农村居民各类食物摄入情况（单位：克）

食物类型	样本人均每日摄入量		《中国居民膳食指南（2016）》推荐量
	均值	标准差	
谷类及制品	302.47	206.97	250～400
薯类、淀粉及制品	101.50	165.85	50～100
干豆类及制品	15.10	54.83	50～150
蔬菜类及制品	399.75	311.44	300～500
菌类	0.50	6.38	—

续表

食物类型	样本人均每日摄入量		《中国居民膳食指南（2016）》推荐量
	均值	标准差	
水果类及制品	23.67	159.91	200～350
坚果、种子类	0.14	2.64	25～35
畜肉类及制品	65.54	97.11	40～75
禽肉类及制品	12.07	62.78	40～75
乳类及制品	1.65	10.93	300
蛋类及制品	21.59	42.87	40～50
鱼虾蟹贝类	50.37	135.20	40～75

与《中国居民膳食指南（2016）》的推荐量对比后发现，被调查地区的农村居民每标准人每日谷类及制品，薯类、淀粉及制品，蔬菜类及制品，畜肉类及制品和鱼虾蟹贝类的摄入量总体上达到了《中国居民膳食指南（2016）》的推荐摄入量，摄入量较为充足，其中，薯类、淀粉及制品的摄入量超过了推荐摄入量的最大值；但干豆类及制品、禽肉类及制品和蛋类及制品的摄入量均没有达到推荐摄入量的最低值；而水果类及制品，坚果、种子类，乳类及制品的摄入量更是远远低于推荐摄入量的最低值。由此可见，被调查地区的农村居民植物性食物的摄入量相对充足，这是由于这些食物大多可以自己种植，实现自给自足，而对于肉蛋奶等难以实现自给自足的动物性食物及坚果类食物等则摄入量相对不足。这说明农村居民的膳食结构仍然存在一定的问题，有待于进一步改善和优化。

在了解被调查地区农村居民各类食物摄入量的基础上，还需了解农村居民各类营养素的摄入量，从而可以进一步判断农村居民的营养健康状况。通过对各类食物中所含有的营养素含量及食物摄入量（表2.3）综合分析发现，农村居民平均每标准人每日能量的摄入量为（1581.24±807.93）千卡，占中国居民膳食能量推荐摄入量（recommended nutrient intakes，RNIs）的65.89%；农村居民平均每标准人每日蛋白质和脂肪的摄入量分别为（65.23±40.97）克及（29.29±26.04）克，分别占RNIs的86.97%和117.16%；碳水化合物的摄入量为（291.43±151.25）克。这说明除了脂肪摄入量达到推荐摄入量以外，其余的几类宏量营养素的摄入量均没有达到推荐摄入量。通过对维生素和矿物质等微量营养素摄入量的进一步分析发现，维生素中除了维生素A的摄入量[每标准人每日（915.22±624.74）微克，占RNIs的114.40%]充足以外，维生素B_1（占RNIs的52.14%）、维生素B_2（占RNIs的51.43%）、维生素B_6（占RNIs的56.67%）、维生素B_{12}（占RNIs的49.17%）、叶酸（占 RNIs 的 62.49%）、烟酸（占 RNIs 的 71.36%）、维生素 C（占 RNIs 的 80.29%）和维生素 E（占 RNIs 的 50.29%）的摄入量均相对不足。而矿物质中除了磷的摄入量[每标准人每日（854.80±491.46）毫克，占 RNIs 的 122.11%]相对充足以外，钙（占 RNIs 的 49.64%）、钾（占 RNIs 的 94.02%）、钠（占 RNIs 的 68.08%）、镁（占 RNIs 的 81.37%）、铁（占 RNIs 的 89.60%）、锌（占 RNIs 的 56.80%）、硒（占 RNIs 的 64.58%）、铜（占 RNIs 的 46.00%）、锰（占 RNIs 的 60.29%）、碘（占 RNIs 的 16.06%）的摄入量均相对不足。综上所述，农村地区居民的大部分宏量和微量营养素摄入量均低于推荐摄入量，这说明农村居民存在营养素缺乏问题，尤其缺乏微量营养素。

表 2.3　农村居民各类营养素摄入情况

营养素	样本标准人每日摄入量		标准人每日推荐量（RNIs 或 AI）	占 RNIs 的比例
	均值	标准差		
能量	1581.24 千卡	807.93 千卡	2400.00 千卡	65.89%
蛋白质	65.23 克	40.97 克	75.00 克	86.97%
脂肪	29.29 克	26.04 克	20.00～30.00 克	117.16%
碳水化合物	291.43 克	151.25 克	—	—
维生素 A	915.22 微克	624.74 微克	800.00 微克	114.40%
胡萝卜素	4478.55 微克	3400.32 微克	—	—
维生素 B_1	0.73 毫克	0.37 毫克	1.40 毫克	52.14%
维生素 B_2	0.72 毫克	0.46 毫克	1.40 毫克	51.43%
维生素 B_6	0.68 毫克	0.38 毫克	1.20 毫克	56.67%
维生素 B_{12}	1.18 微克	2.50 微克	2.40 微克	49.17%
叶酸	249.96 微克	159.52 微克	400.00 微克	62.49%
烟酸	9.99 毫克	6.79 毫克	14.00 毫克	71.36%
维生素 C	80.29 毫克	62.07 毫克	100.00 毫克	80.29%
维生素 E	7.04 毫克	7.03 毫克	14.00 毫克	50.29%
钙	397.12 毫克	267.77 毫克	800.00 毫克	49.64%
磷	854.80 毫克	491.46 毫克	700.00 毫克	122.11%
钾	1880.31 毫克	996.42 毫克	2000.00 毫克	94.02%
钠	1497.81 毫克	1515.53 毫克	2200.00 毫克	68.08%
镁	284.78 毫克	155.25 毫克	350.00 毫克	81.37%
铁	13.44 毫克	8.02 毫克	15.00 毫克	89.60%

续表

营养素	样本标准人每日摄入量		标准人每日推荐量（RNIs 或 AI）	占 RNIs 的比例
	均值	标准差		
锌	8.52 毫克	5.38 毫克	15.00 毫克	56.80%
硒	32.29 微克	30.73 微克	50.00 微克	64.58%
铜	0.92 毫克	0.55 毫克	2.00 毫克	46.00%
锰	2.11 毫克	1.18 毫克	3.50 毫克	60.29%
碘	24.09 微克	28.61 微克	150.00 微克	16.06%

注：AI 表示 adequate intakes（适宜摄入量）

（三）不同群体农村居民宏微量营养素摄入的差异

在了解农村居民各类食物及各类营养素摄入量的基础上，我们进一步对不同人群营养素摄入的差异进行分析。考虑到身体结构、生活环境、受教育年限等会对居民的饮食产生较大影响，因此，我们在本节按照受教育年限和性别对人口统计特征进行分类，从而比较不同人群营养素摄入和缺乏情况是否相同，为接下来的分析提供一定依据。在进行分析之前，我们根据农村居民的受教育年限分布状况将其平均分为低、中、高三个水平，分析结果见表 2.4。

表 2.4　不同受教育年限和性别的农村居民宏微量营养素摄入对比分析

营养素	受教育年限			性别	
	低	中	高	男	女
能量/千卡	1494.12	1584.59	1789.51	1591.06	1444.17
蛋白质/克	57.26	66.88	79.01	66.12	52.89
脂肪/克	25.13	30.52	34.99	29.91	20.58
碳水化合物/克	284.76	288.10	321.51	291.77	286.66
维生素 A/微克	808.01	942.50	1080.33	924.97	779.19
胡萝卜素/微克	3957.78	4594.46	5345.79	4514.56	3975.93
维生素 B_1/毫克	0.68	0.74	0.83	0.74	0.65
维生素 B_2/毫克	0.63	0.74	0.89	0.73	0.62
维生素 B_6/毫克	0.61	0.69	0.83	0.69	0.62
维生素 B_{12}/微克	0.63	1.26	2.24	1.21	0.76

续表

营养素	受教育年限			性别	
	低	中	高	男	女
叶酸/微克	221.29	255.23	302.08	252.40	215.94
烟酸/毫克	8.57	10.36	12.11	10.08	8.62
维生素 C/毫克	71.76	80.18	102.38	80.79	73.32
维生素 E/毫克	6.41	7.25	7.84	7.16	5.36
钙/毫克	337.57	405.87	513.98	402.51	321.86
磷/毫克	755.47	871.17	1042.77	864.18	723.87
钾/毫克	1710.52	1902.83	2223.21	1886.28	1797.02
钠/毫克	1149.50	1568.35	2105.34	1523.11	1144.65
镁/毫克	253.40	288.57	349.64	287.41	248.15
铁/毫克	11.80	13.77	16.30	13.55	11.93
锌/毫克	7.80	8.75	9.45	8.59	7.59
硒/微克	25.05	33.39	46.37	32.76	25.75
铜/毫克	0.82	0.93	1.15	0.93	0.80
锰/毫克	1.90	2.14	2.50	2.12	1.83
碘/微克	17.95	24.87	36.61	24.45	19.06

结果表明，农村居民的营养素摄入量与其受教育年限和性别有一定的联系。就居民的受教育年限而言，随着农村居民受教育年限的增加，25 种营养素的摄入量呈现出增加的趋势，这可能与居民受教育年限变化导致的认知水平变化有一定关系。就居民的性别而言，25 种营养素的摄入量并没有因性别的不同而呈现出有规律的变化，这说明性别对农村居民营养素摄入量的影响不明显。

第三节　微量营养素摄入影响因素分析

现有研究表明，收入是改善居民营养健康状况最主要的驱动力（Ravallion，1990；Gibson and Rozelle，2002；Tian and Yu，2015；Zhou and Yu，2015）。地区经济发展水平往往决定该地区居民的日常消费水平，也决定当地能够提供的食物营养的水平，这是造成农村居民营养健康发展存在巨大差异的主要原因之一。由此可见，农村居民的收入水平对其微量营养素的摄入行为存在一定的影响。此外，农村居民食物消费与营养摄入不仅受收入水平的约束，还受居民自身的膳食营养知识、是否为村干部和受教育年限等因素的影响。

一、收入水平的影响

　　根据基本信息调查数据，本节统计了农村居民的家庭人均年收入情况。依据居民收入的分布状况，首先将其均等划分为低、中、高三组，以便于比较不同收入组别之间的营养素摄入量差异，然后分析收入水平与营养素摄入量之间的相关性。

　　由表 2.5 可以看出，除了碳水化合物与胡萝卜素以外，农村居民的收入水平与其余 23 种营养素摄入量呈现出显著的正相关关系。具体而言，随着农村居民收入水平的增加，居民食物购买种类和购买量均会增加，其营养摄入来源也会更为广泛，因此其营养素摄入量会逐渐增加。农村居民收入水平对其营养素摄入的影响主要有两种途径，一种是通过增加农村居民的食物消费量和消费种类来提高其营养素摄入量，另一种是通过改善和优化农村居民食物消费结构来提高其营养素摄入量，因此，农村居民经济收入水平显著影响其营养素摄入量。

表 2.5　不同收入水平下农村居民的营养素摄入对比及相关性分析

营养素	收入水平			相关性	p 值
	低	中	高		
能量	1439.06 千卡	1554.27 千卡	1754.47 千卡	0.159	0.003***
蛋白质	53.75 克	63.95 克	78.31 克	0.245	<0.001***
脂肪	22.77 克	28.14 克	37.13 克	0.225	<0.001***
碳水化合物	280.54 克	288.05 克	306.04 克	0.069	0.194
维生素 A	841.26 微克	879.91 微克	1026.99 微克	0.121	0.022**
胡萝卜素	4218.32 微克	4309.95 微克	4916.87 微克	0.084	0.114
维生素 B_1	0.67 毫克	0.71 毫克	0.81 毫克	0.156	0.003***
维生素 B_2	0.60 毫克	0.71 毫克	0.86 毫克	0.226	<0.001***
维生素 B_6	0.61 毫克	0.64 毫克	0.80 毫克	0.199	<0.001***
维生素 B_{12}	0.38 微克	1.08 微克	2.10 微克	0.281	<0.001***
叶酸	228.83 微克	244.41 微克	277.28 微克	0.124	0.019**
烟酸	8.17 毫克	9.46 毫克	12.39 毫克	0.253	<0.001***
维生素 C	75.63 毫克	72.62 毫克	92.86 毫克	0.113	0.033**
维生素 E	6.35 毫克	6.83 毫克	7.96 毫克	0.093	0.077*

营养素	收入水平			相关性	p 值
	低	中	高		
钙	327.72 毫克	376.58 毫克	489.16 毫克	0.246	<0.001***
磷	717.41 毫克	837.60 毫克	1013.16 毫克	0.246	<0.001***
钾	1686.64 毫克	1794.21 毫克	2166.47 毫克	0.196	<0.001***
钠	1006.02 毫克	1446.14 毫克	2054.65 毫克	0.283	<0.001***
镁	251.70 毫克	279.15 毫克	324.43 毫克	0.191	<0.001***
铁	11.23 毫克	13.12 毫克	16.04 毫克	0.245	<0.001***
锌	7.40 毫克	8.12 毫克	10.08 毫克	0.203	<0.001***
硒	21.45 微克	32.69 微克	43.00 微克	0.286	<0.001***
铜	0.81 毫克	0.89 毫克	1.08 毫克	0.202	<0.001***
锰	1.92 毫克	2.08 毫克	2.33 毫克	0.142	0.025**
碘	14.52 微克	23.23 微克	34.78 微克	0.289	<0.001***

*、**、***分别表示在 10%、5%、1%的水平上显著

二、膳食知识的影响

根据调研中所获得的膳食营养知识数据，我们统计了农村居民对 8 项有关膳食知识的知晓情况，其中每个膳食知识判断正确得 1 分，不知道得 0 分，判断错误扣除 1 分。将 8 项得分加总起来即为居民的膳食知识得分。首先根据居民膳食知识得分情况将其均等划分为低、中、高三组，比较不同组间的差异，然后分析膳食知识得分与营养素摄入量之间的相关性。

由表 2.6 可以看出，膳食知识与农村居民的营养素摄入量没有呈现出显著的相关性。具体来讲，随着膳食知识的变化，农村居民的营养素摄入量变化不明显。这说明农村居民膳食知识的提高无法有效地改变膳食行为从而改变其营养素摄入状况。

表 2.6 不同膳食知识农村居民的营养素摄入对比及相关性分析

营养素	膳食知识			相关性	p 值
	低	中	高		
能量	1584.50 千卡	1621.89 千卡	1525.13 千卡	−0.020	0.700
蛋白质	65.28 克	64.11 克	66.41 克	0.007	0.902
脂肪	29.59 克	28.12 克	29.77 克	−0.004	0.944
碳水化合物	291.41 克	306.50 克	274.11 克	−0.029	0.586

续表

营养素	膳食知识			相关性	p 值
	低	中	高		
维生素 A	897.78 微克	965.05 微克	907.22 微克	0.017	0.752
胡萝卜素	4367.80 微克	4806.81 微克	4413.96 微克	0.019	0.727
维生素 B_1	0.73 毫克	0.75 毫克	0.71 毫克	−0.015	0.777
维生素 B_2	0.72 毫克	0.71 毫克	0.73 毫克	0.009	0.872
维生素 B_6	0.67 毫克	0.73 毫克	0.68 毫克	0.025	0.635
维生素 B_{12}	1.11 微克	1.02 微克	1.56 微克	0.058	0.270
叶酸	246.85 微克	259.65 微克	247.60 微克	0.010	0.847
烟酸	9.87 毫克	10.13 毫克	10.14 毫克	0.018	0.737
维生素 C	77.33 毫克	89.38 毫克	78.20 毫克	0.026	0.628
维生素 E	7.17 毫克	6.53 毫克	7.26 毫克	−0.005	0.920
钙	392.64 毫克	398.03 毫克	408.76 毫克	0.023	0.665
磷	853.63 毫克	847.32 毫克	866.73 毫克	0.008	0.883
钾	1842.48 毫克	1977.75 毫克	1875.17 毫克	0.026	0.623
钠	1458.65 毫克	1441.36 毫克	1673.84 毫克	0.048	0.367
镁	282.98 毫克	288.81 毫克	285.25 毫克	0.009	0.864
铁	13.31 毫克	13.37 毫克	13.88 毫克	0.025	0.637
锌	8.41 毫克	8.80 毫克	8.51 毫克	0.014	0.794
硒	31.95 微克	29.90 微克	36.01 微克	0.039	0.467
铜	0.92 毫克	0.93 毫克	0.92 毫克	−0.003	0.957
锰	2.11 毫克	2.12 毫克	2.07 毫克	−0.010	0.849
碘	23.30 微克	22.76 微克	27.86 微克	0.053	0.317

三、人口统计特征的影响

影响营养素摄入量的因素除了农村居民的收入水平和膳食知识以外，人口统计特征也在其中起到了重要作用。因此，在这一部分我们检验了人口统计特征如是否为村干部、受教育程度对营养素摄入量的影响，对其相关性进行了分析。

是否为村干部的结果见表 2.7，可以发现，农村居民是否为村干部与能量、蛋白质这两类宏量营养素及维生素 B_1、维生素 B_2、磷、钠、镁、铁、锌、硒、铜和锰这 10 类微量营养素的摄入量之间均存在显著的负相关关系。但农村居民的脂肪、碳水化合物、维生素 A、胡萝卜素、维生素 B_6、维生素 B_{12}、叶酸、烟酸、维生素 C、维生素 E、钙、钾和碘等 13 种营养素的摄入量与是否为村干部的相关性不显著。这在一定程度上说明村干部的经历有助于改善农村居民的营养素摄入情况，这可能与村干部的认知水平较高相关。

表 2.7　是否为村干部的农村居民的营养素摄入对比及相关性分析

营养素	是否为村干部		相关性	p 值
	是	否		
能量	1732.70 千卡	1539.90 千卡	−0.098	0.063*
蛋白质	73.61 克	62.95 克	−0.107	0.043**
脂肪	32.99 克	28.27 克	−0.074	0.159
碳水化合物	314.49 克	285.14 克	−0.080	0.131
维生素 A	973.92 微克	899.20 微克	−0.049	0.353
胡萝卜素	4689.44 微克	4420.97 微克	−0.033	0.540
维生素 B_1	0.80 毫克	0.71 毫克	−0.099	0.062**
维生素 B_2	0.80 毫克	0.70 毫克	−0.089	0.091*
维生素 B_6	0.74 毫克	0.67 毫克	−0.074	0.164
维生素 B_{12}	1.48 微克	1.10 微克	−0.062	0.238
叶酸	268.18 微克	244.99 微克	−0.060	0.259
烟酸	10.94 毫克	9.72 毫克	−0.074	0.163
维生素 C	84.90 毫克	79.03 毫克	−0.039	0.463
维生素 E	8.17 毫克	6.73 毫克	−0.084	0.113
钙	438.03 毫克	385.95 毫克	−0.080	0.131
磷	954.87 毫克	827.47 毫克	−0.107	0.044**
钾	2041.65 毫克	1836.26 毫克	−0.085	0.109
钠	1759.70 毫克	1426.30 毫克	−0.090	0.087*
镁	315.49 毫克	276.40 毫克	−0.104	0.050*
铁	15.12 毫克	12.98 毫克	−0.110	0.038**
锌	9.41 毫克	8.28 毫克	−0.087	0.099*
硒	38.09 微克	30.71 微克	−0.099	0.062*
铜	1.03 毫克	0.90 毫克	−0.098	0.063*
锰	2.31 毫克	2.05 毫克	−0.092	0.080*
碘	28.52 微克	22.88 微克	−0.081	0.125

*、**分别表示在 10%、5%的水平上显著

受教育年限的结果见表 2.8，通过分析发现，农村居民的受教育年限与绝大部分营养素摄入量呈现出显著的正相关关系。具体而言，随着农村居民受教育年限的增加，除了碳水化合物以外的宏量营养素、除了维生素 E 以外的微量营养素的摄入量均逐渐增加。由此可见，农村居民的营养素摄入量在一定程度上受受教育年限影响。

表 2.8　不同受教育年限的农村居民的营养素摄入对比及相关性分析

营养素	受教育年限			相关性	p 值
	低	中	高		
能量	1494.12 千卡	1584.59 千卡	1789.51 千卡	0.109	0.040**
蛋白质	57.26 克	66.88 克	79.01 克	0.170	0.001***
脂肪	25.13 克	30.52 克	34.99 克	0.128	0.016**
碳水化合物	284.76 克	288.10 克	321.51 克	0.063	0.231
维生素 A	808.01 微克	942.50 微克	1080.33 微克	0.143	0.007***
胡萝卜素	3957.78 微克	4594.46 微克	5345.79 微克	0.131	0.013**
维生素 B_1	0.68 毫克	0.74 毫克	0.83 毫克	0.125	0.018**
维生素 B_2	0.63 毫克	0.74 毫克	0.89 毫克	0.175	0.001***
维生素 B_6	0.61 毫克	0.69 毫克	0.83 毫克	0.178	0.001***
维生素 B_{12}	0.63 微克	1.26 微克	2.24 微克	0.199	<0.001***
叶酸	221.29 微克	255.23 微克	302.08 微克	0.160	0.002***
烟酸	8.57 毫克	10.36 毫克	12.11 毫克	0.172	0.001***
维生素 C	71.76 毫克	80.18 毫克	102.38 毫克	0.144	0.006***
维生素 E	6.41 毫克	7.25 毫克	7.84 毫克	0.070	0.186
钙	337.57 毫克	405.87 毫克	513.98 毫克	0.204	<0.001***
磷	755.47 毫克	871.17 毫克	1042.77 毫克	0.183	0.001***
钾	1710.52 毫克	1902.83 毫克	2223.21 毫克	0.159	0.003***
钠	1149.50 毫克	1568.35 毫克	2105.34 毫克	0.201	<0.001***
镁	253.40 毫克	288.57 毫克	349.64 毫克	0.190	<0.001***
铁	11.80 毫克	13.77 毫克	16.30 毫克	0.179	<0.001***
锌	7.80 毫克	8.75 毫克	9.45 毫克	0.105	0.047**
硒	25.05 微克	33.39 微克	46.37 微克	0.216	<0.001***
铜	0.82 毫克	0.93 毫克	1.15 毫克	0.181	<0.001***
锰	1.90 毫克	2.14 毫克	2.50 毫克	0.156	0.003***
碘	17.95 微克	24.87 微克	36.61 微克	0.201	<0.001***

、*分别表示在 5%、1%的水平上显著

通过研究发现，食物消费结构和消费量是农村居民营养素摄入水平的决定因素，当明确了农村居民消费的食物种类和数量以后，其摄入的热量、蛋白质、脂肪等宏量营养素及各种微量营养素的量就已经确定了。但上述的分析发现，中国农村居民的膳食结构和消费量存在问题，还有待于进一步调整，其各类食物消费量并没有达到《中国居民膳食指南（2016）》的推荐摄入量。通过具体分析农村居民常见的 12 种食物种类的消费情况，从而计算其家庭人均每日摄入量，再将人均每日摄入量与《中国居民膳食指南（2016）》推荐摄入量进行对比后发现，农村居民日常饮食中仅有一部分食物的每标准人每日消费量达到了推荐摄入量，主要有谷类及制品，薯类、淀粉及制品，蔬菜类及制品，畜肉类及制品，鱼虾蟹贝类。但干豆类及制品、禽肉类及制品和蛋类及制品的摄入量则没有达到推荐摄入量的最低值，而水果类及制品，坚果、种子类，乳类及制品的摄入量则远远低于推荐摄入量的最低值。由此可见，农村居民植物性食物摄入量相对充足，而动物性食物摄入量则相对不足，这可能是由于植物性食物农村居民大多有种植，可以实现自给自足，而肉蛋奶等动物性食物则需要购买。

食物摄入量的不合理导致膳食结构不合理，而膳食结构的不合理则会进一步导致中国农村居民存在严重的微量营养素缺乏问题，其微量营养素实际摄入量普遍低于推荐摄入量，且不同人群的微量营养素摄入量也存在一定差别。总体来讲，农村居民缺乏较为严重的微量营养素主要包括维生素 B_{12}（占 RNIs 的49.17%）、叶酸（占 RNIs 的 62.49%）、维生素 E（占 RNIs 的 50.29%）、钙（占RNIs 的 49.64%）、钠（占 RNIs 的 68.08%）、锌（占 RNIs 的 56.80%）、硒（占RNIs 的 64.58%）、铜（占 RNIs 的 46.00%）、锰（占 RNIs 的 60.29%）、碘（占 RNIs的 16.06%），其摄入量均不足推荐摄入量的 70%。就居民受教育年限而言，随着年限的增加，其摄入量也逐渐增加。就性别而言，上述分析中并没有发现男性和女性在微量营养素摄入量上的明显差异。

通过分析收入水平、膳食知识和人口统计特征与农村居民营养素摄入量的相关性发现，收入水平和受教育年限与大部分营养素的摄入有显著的正相关关系，是否为村干部与部分营养素的摄入量存在显著的负相关关系，而膳食知识与营养素的摄入相关系数为负，但不显著。可能的解释为农村居民缺乏正确的引导，使得膳食营养知识的变化未能有效地转变为膳食行为的变化。

第四节　中国居民微量营养素摄入存在的问题

中国疾病预防控制中心的研究报告（张继国等，2012a）和 2005 年出版的《2002综合报告中国居民营养与健康状况调查报告之一》均表明，维生素和矿物质等微量营养素缺乏是中国农村居民乃至发展中国家普遍存在的营养不良问题。与其一致的是，我们的研究结果也再次证明了中国农村居民的营养摄入状况依然不容乐观这一现实。总体上，中国农村居民微量营养素摄入仍存在以下三方面的问题。

第一，农村居民绝大部分微量营养素摄入量不足，距离推荐摄入量仍有一定差距。除了维生素 A 的摄入量（占 RNIs 的 114.40%）充足以外，维生素 B_1（占 RNIs 的 52.14%）、维生素 B_2（占 RNIs 的 51.43%）、维生素 B_6（占 RNIs 的 56.67%）、维生素 B_{12}（占 RNIs 的 49.17%）、叶酸（占 RNIs 的 62.49%）、烟酸（占 RNIs 的 71.36%）、维生素 C（占 RNIs 的 80.29%）和维生素 E（占 RNIs 的 50.29%）的摄入量均相对不足。而矿物质中除了磷的摄入量（占 RNIs 的 122.11%）相对充足以外，钙（占 RNIs 的 49.64%）、钾（占 RNIs 的 94.02%）、钠（占 RNIs 的 68.08%）、镁（占 RNIs 的 81.37%）、铁（占 RNIs 的 89.60%）、锌（占 RNIs 的 56.80%）、硒（占 RNIs 的 64.58%）、铜（占 RNIs 的 46.00%）、锰（占 RNIs 的 60.29%）、碘（占 RNIs 的 16.06%）的摄入量均相对不足。由此可见，农村居民微量营养素摄入状况亟须改善，解决其微量营养素缺乏问题迫在眉睫。

第二，农村居民文化程度普遍偏低，导致其微量营养素摄入不合理。通过分析发现，农村居民的受教育年限与其微量营养素摄入量呈现显著的正相关关系，受教育年限越高，文化程度越高，微量营养素摄入量越充足。但农村居民的受教育年限平均为 6.84 年，文化程度相对较低，导致其微量营养素摄入量不合理，大部分微量营养素均存在摄入量低于推荐摄入量的问题。然而就性别而言，我们的分析并没有发现男性和女性在微量营养素摄入量上存在明显的差异。

第三，农村居民膳食知识相对欠缺，缺乏正确的膳食引导。通过分析农村居民微量营养素摄入量的影响因素，我们发现收入水平和受教育年限与大部分营养素摄入量之间存在显著的正相关关系，是否为村干部与部分营养素摄入量之间存在显著的负相关关系，但膳食知识与营养素摄入量之间的相关性不显著。这说明居民收入水平和受教育年限的变化会带来膳食结构和营养来源的变化，进而促进营养素摄入量的增加。但是农村居民在日常饮食过程中缺乏正确的引导，使得膳食营养知识的变化未能有效地转变为膳食行为的变化。因此，农村居民现在面临的一个问题是如何确保其掌握足够的膳食知识，并且能将膳食知识的变化有效地转变为饮食行为的改变。

第五节　中国居民微量营养素摄入的对策建议

从本次调查的总体情况来看，中国农村居民的营养素摄入量较以往有所增长，一部分营养素摄入量达到了推荐摄入量，其营养健康状况有了较大改善，但仍然存在微量营养素摄入不足的问题。农村居民微量营养素摄入不足是制约经济社会高质量发展的重要因素之一，解决微量营养素缺乏迫在眉睫。针对本次调查的发现，为有效改善农村居民微量营养素缺乏问题，提出以下几点对策建议。

第一，继续加强营养监测工作，丰富和完善营养调查内容。营养调查和分析是了解农村居民营养健康状况的重要手段，本次调查主要是在湖北地区开展的，但地区差异不容忽视，可逐步扩大监测地区和监测人群，因此，未来应针对更广泛的人群开展营养调查，以了解全国范围居民的营养健康状况。此外，应该对营养调查内容进行丰富和完善，以更深入地分析营养健康状况影响因素及不同地区、不同时间和不同特征人群间的区别与联系，为膳食干预与健康教育提供数据支撑。

第二，正确引导农村居民合理膳食，科学调整其膳食结构。通过调查发现，农村居民膳食结构虽然有所改善但仍存在不合理的现象，植物性食物摄入量相对充足，但肉蛋奶等动物性食物摄入量相对较少，因此，应从农村居民日常饮食着手，正确引导其饮食多样化，如合理开发利用当地的粮食生产条件，种植营养强化作物，增加农村居民从食物中获取的微量营养素含量。此外，还可以引导农村居民创新营养改善方式，鼓励当地政府扶持奶源基地建设、扩大畜禽类养殖，以增加农村居民动物性食物的供应。

第三，积极开展营养知识宣教，提高农村居民营养知识认知水平。鉴于农村居民的平均受教育年限较低，其营养知识水平和健康意识相对欠缺，可以考虑充分利用多种教育途径，积极开展提高农村居民营养意识的宣教和科普活动，如科普讲座等，提高农村居民的营养知识认知水平，进而通过改变饮食行为改善膳食营养素的摄入情况，从而实现合理饮食和健康饮食。

第三章 微量营养素缺乏及其改善措施

通过第二章对中国居民营养健康状况的分析发现，我国居民营养素摄入量有明显增加和改善，但仍然存在微量营养素摄入不足的问题，因此，改善微量营养素摄入不足迫在眉睫。要想有效改善微量营养素摄入不足的状况，就需要了解何为微量营养素不足，其后果如何，又有哪些改善措施。本章旨在对微量营养素缺乏及其改善措施进行详细介绍。

第一节 微量营养素缺乏

微量营养素在细胞和体液免疫反应、细胞信号和功能、工作能力、生殖健康、学习和认知功能，甚至在微生物毒性的进化过程中起着关键作用（Guerrant et al.，2000）。人体不能合成微量营养素，所以必须通过饮食获得（Kapil and Bhavna，2002）。微量营养素缺乏会影响所有年龄段的人，尤其是对孕妇和儿童，特别是幼儿影响更大。

营养不良，包括微量营养素缺乏，仍然是公共卫生的主要挑战之一，特别是在发展中国家（Black et al.，2008）。2011 年，全世界近 690 万名 5 岁以下儿童死亡。其中，1/3 以上 5 岁以下儿童的死亡是由不理想的母乳喂养和微量营养素缺乏（特别是维生素 A 和锌）造成的，占全球疾病总负担的 11%（You et al.，2015）。大约有 1.65 亿名 5 岁以下儿童发育迟缓，1.01 亿名儿童体重不足。大约 90%的人生活在 36 个国家，其中，东南亚和撒哈拉以南非洲的患病率最高，仅印度就占到了总的发育不良人口的 36.3%（Bhutta，2008）。1992～2011 年，儿童营养不良的流行率大幅度下降，减少儿童营养不良的工作也取得了显著进展。但联合国儿童基金会 2020 年发布的《世界儿童状况》报告中指出，仍然有 1/3 的儿童面临营养不良问题。

Reinhardt 和 Cheng（2000）估计，尽管在预防和控制微量营养素缺乏症方面做出了努力，但全球仍有 20 多亿人面临患维生素 A、碘和/或铁缺乏症的危险。公共卫生关注的其他微量营养素缺乏症包括锌、叶酸和维生素 B。在许多情况下，会有不止一种微量营养素缺乏症并存，这表明需要采取简单的方法来评估和解决多种微量营养素缺乏的问题（Ramakrishnan，2002）。

贫血是全球主要的营养问题之一，它不仅是由缺铁引起的，而且与维生素 A、

维生素 B_6、维生素 B_{12}、维生素 B_2 和叶酸等其他营养素缺乏有关。除了营养素缺乏外，一般感染、慢性病、疟疾和寄生虫感染也会导致贫血（Olivares et al.，1999）。虽然叶酸缺乏症的大部分数据都是基于当地的小规模调查，但他们认为叶酸缺乏症可能是影响全球数百万人的公共卫生问题。叶酸和维生素 B_{12} 缺乏与不良妊娠结局相关，包括低出生体重和早产（Vollset et al.，2000）。碘缺乏症是 130 个国家关注的问题，影响到世界 13% 的人口。全球约有 7.4 亿人受到甲状腺肿的影响，超过 20 亿人被认为有碘缺乏病的风险（de Benoist and Delange，2002）。据估计，世界人口的 1/3 生活在缺锌率高的国家。现在人们越来越认识到锌在儿童生长发育中的重要性，亚临床缺锌已被广泛认为是发展中国家和发达国家儿童生长发育的一个重要限制因素（Ploysangam et al.，1997）。1994 年，在 60 多个国家，临床 VAD 至少影响 280 万名学龄前儿童，亚临床 VAD 被认为是至少影响 2.51 亿人的问题，其中包括学龄儿童和孕妇。严重的和边缘的 VAD 已经被证明会增加儿童发病率与死亡率的风险。在有 VAD 临床症状的儿童中也存在生长迟缓，特别是发育迟缓问题（Chaudhary et al.，1996）。

几种微量营养素如维生素 A、β-胡萝卜素、叶酸、维生素 B_{12}、维生素 C、维生素 B_2、铁、锌和硒等具有免疫调节的功能，从而影响宿主对传染病的易感性及这些疾病的病程和结果。其中某些微量营养素还具有抗氧化功能，不仅能调节宿主的免疫稳态，还能改变微生物的基因组，特别是病毒基因组，导致旧的传染病死灰复燃或新感染的出现（Bhaskaram，2002）。发育不良或出生时患有胎儿宫内生长受限的儿童也比成人接受更少年限的教育和获得更少的收入，这阻碍了他们的认知发展和经济潜力。低收入、健康状况差和获得适当营养的机会减少，又会继续影响后代儿童的健康，形成一个恶性循环。表 3.1 显示了 WHO《微量营养素食物强化指南》中所述影响发达国家和发展中国家人口的主要微量营养素营养不良问题。

表 3.1　微量营养素缺乏症及其全球流行率

微量营养素	缺乏流行率	主要不良影响
碘	20 亿人处于危险中	甲状腺肿、甲状腺功能减退、碘缺乏症、死产风险增加、出生缺陷、婴儿死亡率增加、认知障碍
铁	20 亿人	缺铁、贫血、学习和工作能力下降、母婴死亡率增加、出生体重低
锌	在发展中国家很高	妊娠结局差、发育不良（发育迟缓）、遗传障碍、对传染病的抵抗力下降
维生素 A	2.54 亿名学龄前儿童	夜盲症、干眼症、儿童和孕妇死亡率增加

续表

微量营养素	缺乏流行率	主要不良影响
叶酸（维生素 B_9）	—	巨幼细胞贫血、神经管和其他先天缺陷、心脏病、脑卒中、认知功能受损、抑郁
钴胺素（维生素 B_{12}）	—	巨幼细胞贫血（与幽门螺杆菌引起的胃萎缩相关）
硫胺素（维生素 B_1）	缺乏数据，估计在发展中国家和饥荒、流离失所者中很常见	脚气病（心脏和神经系统）、韦尼克脑病（Wernicke-Korsakoff 综合征）（酒精性精神错乱和麻痹）
维生素 B_2	缺乏数据，在发展中国家很常见	非特异性-疲劳、眼睛变化、皮炎、脑功能障碍、铁吸收受损
烟酸（维生素 B_3）	缺乏数据，估计在发展中国家和饥荒、流离失所者中很常见	糙皮病（皮炎、腹泻、痴呆、死亡）
维生素 B_6	缺乏数据，估计在发展中国家和饥荒、流离失所者中很常见	皮炎、神经系统疾病、抽搐、贫血、血浆同型半胱氨酸升高
维生素 C	在饥荒、流离失所者中很常见	坏血病（疲劳、出血、感染抵抗力低、贫血）
维生素 D	广泛分布于各年龄组，紫外线照射量低的人群中	佝偻病、骨软化症、骨质疏松症、结直肠癌
钙	—	骨矿化减少、佝偻病、骨质疏松症
硒	数据不足，常见于亚洲、斯堪的纳维亚、西伯利亚	心肌病、癌症和心血管风险增加
氟化物	很常见	龋齿加剧，影响骨骼健康

资料来源：根据 WHO《微量营养素食物强化指南》整理

第二节　微量营养素缺乏的原因与后果

一、微量营养素缺乏的原因

微量营养素缺乏的原因主要有饮食结构不合理、个体吸收和免疫能力及基础设施建设相对欠缺，导致居民无法获得足够干净的水或者卫生、医疗服务等。如图 3.1 所示，微量营养素缺乏的原因是多方面的，并且相互关联。

（1）饮食结构不合理。中国居民的食物结构仍然存在食物生产结构不够合理，食物加工业落后，加工品种类不多并且食物质量、安全与卫生存在隐患，中国居民饮食习惯不合理（王玉英等，2007）及区域发展不平衡（孙志燕和侯永志，2019），食物消费的差距在拉大等问题，导致中国居民膳食营养水平虽然有所提高，但是

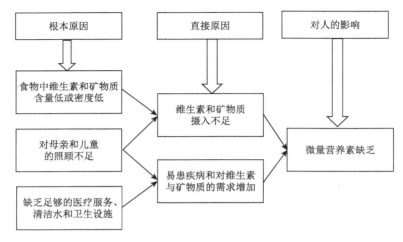

图 3.1 微量营养素缺乏原因间的联系

营养摄入不足的状况仍然十分普遍，尤其是偏远地区和农村地区的儿童。他们的日常饮食以主食作物为主，缺乏富含微量营养素的食物摄入，导致其可能存在微量营养素缺乏问题。

（2）居民吸收和免疫能力。居民自身吸收和保留微量营养素的能力会随着患病而降低，并且还可能会导致它们的减少，如在腹泻期间锌和其他矿物质的损失较大。维生素和矿物质营养会因寄生虫感染而严重受损。并且居民患病所引起的缺陷使个体更容易患上进一步的疾病，从而导致其吸收微量营养素的能力进一步下降。

（3）根本原因。微量营养素缺乏的根本原因是食物供应不足、医疗保健不足及不良的护理措施阻碍了生长和健康。中国生活困难地区的居民无法获得足够的富含微量营养素的食物，并且在这些地区由于基础设施建设相对落后，居民饮水健康和医疗服务无法得到保障，且居民补充微量营养素的意识相对欠缺，导致微量营养素缺乏十分普遍。

二、微量营养素缺乏的后果

微量营养素对维持新陈代谢和个体健康起着十分重要的作用。微量营养素缺乏不仅会对人的身心健康产生负面影响，还会阻碍社会的进步和国家的经济繁荣。甚至，微量营养素缺乏也会使经济增长缓慢、健康受损和社会地位低下的恶性循环长期存在（图 3.2）。因此，必须了解微量营养素缺乏的后果，从而在出现症状时能及时补充和改善。微量营养素缺乏的后果主要有增加儿童和孕产妇死亡率、对寿命的损害和导致残疾、导致儿童生长发育迟缓和智力受损、导致生产力下降、增加家庭和医疗系统的负担等方面。

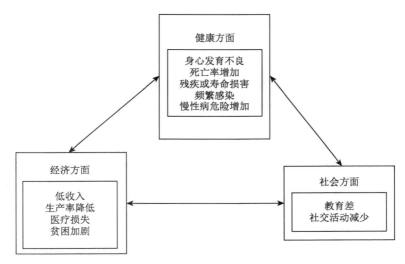

图 3.2　微量营养素缺乏的恶性循环

（1）增加儿童和孕产妇死亡率。2011 年，全世界近 690 万名 5 岁以下儿童死亡。不理想的母乳喂养和微量营养素缺乏（特别是维生素 A 和锌）造成了 1/3 以上的死亡，占全球疾病总负担的 11%（You et al.，2015）。维生素 A 缺乏可造成视觉功能的损伤，引起干眼症、夜盲症，降低儿童的免疫功能和抗感染力，影响骨骼及软组织增长，导致发病率和死亡率增高。而 IDA 也对育龄妇女和儿童的健康影响非常重要，严重 IDA 也会增加儿童和母亲的死亡率。因此，微量营养素缺乏导致儿童和孕产妇的死亡率增加。

（2）对寿命的损害和导致残疾。尽管因微量营养素缺乏导致死亡的儿童和妇女人数很多，但生活在这些微量营养素缺乏及其带来的健康后果中的人数仍然更多。居民微量营养素缺乏不仅会导致营养不良，还有可能会导致残疾等。例如，维生素 A 缺乏可造成视觉功能的损伤，引起干眼症、夜盲症；锌缺乏可能导致儿童智力低下，发育迟缓，而且每年全世界约有 30 万名新生儿受到神经管缺陷（neural tube defect，NTD）的影响，其中一半是可以通过在怀孕前摄入叶酸来预防的。中国 2011 年的神经管缺陷率也达到了 4.5/10 000，因此，微量营养素的缺乏会对居民的生命和健康状况产生不良的影响，以后可以开展更多的基础研究以评估微量营养素缺乏在中国的普遍性、缺乏所造成的后果及如何预防和改善微量营养素缺乏。

（3）导致儿童生长发育迟缓和智力受损。生长发育迟缓和智力能力的降低削弱了对教育的投资，使贫困循环长期存在。它是任何国家实现经济增长和生活水平提高的重要障碍。缺锌的儿童食欲降低，味觉减退，生长发育迟缓，身材矮小，抵抗力差，易患病。缺铁也会损害儿童智力发育，还会造成儿童、青少年学习能力、记忆力异常。智力降低会导致儿童在以后的生活中更有可能面临贫困，而贫困又会使其无力改变状况，从而陷入恶性循环中。

（4）导致生产力下降。由于微量营养素缺乏的存在，国民经济中的生产力每天都在遭受不必要的损失。营养素缺乏会导致劳动者体力不足，劳动能力降低，并造成潜在劳动者在接受教育和身体发育阶段发育迟缓，成年后劳动生产率将平均下降9%。由微量营养素的缺乏所带来的直接经济损失也是巨大的，按照世界银行统计，2009年发展中国家由营养不良所导致的智力低下、劳动能力丧失（部分丧失）、免疫力下降等造成的直接经济损失，占GDP的3%～5%。在中国，2005年由IDA所导致的经济损失就相当于当年GDP的3.6%（成人占0.7%，儿童占2.9%）（张春义和王磊，2009）。

（5）增加家庭和医疗系统的负担。微量营养素缺乏会导致人体残疾和疾病，直接减少家庭收入，而为了治疗疾病、照顾病人，家庭支出显著增加，家庭生存压力增大。此外，父母微量营养素缺乏容易通过遗传导致后代健康状况不佳、身体与智力发育迟缓。为了治疗和预防微量营养素缺乏，医疗系统和医疗保险事业也会面临严峻挑战，对其造成较大的负担，特别是对公费医疗和公费保险事业造成较大的负担。

第三节　微量营养素缺乏对中国居民营养健康的影响

长期以来，中国居民特别是农村地区居民的膳食营养结构存在问题，消费模式比较单一，一直持续消费包括如玉米、小麦、水稻等在内的主食作物（郑志浩等，2016）。虽然这些主食作物能够提供大量的能源，满足人们的基本需求，但这些主食作物中却含有相对较少的基本维生素和矿物质，会导致人们缺少这些基本的微量营养素从而产生营养不良问题。

微量营养素的缺乏不仅会影响人们的身体健康，如长期缺锌会对儿童和青少年的生理与心理产生不良影响，生理上表现为生长发育迟缓、患病率和死亡率增加，从而导致其人力资本和生活质量降低，以及其心理上表现为容易自卑、焦虑。微量营养素的缺乏还会带来经济上的巨大损失，如2005年中国由缺铁所导致的经济损失就达到当年GDP的3.6%（范云六，2007）。世界上大约有超过1/3的人面临一种或多种微量营养素缺乏的风险。缺铁是世界上最常见的微量营养素缺乏症。然而，由于缺铁的全球性数据不存在，因此，经常将贫血当作缺铁的间接指标。2015年，在世界范围内，最常见的微量元素缺乏主要有铁（约1.6亿人受贫血影响）、碘（约2亿人）、锌（约1.5亿人）、维生素A（约2.54亿名学龄前儿童）及叶酸等的缺乏。2009年，中国微量营养素缺乏的人口大约有6400万人，是世界上隐性饥饿人数最多的国家之一，其中存在不同程度铁缺乏症状的儿童在 2014 年高达 35.5%，存在维生素 A 缺乏的中小城市小学生的比例在 2016 年为 9.77%。

　　微量营养素营养不良对人口健康的影响明显且深远，包括过早死亡、健康状况不佳、失明、发育迟缓、智力迟钝、学习障碍和工作能力低下等。由微量营养素营养不良所导致的负面健康结果损害了国家的人力资本，尤其是健康资本，并且不利于国家社会经济的发展，特别是在发展中国家。与常见的微量营养素（即铁、锌、维生素 A 和叶酸）缺乏症有关的不良健康问题有：铁缺乏会导致 IDA、认知能力降低、体力和生产率降低、产妇死亡率增加、分娩并发症及婴儿死亡率上升等问题；锌缺乏会导致对传染性疾病的抵抗力降低、儿童发育迟缓和发育不良及婴儿和儿童死亡率增加等问题；维生素 A 缺乏会导致失明、免疫系统功能受损、胎儿发育异常、儿童死亡率增加及产妇死亡率增加等问题；叶酸缺乏会导致神经管畸形；缺碘会导致心理发育障碍和脑损伤、出生体重降低及婴儿死亡率增加等问题。

第四节　改善微量营养素缺乏的主要方式

　　由于微量营养素缺乏的严重后果，各国政府和学者均致力于对其进行干预以减少不良后果。以往研究中已经采取了若干措施来补充妇女和儿童的微量营养素（表 3.2）（Masset et al.，2012）。这些措施包括教育、饮食调整、食品供应、农业干预、单独或联合的补充和强化。除了这些直接的营养干预措施外，各国政府和学者还实施了平行方案，以帮助实施这些主要干预措施，包括为各级政府和部门提供财政奖励、社区营养教育和动员方案。这些措施可以通过卫生系统、农业、基于市场的方法或其他基于社区的平台来实施（Olney et al.，2012）。

表 3.2　解决微量营养素缺乏的干预措施及其效果

干预措施	效果
维生素 A 补充	全因死亡率降低 24%，腹泻特异性死亡率降低 28%
孕期补铁	足月贫血的发生率降低 69%，足月 IDA 的发生率降低 66%，低出生体重的发生率降低 20%
孕期补钙	子痫前期发病率降低 52%，出生体重增加 85 克，早产风险降低 24%
孕期补充多种微量营养素	低出生体重婴儿数量减少 14%，小于胎龄儿的婴儿数量降低 13%
儿童用微量营养素粉/喷雾剂	有效减少 6 个月至 23 个月儿童贫血和缺铁问题
作物营养强化	增加微量营养素摄入量，改善微量营养素状况
食盐加碘和维生素 A 强化	改善碘状况

　　微量营养素补充是预防和管理单一或多种微量营养素缺乏症最广泛的干预措施。目前各国政府和学者正在实施补充方案，以消除高风险人群中的铁和维生素A的缺乏症。对社区环境中5岁以下儿童预防性维生素A补充的回顾表明，补充维生素A导致全因死亡率和腹泻特异性死亡率分别降低24%和28%（Mayo-Wilson et al., 2011）。在孕妇中，每日补充铁可使足月贫血的发生率降低69%，足月IDA的发生率降低66%，低出生体重的发生率降低20%（Imdad and Bhutta, 2012a）。孕期补钙不仅可降低妊娠期高血压疾病的风险，可使子痫前期发病率降低52%，早产儿的发病率降低24%，并且会使新生儿出生体重增加85克（Imdad and Bhutta, 2012b）。最近的一项研究表明，孕期补充多种微量营养素可显著降低14%的低出生体重婴儿的数量，并且使小于胎龄儿的婴儿数量减少13%（Smith, 2014）。这项研究还进一步指出，与铁和叶酸补充剂相比，补充多种微量营养素可显著减少11%的低出生体重数量和13%的小于胎龄儿婴儿，并且可以显著降低围产儿死亡率和子痫前期死亡率。

　　早在1995年，食物强化就已经出现，以解决普遍存在的微量营养素缺乏症。多种微量营养素粉/喷雾剂是粉末状维生素和矿物质，可以添加到制备食品中，但食品味道或质地几乎没有变化。一项对6~23个月大的儿童进行多种微量营养素粉影响评估的综述得出结论，多种微量营养素粉能有效减少贫血和缺铁（de-Regil et al., 2013），但对生长和其他发育结果的影响尚不清楚。

　　食物强化也可以是一种潜在的具有成本效益的公共卫生干预措施。根据WHO和FAO的说法，强化是为了增加食品中一种必需的微量营养素的含量，而不管这些营养素最初是否在加工前就存在于食品中，以提高食物供应的营养素含量，从而为公众提供健康利益。强化计划有不同的形式。大规模强化包括强化普通人群广泛食用的食物，定向强化包括强化特定人群食用的有特殊需求的食物，如幼儿辅食，而市场驱动型（或产业驱动型）强化包括食品行业在政府规定的监管范围内选择强化。营养强化通过显著增加儿童血清微量营养素浓度显示出功能性影响。通过对儿童进行多种微量营养素强化的荟萃分析结果表明，在食物强化后，儿童血红蛋白水平增加0.87克/分升，贫血风险降低57%。食物强化还可提高血清维生素A水平（视黄醇增加3.7毫克/分升）（Eichler et al., 2012）。此外，对维生素A和碘的大规模食盐强化进行整理分析发现，强化加碘食盐能改善碘营养状况（Jiang and Xue, 2010）。然而，来自发展中国家的证据很少，这些项目还需要评估对发病率和死亡率的直接影响。确保可持续发展计划的关键问题包括确定正确的食品（考虑生物利用度、与食品的相互作用、可获得性、可接受性和成本）和目标人群，确保产品质量和足够数量的强化食品的消费（Harvey and Dary, 2012）。

　　作物营养强化是一项相对较新的战略，旨在解决发展中国家的微量营养素缺乏问题，以改善低收入人群的铁、锌和维生素 A 状况。它是利用常规育种技术和生物技术来提高主要作物的微量营养素质量。一项关于作物营养强化的综述得出结论，它有助于增加微量营养素摄入量和改善微量营养素状况，然而，这一领域还需要进一步的研究（Hotz and McClafferty，2007）。

　　综上可以发现，解决由微量营养素缺乏所导致的营养不良的方式主要有四种。第一，饮食多样化。饮食多样化被认为是解决微量营养素营养不良最理想的方法，但是这需要中国居民改变他们的日常饮食习惯，这在一定程度上限制了其发挥作用，并且要做到膳食营养均衡也会导致居民的生活成本增加，这对于生活困难地区而言在短时间内无法实现。第二，营养素补充剂。营养素补充剂能够以额外的方式快速补充微量营养素，这种方式见效时间短，适合亟须的居民使用，但其价格较高，使得大多数生活困难地区的居民无法负担。第三，食物强化。食物强化是采用加工方式使得食物中微量营养素含量增加，这可以使得大规模人群同时受益，但是，食物强化食品的价格同样相对较高，这使得生活困难地区的居民无法负担，并且生活困难地区由于交通不便很可能也无法购买到食物强化食品。第四，作物营养强化。作物营养强化的生产和推广不需要改变消费者的饮食习惯，因此会更加方便、安全，推广时所面临的阻碍较少，并且作物营养强化可以提供营养成分更高的新作物品种（Nestel et al.，2006），可以更有效地改善营养不良状况，因此，作物营养强化是几种方式中最经济有效的方式。

第四章 作物营养强化[①]

作物营养强化作为改善微量营养素缺乏最为经济有效的方式,仍处于发展的初级阶段,尤其是在中国,中国自 2004 年开始开展中国作物营养强化项目,虽研发了一些营养强化的品种,但尚未进行大规模种植和生产,这就导致生产者和消费者仍对其不了解,限制了其作用范围,因此,本章旨在对作物营养强化进行详细介绍,主要包括背景与定义、发展状况和比较优势三个方面,以期对作物营养强化有较为深入的了解,为后续研究的开展提供基础和依据。

第一节 作物营养强化提出的背景与定义

一、作物营养强化提出的背景

现代农业在很大程度上成功地满足了发展中国家贫困人口的能源需求。20 世纪末到 21 世纪初,发展中国家的农业研究主要集中在如何增加谷物产量上。21 世纪杰出的科学成就之一是农业研究取得了非凡的成功,为许多发展中国家提供了大幅增加主食(如谷类)生产所需的农业工具。这场"绿色革命"通过提供维持快速增长的世界人口所需的能源和蛋白质,使许多国家免于饥荒。例如,在撒哈拉以南的非洲、近东/北非和南亚地区,粮食供应(按人均每日膳食能源供应量计算)与这些地区的人口增长同步或超过人口增长。不幸的是,这一值得称赞的农业成就给世界近一半的人口,特别是孕妇、婴儿和儿童造成了不可预见的营养问题(Welch,2001)。

微量营养素营养不良现在已经在许多发展中国家几乎所有生活困难人口中成为一个巨大且迅速增长的公共卫生问题,并影响到世界上约 40%的人口。20 世纪末到 21 世纪初,受微量营养素营养不良影响的人数迅速增加,这与发展中国家"绿色革命"种植制度的扩大相吻合。这场恶性但可以预防的人类健康危机要求制定一项新的农业议程,这项议程使农业不再把重点放在主食生产上,同时也使农业界认识到迫切需要注意生产足够的高营养质量和多样性的食物,以满足所有人的均衡饮食,从而确保健康和生产性生活。必须改变全球粮食系统,以确保所有人都能负担得起持续获取维持均衡营养所需的食物(Combs et al.,1997)。

---

① 本章部分研究内容发表于《农业经济问题》2019 年第 8 期。

"绿色革命"种植制度对微量营养素营养不良的影响在世界一些地区得到了证明。例如，在南亚，采用现代小麦和水稻生产方法（在过去30年里，水稻产量增加了约200%，小麦产量增加了400%），与非怀孕、绝经前妇女IDA的增长趋势有关。在中国、撒哈拉以南非洲、南美洲、中美洲/加勒比和东南亚收集的数据中也发现了相同类型的负相关问题（Welch，2001）。

造成全球营养健康这一令人担忧的趋势的原因是什么？农业是否无意识地促成了全球微量营养素营养不良的大量增加？没有办法确切地知道这些问题的答案，但是作物生产系统的某些变化可能为解决日益严重的微量营养素营养不良问题（即隐性饥饿）做出重大贡献。因此，农业现在必须关注一种新的模式，这种模式不仅能生产更多的粮食，而且还能生产出质量更好的粮食。作物营养强化就是在这种背景下应运而生的。

通过植物育种，作物营养强化可以提高生活困难人口食用的主食的营养含量，为生活困难人口提供一种相对便宜、经济有效、可持续、长期的更多微量营养素的方法。这种方法不仅将减少需要补充干预治疗的严重营养不良人群的数量，而且将帮助他们保持改善营养状况。此外，作物营养强化为营养不良的农村人口提供了一种可行的途径，因为他们可能无法获得商业销售的强化食品和营养素补充剂。

二、作物营养强化的定义

中国在进入"营养安全的转折阶段"面临着营养过剩与营养缺乏并存的挑战（文晓巍等，2018）。营养失衡、微量营养素缺乏引起的健康受损问题及生活困难地区营养不良等问题亟待解决。作物营养强化，又称生物强化，是指通过植物育种、转基因技术和农艺实践等方式使得农作物中维生素与矿物质的含量增加，从而起到减少和预防全球普遍存在特别是发展中国家所面临的人群营养不良与微量营养素缺乏问题的作用（张春义和王磊，2009；de Valença et al.，2017）。

作物营养强化的重点是在源头上提高作物的矿物质营养品质，包括提高主食作物可食用部分的矿物质含量和生物利用度的过程。它直接从作物育种上解决了微量营养素缺乏问题，为倡导健康营养的膳食模式（李国景等，2019）、满足由"量"的需求向"质"的需求转变的粮食安全（王济民等，2018）及改善国民健康水平、减少因微量营养素缺乏造成的经济损失提供了解决方法。作物营养强化主要可分为农艺强化和基因强化两种（Zaman et al.，2018）。农艺强化是指通过传统育种技术如通过施肥（施入土壤、浸泡种子或者叶面喷施）进行农产品的作物营养强化从而增加作物中微量营养素的含量。而基因强化则是通过基因工程来增加主食作物中的微量营养素水平。

第二节　作物营养强化的发展状况

一、作物营养强化的公众认知状况

作物营养强化主流化已逐渐成为国际农业研究磋商组织及其成员的共识，迎合了中国公众对营养健康日益增长的需求，有利于提高公众对作物营养强化的认识度。一是随着《国民营养计划（2017—2030）》的发布及中国作物营养强化项目的开展，关于如何选择和识别营养食品、食用营养食品的风险交流和科普宣教活动逐渐增多，为公众提高作物营养强化的认识提供了良好的平台。二是作物营养强化产品作为功能性食品的一种，伴随着中国功能性食品市场增长率的持续增加（Huang et al.，2019），在一定程度上增加了公众认识作物营养强化的契机，为公众认识作物营养强化的重要性提供了客观条件。

二、作物营养强化的科研与推广状况

作物营养强化育种技术在国际上已取得进展，中国已成功培育出多个富含微量营养素的作物新品种，尝试通过成果转化推进第一、第二、第三产业融合。作物营养强化的作物开发主要集中在 6 种作物（小麦、水稻、玉米、甘薯、木薯、豆类）和 3 种微量营养素（铁、锌、维生素 A）上。截至目前，共有 30 个国家累计释放了超过 150 种作物营养强化品种。以高类胡萝卜素甘薯为例，通过作物营养强化技术培育的部分新品种已经在乌干达进行了产量实验，筛选出的 34 种高类胡萝卜素甘薯已在肯尼亚种植（van Jaarsveld et al.，2005）。自 2004 年中国作物营养强化项目启动以来，中国已成功培育出多个富含微量营养素的作物新品种，如铁锌强化小麦、高铁功能大米及高维生素 A 原玉米等（主要作物营养强化新品种见表 4.1），主要围绕富含微量营养素（铁、锌、维生素 A 和叶酸等）及与健康功能因子相关的营养强化主粮作物等新品种的培育、种植、生产、加工及饮食、营养保障与健康评价，全面创新技术链、升级价值链和推进产业链，以实现第一、第二、第三产业的融合（中国作物营养强化项目，2018）。

表 4.1　中国主要作物营养强化新品种

品种名称	主要推广/种植区域	培育单位
高产节水高锌含量小麦	北部冬麦区、黄淮冬麦区部分省市；青海河湟流域温暖灌区；甘肃河西武威等	国家小麦改良中心
高铁功能大米	黑龙江庆安县	黑龙江省农业科学院和中国科学院北方粳稻分子育种联合研究中心

续表

品种名称	主要推广/种植区域	培育单位
铁富集水稻	广西	作物科学研究所
突变育种培育低植酸型高铁水稻	—	浙江大学生命科学学院
富铁玉米品种	四川、云南、广西、重庆、湖北等	作物科学研究所
高锌中铁含量水稻品种	广东、江西、湖南等	作物科学研究所
铁锌强化小麦	北京、山西、新疆等	作物科学研究所
高叶酸玉米	河北廊坊市万庄镇等	生物技术研究所
高叶酸功能大米	—	黑龙江省农业科学院和中国科学院北方粳稻分子育种联合研究中心
高维生素 A 原玉米	云南各地州市；广西、贵州等；缅甸、老挝、越南等东南亚国家	云南省农业科学院粮食作物研究所
富含 β-胡萝卜素甘薯	四川南充、资阳、遂宁等	南充市农业科学院

注：以上资料根据《生物强化在中国——培育新品种 提供好营养》及中国作物营养强化项目组发表的文章《发展营养型农业促进国民健康》整理

三、作物营养强化的生产者接受状况

首先，作物营养强化品种已被部分区域种植业主采纳和种植，这种采纳和接受意愿受多种因素的影响，如新品种品质、环境、产品感官性状、作物的可得性及与品种有关的健康信息（Talsma et al.，2017；Nestel et al.，2006）。以作物营养强化品种的种植农户为例，他们对作物营养强化品种存在一定偏好与扩散意愿，不仅喜欢种植具有作物营养强化特性的品种，后期还会扩大种植面积并向邻里分享与该品种种植有关的信息（Saltzman et al.，2017）。其次，生产者种植的作物营养强化品种主要集中在富含锌、铁、维生素 A、叶酸等微量营养素的作物，如富铁大米及玉米、富锌小麦、高叶酸玉米、高维生素 A 原玉米等。最后，中国作物营养强化试点种植区域分布国内，经审定品种已推广至越南、老挝等东南亚国家。如表 4.1 所示，目前营养强化小麦主要种植于北部冬麦区如北京、河北中北部水地等，黄淮冬麦区如晋南、河南等，以及青海和甘肃等区域；营养强化玉米主要种植于云南等地，并开始推广到东南亚国家；营养强化大米主要种植于长江流域部分省市、黑龙江及两广部分地区。

四、作物营养强化的市场发育与消费者接受状况

国内外作物营养强化的市场发育程度不一，中国在该领域的市场已开始发育，

消费者对作物营养强化品种具有一定的接受程度。首先，国际上部分国家的作物营养强化市场发育相对较好。以富含 β-胡萝卜素的甘薯为例，2020 年，乌干达、莫桑比克食用该营养强化品种的人口数分别可能达到 1 亿人、1000 万人（张春义和王磊，2009）。其次，中国作物营养强化市场已开始发育。以中国农业科学院作物科学研究所等单位选育的富铁水稻品种'中广香 1 号'为例，该品种已在广西等地进行销售，并获评广西"十佳"优质稻。邵丹青等（2017）发现消费者积极评价微量营养素强化作物食品，相较于国外，国内微量营养素强化作物食品仍存在较大的市场缺口。最后，作物营养强化食品受到国内消费者认可（邵丹青等，2017），主要体现在消费者对作物营养强化产品具有一定的支付意愿及溢价（孙山等，2018），但受作物营养强化品种及产品的感官特性、消费者个体特征等因素的影响（Peters et al.，2013；Birol et al.，2015；Talsma et al.，2017；Saltzman et al.，2017），国内外消费者对于作物营养强化品种的接受程度存在差异。相较于叶酸补充剂，育龄妇女对叶酸作物营养强化有更高的偏好（de Steur et al.，2014）。相较于富铁白豆，卢旺达消费者愿意支付更高的价格购买富铁红豆（Oparinde et al.，2016b）（表 4.2）。

表 4.2　消费者对作物营养强化产品的接受意愿

主题	内容	来源
消费者具有接受意愿的作物营养强化产品类型	（1）谷类：富铁大米、富叶酸大米、富含维生素 A 玉米等 （2）豆类：富铁豆类等 （3）薯类：富维生素 A 甘薯、木薯，富含 β-胡萝卜素甘薯等	de Groote 和 Kimenju（2008）；Chowdhury 等（2011）；de Steur 等（2014）；Oparinde（2016b）；孙山等（2018）；Saltzman 等（2017）等
消费者接受意愿的影响因素	（1）作物方面：作物的可得性、作物类型、有效性等 （2）干预方式：强化与否的干预措施及强化方式等 （3）沟通信息：健康效益信息等 （4）消费者个人特征：年龄、性别、社会经济地位、是否喜欢营养强化作物等 （5）感官方面：感官性状及其变化、感官可接受性 （6）其他：社会文化驱动力、消费者可接受性和市场性等	Peters 等（2013）；Birol 等（2015）；Talsma 等（2017）；Saltzman 等（2017）；青平等（2018）；孙山等（2018）；刘贝贝等（2018）等
消费者对作物营养强化产品的接受意愿研究	（1）不同类型的作物营养强化食物的沟通信息对作物营养强化产品形成不同程度的购买意愿 （2）消费者对不同颜色的甘薯有不同的支付溢价 （3）育龄妇女对叶酸作物营养强化的偏好高于对叶酸补充剂的偏好 （4）印度消费者对富铁珍珠粟有支付意愿但溢价较小 （5）卢旺达消费者对富铁红豆的支付意愿高于对富铁白豆	Chowdhury 等（2011）；de Steur 等（2014）；Banerji 等（2016）；Oparinde 等（2016b）；青平等（2018）等

五、作物营养强化的国际合作状况

中国作物营养强化国际合作成效显著，在缓解隐性饥饿方面取得了实质性进展。一是依托国际食物政策研究所等国际组织，携手中国农业科学院、中国科学院、中国疾病预防控制中心等各大科研机构，组建了"中国作物营养强化项目"，邀请国内外知名专家学者，为中国作物营养强化的发展提供了战略支持。二是通过组建学科交叉的研究团队，资助多项跨学科研究课题，支持国内学者及优秀团队积极参与研究，为中国作物营养强化的发展提供了科研支撑。例如，国家自然科学基金国际（地区）合作交流重点项目"作物营养强化对改善人口营养健康影响及评估研究"（编号：71561147001）从作物营养强化的营养端、消费端、生产端和政策端进行了相关探讨，丰富了中国作物营养强化的研究。三是开展国际国内研讨交流会，如每年召开的"中国作物营养强化项目国际研讨会"及"营养型农业产业发展论坛暨科技成果转化供需对接会"，为中国作物营养强化的发展提供了交流机制。四是联合包括跨国企业、各国政府、国际非政府组织和多边机构在内的各种合作伙伴，发挥各组织机构的协同作用，为中国作物营养强化的发展提供合作平台。

第三节　作物营养强化的比较优势

作物营养强化是解决微量营养素缺乏最为经济有效的方式，与其他替代强化方式相比，主要具有以下几个优点。首先，经济效益高。作物营养强化提供了一种简单可行的使偏远农村地区的人群也可以改善其营养状况的方法，并且也可以为城市中无法获得食物强化的居民提供改善其营养状况的有效方法，具有很强的经济效益。其次，成本效益高。作物营养强化在一次性投资开发种子后，经营性成本低，种子可以在国际上共享，不用重复进行种子开发，并且购买种子的成本相较于开发种子更低。再次，可持续性高。作物营养强化农产品一旦投入生产，消费是高度可持续的。即使政府和国际社会不再重视微量元素缺乏问题并不再提供资金支持，营养改善的品种也将年复一年持续种植和消费，从而改善人口营养不良状况。最后，覆盖范围广。作物营养强化的农产品是家庭经常食用的主食作物，并且食用量也不需要改变，因此对于消费者来说较为方便简单，而且由于主食是生活困难地区居民的主要消费品，因此作物营养强化可以很好地改善生活困难地区居民的营养状况。

第四节　本章小结

从上面的分析可以发现，微量营养素缺乏症在世界范围内具有重要的公共卫生和社会经济意义。微量营养素缺乏不仅影响发展中国家，也是影响发达国家社会健康问题的一个重要因素，它主要影响人口中的弱势群体，如妇女、儿童、中老年人。在发展中国家和发达国家，有超过 20 亿人患有维生素和矿物质缺乏症，主要是碘、铁、维生素 A 和锌。在中国，有些居民的膳食结构存在问题，导致其存在微量营养素摄入不足的情况。微量营养素缺乏不仅引起特定的疾病，而且在传染病和慢性病中起着加重的作用，极大地影响着发病率、死亡率和生活质量。例如，缺铁是世界上最普遍的营养问题。叶酸缺乏仍然是导致出生缺陷过多的原因，许多其他微量营养素缺乏症正影响着日益肥胖和缺乏体育锻炼习惯的人群。维生素 D 缺乏症曾经在发达国家的儿童中流行，现在无论是发达国家还是发展中国家，维生素 D 缺乏症均非常普遍，维生素 D 缺乏可能导致骨质疏松症和骨折，并可能危及生命或使老年人永久残疾，从而缩短寿命和生活质量。

由于微量营养素缺乏会带来严重的后果，它逐渐引起了学者的关注，2006 年WHO 发表了《微量营养素食物强化指南》，该指南对微量营养素缺乏症的不良影响及全球流行率进行了详细分析，认为微量营养素缺乏不仅会加重疾病负担，还会对身体和心理健康产生负面影响。此外，该指南还强调，微量营养素缺乏并不像人们普遍认为的那样，只是发展中国家的一个问题。因此，要采取措施来改善微量营养素缺乏。

正如前文所述，改善微量营养素缺乏的方式主要有饮食多样化、营养素补充剂、食物强化和作物营养强化四种。饮食多样化鼓励消费者改变饮食行为。通过食用各种各样的食物，消费者增加了饮食中所需营养素的水平。这一策略依赖于现有的食物品种，只对消费者的食物选择进行了调整。Traoré 等（1998）认为调整膳食结构是改善营养不良的理想办法，但此方法需要在一定程度上改变人们的饮食习惯，而且合理的膳食还需要经济条件支持，尤其是中国中西部地区生活困难家庭，以及城市中的低收入家庭在今后相当长的时间内将无法做到，因此，这种方法见效时间太长（Allen，2003）。营养素补充剂是一种外部营养干预，其以维生素丸或富含微量营养素喷剂的形式为目标人群提供必需的微量营养素。与饮食多样化一样，营养素补充剂是针对个人或家庭的。印度尼西亚和越南成功地消除了临床 VAD，这证明补充维生素 A 在很大程度上是有效的。而它们之所以取得成功的部分原因是其人口定期服用营养素补充剂以及扩大营养素补充剂覆盖面。但使用药物方法（营养素补充剂）作为长期解决方案是不可行的。特别是在经济或政治危机时期，微量营养素缺乏可能再次出现，因为营养素补充剂的作用可能受到社会不稳定的影响（Underwood，1999）。食物强化是通过直接向食物（如小麦、水稻和玉米）添加微量营养素（如铁或叶酸）来实现的。它不只针对个人或家庭，而是针对全部的人口，因此，具有巨大的潜力，并且食物强化已被有效地用于提高大量人群的微量营养素水平，如铁强化酱油、加碘食盐等。但是食物强化需要安全的食物运输系统、稳定的政策支持、适当的社会构架及连续的资金支持，因此，Johns 和 Eyzaguirre（2007）认为，对于无力购买强化食品的低收入家庭，或者居住在强化食品无法波及的偏远农村的人群将无法通过此方法来改善其营养状况。作物营养强化是一种利用植物育种技术生产具有较高微量营养素水平的主食作物的策略（Bouis，1996）。这些改良作物将有能力积累比正常数量更多的维生素和矿物质，并将这些营养素纳入其可食用部分。作物营养强化具有生产简单、易于推广的特点，而且消费者无须改变自己的饮食习惯和食物加工、食用方法，因此更加方便、安全，是以上四种方式中最为经济有效的方式。它能够给人们带来更优质、更富有营养的新品种，不管对城市还是农村人口来说，都是理想健康食品的来源（Nestel et al.，2006）。

　　虽然作物营养强化是解决微量营养素缺乏较为有效的措施，但是解决微量营养素缺乏症的政策与方案取决于公共卫生领导和对这一问题在新公共卫生政策中所起重要作用的理解。而作物营养强化及微量营养素缺乏却没有引起足够的重视，往往被政府和消费者所忽视，政府在制定政策时，大多关注居民日常饮食摄入是否足够的问题，而较少关注微量营养素的摄入是否充分。消费者也是如此，他们通常更加关注营养搭配是否均衡，脂肪、蛋白质的摄入是否足够，而没有意识到应该补充微量营养素。例如，中国从很早以前就开始免费发放叶酸片，但是育龄妇女往往缺乏补充叶酸的意识，从而导致中国新生儿神经管畸形的概率仍然相对较高。此外，虽然作物营养强化农产品能改善微量营养素缺乏状况，但消费者往往意识不到自己缺乏微量营养素，或者说不相信作物营养强化农产品可以改善健康状况，从而对其接受度相对较低，这就导致微量营养素缺乏状况仍然十分普遍。

　　为了有效地解决这些问题，华中农业大学经济管理学院食物经济课题组成立了专门的研究团队来研究作物营养强化农产品与人口健康的关系，主要关注作物营养强化农产品对人口健康的改善及其经济效益，以及在此基础上构建作物营养强化推广优先序和消费者对作物营养强化农产品的支付意愿及其影响因素，目的是更好地推广作物营养强化农产品，从而最大范围地改善中国居民微量营养素缺乏状况。由于作物营养强化是一种新兴事物，因此在进行投资开发和食用前需要对其实施效果进行科学、合理的评价。而作物营养强化主要是为了解决微量营养素缺乏状况，改善居民营养健康状况，因此对其实施效果进行评价主要是通过对人口健康的改善效果来实现的，但是作物营养强化不仅具有健康效益，更具有巨大的经济效益和社会效益，因此，本书还想要对其经济效益进行分析，并在考虑成本的基础上进行成本-效果分析（高旭阔和刘奇，2019），这样更有利于政府决策。此外，在了解了作物营养强化农产品对人口健康的改善效果及其经济评价的基础上，构建作物营养强化优先序也是十分有必要的，这有利于政府资金的正确使用，使投资的效用最大化。而作物营养强化的最终目的是改善居民营养健康状况，那么其被人群和市场的接受程度则是影响其最终效果的关键因素，因此，本书还分析了人群和市场对作物营养强化农产品的接受程度及其影响因素，并探索了增强人群和市场的接受程度的方法。综上，本书主要关注于作物营养强化农产品对人口健康的改善效果、经济评价及市场分析，以期为中国作物营养强化发展提供一定的指导意见。

第二篇　作物营养强化对人口健康的改善效果分析

第五章 健康效果评价方法与指标体系构建

作物营养强化的主要目的是解决广泛存在的微量营养素缺乏问题，作物营养强化对人口健康的改善效果是进行开发、投资和推广的前提和基础，因此需要对作物营养强化的健康改善效果进行评估与分析。在就作物营养强化对人口健康的改善效果进行分析前，需要了解健康效果评价方法及其相应的评价指标。健康效果评价主要分为宏观和微观两种，宏观健康效果评价是一种事前分析，主要从宏观层面对作物营养强化的健康效果进行衡量，从而整体上了解作物营养强化对中国居民健康的改善效果。而微观健康效果评价则是一种事后分析，建立在消费和食用作物营养强化农产品的基础上，衡量作物营养强化农产品对消费者微观个体健康的改善效果。下面详细介绍作物营养强化对人口健康的改善效果评价方法与指标体系。

第一节 宏观健康效果评价方法——DALY 方法

已有的关于作物营养强化的研究进行了很多与各种农作物和微量营养素有关的成本-效果分析。用于测量作物营养强化经济有效性，即最终衡量人类健康与福利改善的方法是由很多机构包括国际农业研究磋商组织和合作研究机构的人员开发的。衡量人口健康改善程度的方法以 Zimmermann 和 Qaim（2004）的研究为基础，他们在研究中首次使用 DALY 方法来测算作物营养强化农产品的健康效益，并逐渐成为健康经济学中在进行营养健康干预措施成本-效果分析时，衡量健康标准的重要方法和基础。但由于其尚未进行大规模生产推广，因此只能采用事前分析的方法进行测算。

强化主食作物的目的是通过减少微量营养素缺乏造成的疾病负担从而改善人类健康和福祉。在分析作物营养强化的影响时，量化和重视"健康"是必要的。一旦做到这一点，就有可能比较作物营养强化所带来的公众健康改善与其他干预措施如强化食品或药品的补充所带来的公众健康改善之间的区别，进而对其进行经济评价的比较。而且，量化"健康"对于对比作物营养强化农产品潜在的健康益处及相关研究与开发的费用是必要的。

主要的概念问题是如何测量健康及由此所带来的健康损失。近年来，通过全球疾病负担（Global Burden of Disease，GBD）项目的推广及 Murray 和 Lopez（1996）

在 WHO 和世界银行的支持下撰写的一部介绍 DALY 方法的开创性著作后，DALY 方法也越来越多地被用来衡量健康或者疾病负担，进而进行健康干预措施的经济评价分析。虽然对 DALY 方法仍然存在质疑和批评，特别是对于其中的一些组成部分（Lyttkens，2003）。但是，我们认为在现有条件下，DALY 方法仍然是衡量作物营养强化对人口健康的影响最有效的方法。因此，本章主要采用 DALY 方法作为宏观层面作物营养强化经济评价指标体系构建的基础。

一、DALY 公式

DALY 方法是进行健康改善效果评价时被广泛使用的方法，可以有效地衡量健康损失并据此进行成本-效果分析。它提供了一种单一的指标来衡量与一个特定的疾病有关的发病率和死亡率，从而衡量疾病的负担。DALY 损失主要由两部分组成，第一部分是 YLL，第二部分是 YLD。为了能够充分考虑残疾与死亡所分别造成的负担和损失，特别地，残疾生活的年数与严重程度或残疾的权重有关，因此，要考虑疾病的严重程度。这些权重范围从 0 到 1，0 表示完全健康，1 表示死亡。因此，DALY 中由疾病所导致的损失为 $DALY_{lost} = YLL + YLD$，每种疾病的 DALY 总和表明了疾病的总负担。考虑到严重性的不同程度和不同人群中疾病的不同程度，根据 Zimmerman 和 Qaim（2004）的研究，完整的公式可以更正式地表示为

$$YLL = \sum_j T_j M_j \left[\frac{1 - e^{-rL_j}}{r} \right] \tag{5.1}$$

$$YLD = \sum_i \sum_j T_j I_{ij} D_{ij} \left[\frac{1 - e^{-rd_{ij}}}{r} \right] \tag{5.2}$$

$$DALY_{lost} = YLL + YLD \tag{5.3}$$

其中，T_j 表示目标人群 j 的人口总数；M_j 表示目标人群 j 由疾病所导致的死亡率；L_j 表示目标人群 j 的剩余期望寿命，标准寿命减去死亡年龄即剩余期望寿命；r 表示未来健康损失的贴现率；I_{ij} 表示目标人群 j 患上疾病 i 的发病率；D_{ij} 表示目标人群 j 患上疾病 i 时的失能权重，$0 < D_{ij} < 1$，0 表示完全健康，1 表示死亡；d_{ij} 表示目标人群 j 患上疾病 i 的持续时间。

二、公式中的贴现率

DALY 公式中 r 表示未来健康损失的贴现率，贴现率是在文献中讨论过的一个有争议的问题，因为如果贴现率存在就意味着我们认为一个人今天的生命比明

天的生命更有意义，但如果不存在贴现的话又会产生另一个问题，即时间悖论，因为这样一来不采取干预措施的效益反而最大，越往后效益越大。在 GBD 项目中，有关学者给出了一个更为详细和全面的必要的贴现未来 DALY 的理由。虽然在 GBD 项目计算分析时，Murray 和 Lopez（1996）也计算了零贴现率的情况，但学者普遍认为使用高于零的贴现率是合理的，鉴于社会贴现的贴现率普遍采用 3%，正如 WHO 所做的那样，我们建议使用这个值。然而，贴现率值得推敲，因为这个选择对绝对结果的影响巨大，使用零贴现率将增加未来的医疗成本（即 DALY 损失值）。因此，在前期研究的基础上，我们的研究采用了一种通过侧重于相对结果来减少贴现率影响的方法，使用 3% 作为贴现率。

三、对公式的修正

DALY 公式是进行健康干预措施经济评价时广泛使用的方法，人们围绕其开展了大量研究，但可以发现，公式中有些指标的衡量并不一定适用于中国的情况，本书的主要目的是对中国作物营养强化对人口健康的改善效果进行分析，因此，应根据中国的实际情况对相应指标进行修正，主要包括人口学指标和预期寿命两个指标的校准。

（1）人口学指标的校准。Murray 和 Lopez（1996）的公式中包括年龄加权，因此，年轻的、富有成效的成年人的生命比婴儿和老年人的生命所赋予的权重更高。他们通过引用关于社会和个人医疗保健支付意愿的研究来证明这一方法。以疾病为代价的研究，含蓄地说，生命是由收入来衡量的，即年轻人对社会福利的贡献和他们作为"照顾者"的角色（他们可能不得不照顾孩子，也可能还要照顾他们的父母）。但这是一个有争议的问题，因为它隐含着相当多的伦理价值判断。此外，它产生了一个问题，即如果没有信息限制，人们就必须重视医生的生命，而不是不熟练的体力劳动者的生命。这是 Lyttkens（2003）将其称为"打开潘多拉的盒子"的原因。有的学者也承认存在这个困难，因此在他们的分析中改变了年龄加权的假设。因此，本书采用完全分配年龄加权（这相当于使用统一的年龄权重）。

（2）预期寿命的校准。本书对 DALY 公式的另一个修正涉及剩余寿命的使用价值。在 GBD 项目中一次测量了所有疾病的负担。为了计算剩余的预期寿命，就需要在没有疾病和致命事故的情况下，假设一个标准的预期寿命，即最大生物预期寿命。原本的公式中选择了预期寿命最高的日本国民平均寿命（82.5 岁）作为女性的标准寿命表。对于男性来说，原有研究认为寿命的平均值稍低（80 岁），因为生存潜力的生物学差异。在我们的研究中，我们只对一种特殊情况（即微量营养素缺乏）下的剩余寿命感兴趣，而微量营养素缺乏不会显著改变一个国家的平均寿命，因此，我们可以使用中国居民的预期寿命来计算剩余期望寿命，从而避免进一步的伦理和理论问题。

第二节　微观健康效果评价方法——RCT 方法

RCT 方法是起源于医疗卫生服务行业研究药物干预效果最常见的方法。随后，此方法被发展经济学和贫困经济学广泛使用，作为验证因果关系的重要手段。2019 年，诺贝尔经济学奖的获得者班纳吉（Banerjee）、迪弗洛（Duflo）和克雷默（Kremer）也在他们的研究中强调了 RCT 方法的重要性，并将其完美地运用到扶贫工作中，且取得了卓越成效。RCT 方法可以很好地进行经济分析和政策评估，因此，RCT 方法成为发展经济学与贫困经济学进行政策评估和经济评价越来越常用的理论与方法。实施过程为将拟研究对象随机分组，然后对不同的组实施不同的干预措施，从而对干预效果的进行比较。许多以人口为基础的干预措施都将 RCT 方法作为一种评价方法并取得了一定的成功（史耀疆等，2013；Yi et al.，2015）。因此，本书也采用 RCT 方法来验证微观层面作物营养强化对人口健康的改善效果。

大量学者将 RCT 方法用于研究干预措施的有效性，如 Duflo 等（2011）通过一项为期 7 年的 RCT 方法验证了教育补贴对肯尼亚青少年女生辍学、怀孕和婚姻等的影响，结果表明，教育补贴可以显著减少青少年女生的辍学、怀孕和婚姻比例。随着 RCT 方法的发展，发展经济学领域也借鉴此方法来研究某一干预措施的效果，如研究沟通信息对消费者食物浪费行为的影响时发现，看信息的消费者比不看信息的消费者的食物浪费量更少（Whitehair et al.，2013）。具体到作物营养强化，就是将研究对象随机分成实验组跟控制组，让实验组的被试食用营养强化后的主食，而控制组的被试则食用普通主食，最后衡量两组被试体内微量营养素含量的变化，进而揭示作物营养强化对人口健康的影响。RCT 方法的优点是采用随机的方式将研究对象分组，可以使研究对象间的差异均衡化，使得各组之间具有可比性，是目前最为严谨的实验设计，但同时它也具有实施困难、成本高等缺点。

一、RCT 方法流程

RCT 方法通常将实验对象随机分配，然后对不同组的实验对象采取不同的干预措施，最后衡量干预措施的效果（Duflo et al.，2011）。具体到作物营养强化，就是将研究对象随机分成实验组跟控制组，让实验组的被试食用营养强化后的主食，如叶酸强化玉米或锌强化小麦，而控制组的被试则食用普通主食，如普通玉米或普通小麦，最后衡量两组被试体内微量营养素的含量及健康状况的变化，进而揭示作物营养强化对人口健康的影响（廖芬等，2019），具体实验流程见图 5.1。

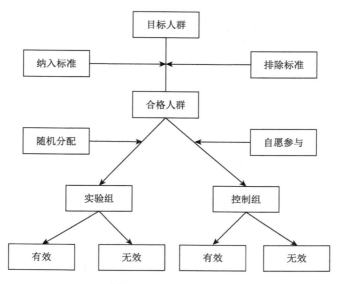

图 5.1　RCT 方法流程

二、干扰变量的控制

在 RCT 方法过程中可能会出现干扰变量，从而影响实验的结果，因此需要对其进行控制。实验过程中可能出现的干扰可以分为三种类型：①增加型，即实验对象自己从其他途径增加营养摄入，而不是由食用作物营养强化农产品所导致的营养增加；②减少型，即实验对象把分发的营养强化农产品送给他人，而自己没有食用；③转化型，即实验对象是通过改变生活方式、运动方式和卫生条件，从而使健康水平得到提高，而不是由食用作物营养强化农产品所导致的。为了排除以上三种干扰，在实验过程中需注意以下几点：①对实验对象日常膳食与营养摄入进行详细文字记录；②非实验因素带来的健康水平的提高，换算为营养素从效果评估中剔除；③要求研究人员经常深入农户家庭进行督促检查、查漏补缺，严格控制实验过程，确保实验效果。

第三节　健康效果评价指标体系

作物营养强化农产品的健康效益即对健康的改善效果，指的是食用作物营养强化农产品后人口健康的改善程度。微量营养素缺乏会导致人口营养不良及相应的患病概率和死亡概率增加，因此，在衡量作物营养强化农产品的健康效益时应该充分地结合患病率和死亡率，并以此为基础来衡量其对人口健康的改善。DALY

方法是健康经济学领域广泛使用的衡量作物营养强化农产品健康效益或其反面疾病负担的有效方法,通过 DALY 方法分别衡量有作物营养强化农产品干预和无作物营养强化农产品干预两种情况下的疾病负担,就可以得到作物营养强化农产品对人口健康的改善程度。

从 DALY 公式可以看出,要想衡量作物营养强化农产品对人口健康所带来的改善效果,就需要知道由微量营养素缺乏所导致的不良功能后果(疾病)及其发病率、平均发病年龄、死亡率、在不同人群中的严重程度、目标人群、剩余期望寿命、未来健康损失的贴现率、干预后不良后果新的发病率和死亡率。而干预后新的发病率和死亡率又取决于三个因素:①消费作物营养强化农产品的人群总数,即覆盖率。这取决于生产者和消费者对新技术的接受程度。②由消费者的消费所导致的微量营养素的增量和他们实际吸收的微量营养素的量,即生物功效。这取决于所消耗农产品的数量、作物中微量营养素的附加量及其对人体的生物利用度。③附加微量营养素对功能或健康结果的影响大小,即剂量效应。这取决于人体吸收微量营养素的效率。微量营养素包括铁、锌、维生素 A、叶酸等,而且由每种微量营养素缺乏所导致的不良后果是不同的,因此,构建作物营养强化营养健康效果评价指标时也应考虑不同的微量营养素。下面是不同微量营养素改善人口健康的指标体系。

一、铁强化农产品的健康效果评价指标

铁强化农产品的健康效果评价指标包括铁缺乏的功能结果、目标人群及规模、死亡率和剩余期望寿命、发病率、失能权重、疾病时间、覆盖率、剂量—反应及生物功效、铁缺乏导致的新的死亡率和发病率以及未来健康损失的贴现率。

第一,铁缺乏的功能结果。缺铁是由于生物可利用的膳食铁摄入不足,其测定是基于人体铁储存量和血红蛋白浓度的测量。严重缺铁可导致 IDA,其他因素如疟疾、钩虫病也可引起贫血,因此,必须强调 IDA 是贫血的一个亚组。贫血依次分为轻度、中度和重度。在加德满都研讨会上,三个不良的功能结果归因于 IDA,即身体活动功能障碍、智力发育障碍和孕产妇死亡率增加,可导致进一步的负面结果,如没有母乳喂养和母亲的照料而导致死胎与儿童死亡数量增加(Rush,2000)。详细描述这些与缺铁相关的功能结果,是我们对 GBD 方法的改进,在 GBD 中只计算了 IDA 的 DALY 损失值。换句话说,GBD 将贫血当作一种"病"治疗而不考虑其多重健康后果。在 GBD 中,一般假设缺铁不会对功能结果产生可量化的影响,只要它不会导致贫血。此外,由于轻度 IDA 与不良功能结果相关的科学证据是不确定的,因此我们排除了这种类型的 IDA。因此,我们认为严重的不良后果只存在于中度和重度 IDA 中。对于中度 IDA,身体活动和智力发育之间存

在联系。对于重度 IDA，孕产妇死亡率及身体活动和精神发育受损的更严重表现之间存在联系。在所有病例中，除了孕产妇死亡率外，假定每一个中度或重度贫血患者都有可能出现不利的功能结果。就孕产妇死亡率而言，假定孕产妇死亡率的 5%是由 IDA 造成的。

第二，目标人群及规模。建立了与缺铁相关的不良功能结果，下一步是根据一个疾病的平均发病年龄、该疾病的患病率及其在不同人群的严重程度来确定目标人群。选定的目标组如下：对于身体活动功能障碍，选择 5 岁以下的儿童，6～14 岁的儿童，15 岁以上的男性和女性；对于智力发育障碍，选择 5 岁以下的儿童；对于产妇死亡率，选择 15～49 岁的育龄妇女；对于死产和儿童死亡，选择因 IDA 死亡的孕妇；关于目标人群规模的数据可在国际组织、人口普查局等的人口统计资料中获得。在中国，目标人群规模的数据可以从国家统计局开展的人口普查资料中获得。如果分析侧重于次国家级，那么目标人群的大小必须根据区域、农村和城市等进行相应的选择。

第三，死亡率和剩余期望寿命。关于死亡率的信息需要孕产妇死亡率、死产和儿童死亡的死亡率，因为缺铁的其他功能结果一般不会致命。在中国的产妇死亡率方面，相关专家一致认为，将孕产妇死亡的 5%归因于缺铁是合理的；关于不同性别和年龄组的平均预期寿命的资料可从标准寿命表中获得（Reinhardt and Cheng，2000）。平均寿命可以根据特定目标人群的每个原因的平均死亡年龄计算出来。对于产妇死亡率，假定平均死亡年龄是分娩妇女的平均年龄，在大多数情况下，需要从健康和人口数据中计算。死产的孩子死亡的平均年龄是 0 岁。对于儿童死亡，平均死亡年龄可以假定小于 1 岁，因为大多数儿童死亡发生在婴儿中。

第四，发病率。获取分析中所需要的功能结果的发病率信息可能是一个挑战。如果有流行率，记住发病率指的是"流动"，而流行率指的是"存量"，可以用简化公式来获得近似发病率。

$$发病率 = 流行率/持续时间 \tag{5.4}$$

与缺铁相关的功能结果被认为是永久性的，除非进行缺铁治疗。对于永久和长期的疾病，上面的公式不太合适，因为它忽略了人口增长的影响。为了获得目标人群的总体发病率，一个解决方案是将患病率应用于目标人群的第一个年龄组，并按这个数字划分目标人群的大小。对于缺铁，所有疾病的定义都与中度或重度 IDA 有关。因此，利用 IDA 的发病率或患病率来获得感兴趣的功能结果的发病率是足够的，每个患有中度或重度 IDA 的人都被认为有身体活动受损和精神发育受损的危险，也就是说，IDA 的相应患病率可以 1∶1 应用于这些功能结果。缺铁的发病率相关数据可以根据张金磊和李路平（2014）的研究获得。

第五，失能权重。其中一个更为关键和困难的问题是为不同的功能结果建立失能权重，因为这些权重将不同的健康状态相互关联，并将健康和死亡置于一个单一的指标中。然而，加权意味着对这种健康状况的评估，并受到批评。但是，卫生政策领域的任何决定都意味着价值评估，DALY 方法使这一估值变得透明。此外，在 GBD 里使用的疾病负担与先前实践的结果相吻合（Murray and Lopez，1996）。在加德满都研讨会上，专家对缺铁的功能结果的目标群体和失能权重形成了统一的认识：对于中度 IDA 的身体活动受损，所有目标群体的失能权重为 0.011；对于重度 IDA 的身体活动受损，两个年龄组的儿童和成人失能权重分别为 0.087 和 0.090；对于中度 IDA 导致的精神发育不良，5 岁以下儿童的失能权重为 0.006；对于重度 IDA 导致的精神发育不良，5 岁以下儿童的失能权重为 0.024。这些权重被认为是普遍适用的，也就是说，它们不是一个国家特有的。因此，这些失能权重对于中国也适用。

第六，疾病时间。DALY 公式中的剩余期望寿命在计算 YLL 时会使用。对于永久性残疾，这种持续时间可以用同样的方法计算：以平均预期寿命减去残疾发生的平均年龄。缺铁引起的精神发育不良被认为是永久性残疾。缺铁引起的身体活动受损可以通过铁剂治疗来逆转，但如果不及时治疗，这种状况就会持续下去。在 DALY 的方法框架下，在确定残疾是暂时性的还是永久性的时候，关键的问题不仅在于所患的疾病是否可以治疗，而且也在于它是否得到了实际治疗。大家一致认为，对中国来说，身体活动受损可被认为是永久性的（至少在年龄范围内），因为铁干预计划只存在于孕妇身上，甚至对于这个群体，也没有证据表明铁的摄入量正在增加。

第七，覆盖率。受接受度及获得铁强化农产品途径的影响，并不是所有的目标群体都会食用这种作物营养强化农产品，所以这种影响只涉及人口的特定部分。基于中国、印度和菲律宾的作物营养强化农产品的研究，使用 30%～60%作为覆盖率假设。

第八，剂量—反应及生物功效。剂量—反应关系，即较高营养素摄入水平对每种微量营养素的功能结果的影响，通过评估改善的摄入量达到推荐摄入量（recommended nutrient intake，RNI）的程度来解释。虽然超出 RNI 的水平将充分保护消费者免受任何不利的功能结果的影响，但低于 RNI 的改善仍然可能与积极的健康影响有关。如果特定目标群体和微量营养素的 RNI 未达到，生物有效性（E）的计算如式（5.5）所示。

$$E = \frac{\ln\left(MI_{with}/MI_{without}\right) - \left(MI_{with} - MI_{without}/RNI\right)}{\ln\left(RNI/MI_{without}\right) - RNI - MI_{without}/RNI} \qquad (5.5)$$

其中，MI 表示微量营养素摄入水平；MI_{with} 表示作物营养强化后的铁含量；$MI_{without}$ 表示作物营养强化前的铁含量；RNI 表示推荐的铁摄入量。

第九，铁缺乏导致的新的死亡率和发病率及未来健康损失的贴现率。在获取了作物营养强化农产品的富铁功效（E）数据和覆盖率（C）数据之后，根据 Zimmerman 和 Qaim（2004）的研究，可以计算作物营养铁强化干预下新的发病率和死亡率。未来时间的贴现率是 3%，是在疾病负担和健康影响相关研究中被广泛认可的标准贴现率（Musgrove and Fox-Rushby，2006）。

二、锌强化农产品的健康效果评价指标

锌强化农产品的健康效果评价指标包括锌缺乏的功能结果、目标人群及规模、死亡率和剩余期望寿命、发病率、失能权重、疾病时间、覆盖率、剂量—反应、生物功效、锌缺乏导致的新的死亡率和发病率以及未来健康损失的贴现率。

第一，锌缺乏的功能结果、目标人群及规模。可归因于缺锌的不良功能结果有腹泻、肺炎（即严重呼吸道感染）和发育迟缓（Brown et al.，2002）。缺锌的三种功能结果的目标人群都是 0 个月至 12 个月的婴儿和 1 岁至 6 岁的儿童，发育迟缓的目标人群仅仅是婴儿。腹泻和肺炎被认为有一定的致死风险。因为死亡率的目标人群通常是 5 岁以下儿童，因此在这种情况下，目标人群主要是 5 岁以下的儿童（年龄在 0 岁至 4 岁）。关于目标人群规模的资料可在国际组织、人口普查局等的人口统计资料中获得。在中国，可以使用全国人口普查数据。如果分析侧重于次国家级，那么目标人群的大小必须根据区域、农村和城市等进行相应的选择。

第二，死亡率。可归因于缺锌的死亡率按特定年龄组总死亡率的比例计算。因此，必须获得这些国家或地区不同年龄组的一般死亡率。死亡率可从国家人口普查数据、卫生统计数据或国际组织和机构产生的数据中提取。一般来说，能够获取到的 5 岁以下儿童的死亡率数据是指每 1000 个 5 岁以下活产婴儿的死亡率，也就是说，在这种情况下，死亡率不应适用于实际目标人群的大小，而应适用于活产的数量。此外，5 岁以下儿童死亡率已经包括婴儿死亡率，因此，如果 1 岁至 5 岁儿童的死亡率不能单独报告，那么就需要计算出单独的婴儿死亡率。

根据 Jones 等（2003）的研究，如果所有儿童有足够的锌摄入量，5 岁以下儿童（即婴儿和儿童的死亡率）的死亡中有 4% 是可以预防的。因此，4% 的比率已经被应用到获得锌死亡率的一般死亡率上，可用于 DALY 计算。这 4% 涵盖了所有可能归因于缺锌的死亡，不管这些死亡是由腹泻还是肺炎引起的。

第三，剩余期望寿命。关于不同性别和年龄组的平均预期寿命的资料可从标准寿命表中获得（Reinhardt and Cheng，2000）。平均寿命可以根据特定目标人群的每个原因的平均死亡年龄计算出来。婴儿的平均死亡年龄为 8 个月，1 岁至 5 岁的儿童为 2 岁（我们用生命表给出了较大年龄的预期寿命，因此，确切的死亡年龄并不重要，前提是它可以被假定在给定的框架内）。

第四，发病率。为了获得与缺铁相关的功能结果的发病率，我们研究了 IDA 的发病率（或患病率）。然而，对于缺锌，很少有代表性的患病数据，因此采取了不同的方法，即我们观察到功能结果的一般发病率和它们对锌缺乏的属性部分。

基于 Kosek 等（2003）的研究，腹泻的平均发病率被假定为每个婴儿每年发作 2.6 次，每个儿童每年发作 1.3 次。在所有腹泻病例中，18%可归因于缺锌（Bhutta et al.，1999）。因此，与缺锌有关的腹泻发生率，婴儿为 $2.6 \times 0.18 = 0.47$，儿童为 $1.3 \times 0.18 = 0.23$。

根据 Rudan 等（2004）的研究，发展中国家每年急性下呼吸道感染的平均发病率为每个儿童每年 0.29 次。在所有肺炎或急性呼吸道感染的病例中，有 41% 可归因于缺锌（Bhutta et al.，1999）。因此，锌缺乏导致的肺炎的发病率可计算为 $0.29 \times 0.41 = 0.12$。

基于 Brown 等（2002）的研究，可以考虑使用两种不同的方法来确定由锌缺乏所导致的发育迟缓的发病率：①假设所有缺锌（定义为低于 60 微克/分升血清锌）的婴儿都有发育不良的风险。在这种情况下，儿童锌缺乏的发生率与锌的发育迟缓的发病率假定相关。也就是说，只有缺锌的发病率需要确定。②利用儿童矮小症发病率（按年龄计算的相对身高低于 2 个标准差）和假设在有足够的锌摄入量的情况下发育不良的儿童平均身高会增加 1 厘米来确定。

第五，失能权重。与缺铁一样，在 GBD 中给予那些相关功能结果的失能权重也适用于缺锌的目标人群：对于腹泻，婴儿的失能权重为 0.2，儿童的失能权重为 0.15；对于肺炎，婴儿的失能权重为 0.3，儿童的失能权重为 0.2；对于发育不良，失能权重有两种情况，一种情况的失能权重为 0.001（如果矮化是来自锌缺乏和假定有足够的锌摄入，这种矮化可以彻底根除），另一种情况的失能权重为 0.0001（如果假定摄入充足的锌会降低 1 厘米发育迟缓）。这些权重适用于婴儿（如发育迟缓被认为是一个永久的条件）。同样，这些权重被认为是普遍适用的，也就是说，它们不是特定于国家的。因此，这些失能权重对于中国也适用。

第六，疾病时间。DALY 公式的这部分对应于剩余寿命，用于计算 YLL。与缺铁相关的功能结果相反，与缺锌有关的功能结果大多是暂时性的。根据 Kosek 等（2003）的研究，每个腹泻病例的持续时间为婴儿 3 天，1～5 岁的儿童为 4 天（即每年分别为 3/365 和 4/365）。对于肺炎，根据加德满都研讨会的参与者和专家的意见，婴儿和儿童的持续时间都是 4 天（即每年 4/365 次）。发育迟缓是永久的，发病年龄为 6 个月（Shrimpton et al.，2001）。因此，发育迟缓的持续时间从发病年龄开始伴随终生。

第七，覆盖率。受接受度及获得锌强化农产品途径的影响，并不是所有的目标人群都会食用这种作物营养强化农产品，所以这种影响只涉及人口的特定部分。

基于中国、印度和菲律宾的作物营养强化农产品的研究，使用 30%～60%作为覆盖率假设。

第八，剂量—反应及生物功效。剂量—反应关系，即对于较高营养素摄入水平对每种微量营养素的功能结果的影响，通过评估改善的摄入量达到 RNI 的程度来解释。虽然超出 RNI 的水平将充分保护消费者免受任何不利的功能结果的影响，但低于 RNI 的改善仍然可能与积极的健康影响有关。如果特定目标人群和微量营养素的 RNI 未达到，生物有效性（E）的计算如式（5.6）所示。

$$E = \frac{\ln\left(\mathrm{MI_{with}}/\mathrm{MI_{without}}\right) - \left(\mathrm{MI_{with}} - \mathrm{MI_{without}}/\mathrm{RNI}\right)}{\ln\left(\mathrm{RNI}/\mathrm{MI_{without}}\right) - \mathrm{RNI} - \mathrm{MI_{without}}/\mathrm{RNI}} \tag{5.6}$$

其中，MI 表示微量营养素摄入水平；$\mathrm{MI_{with}}$ 表示作物营养强化后的锌含量；$\mathrm{MI_{without}}$ 表示作物营养强化前的锌含量；RNI 表示推荐的锌摄入量。

第九，锌缺乏导致的新的死亡率和发病率及未来健康损失的贴现率。在获取了作物营养强化农产品的富锌功效（E）数据和覆盖率（C）数据之后，根据 Zimmerman 和 Qaim（2004）的研究，可以计算作物营养锌强化干预下新的发病率和死亡率。作物营养锌强化农产品对营养健康的改善所带来的健康生命年的减少贴现到现在的贴现率是 3%。

三、维生素 A 强化农产品的健康效果评价指标

维生素 A 强化农产品的健康效果评价指标包括由 VAD 的功能结果、目标人群及规模，死亡率和剩余期望寿命，发病率，失能权重，疾病时间，覆盖率，剂量—反应及生物功效，维生素 A 缺乏导致的新的死亡率和发病率及未来健康损失的贴现率。

第一，VAD 的功能结果、目标人群及规模。可归因于 VAD 的不良功能结果的有夜盲症、角膜瘢痕、失明、麻疹和死亡率增加。VAD 的五种功能结果的目标人群都是 5 岁以下的儿童，夜盲症也会涉及孕妇和哺乳期妇女。关于目标人群规模的数据可在国际组织、人口普查局等的人口统计资料中获得，在中国，可以使用 2010 年的全国人口普查数据。如果分析侧重于次国家级，那么目标人群的大小必须根据区域、农村和城市等进行相应的选择。

第二，死亡率和剩余期望寿命。可归因于 VAD 的儿童死亡率占总死亡率的一定比例。因此，需要对不同国家或地区的总体、特定年龄的死亡率进行分析。根据 Jones 等（2003）的研究，如果所有儿童都有足够的维生素 A 摄入量，那么 5 岁以下的儿童的死亡率将会降低 2%，并且如果所有的儿童在受到与缺维生素 A 相关的感染时能得到治疗，那么 5 岁以下的儿童的死亡率将会再降低 1%。因此，必须使用一个 3%的联合数字来确定现有的 VAD 的负担。关于剩余期望寿命，由于

5 岁以下患者死亡率的平均死亡年龄为 1 岁,因此,剩余的预期寿命可以根据标准生命表进行计算。

第三,发病率。对于 VAD 而言,夜盲症、角膜瘢痕和麻疹的患病率是需要的。假设所有孕妇、哺乳期妇女及所有儿童的夜盲症都是由 VAD 所导致的。患角膜瘢痕的儿童中的 20%是由 VAD 所导致的,并且其中有 50%的儿童是盲人,这意味着患有角膜瘢痕的儿童中将有一半的儿童会有永久性且不会衰弱的视力方面的损害,而另外一半的儿童将会失明。对于麻疹,据推测,20%的病例都是由 VAD 所导致的,并且有 50%的患者预计会出现并发症。

第四,失能权重。由 VAD 所导致的各种功能结果的失能权重为:对于夜盲症,妇女的失能权重为 0.1,儿童的失能权重为 0.05;对于角膜瘢痕,仅针对儿童,失能权重为 0.2;对于失明,也仅针对儿童,失能权重为 0.5;对于麻疹及其并发症,也仅针对儿童,失能权重分别为 0.35 和 0.7。同样,这些权重被认为是普遍适用的,也就是说,它们不是特定于国家的。因此,这些失能权重对于中国也适用。

第五,疾病时间。怀孕期间的夜盲症预计将持续到哺乳期的头几个月,具体地,怀孕期妇女为 5 个月,哺乳期妇女为 6 个月。对儿童来说,夜盲症被认为是在出生后 1 年出现并且会持续 1 年,因为在这段时间里,孩子将会在家里饮食,并且与前期相比,感染的负面影响的风险较小。假定儿童在 1 岁时患角膜瘢痕,并且假定 50%由于角膜瘢痕而失明的儿童在同一年龄失明。角膜瘢痕和失明都是永久性的,也就是说,这两个功能性结局的持续时间与剩余期望寿命一样长。麻疹是一种暂时性疾病,根据以往研究,其持续时间假定为 10 天,当并发症发生时,假定持续时间为 20 天。

第六,覆盖率。受接受度及获得维生素 A 强化农产品途径的影响,并不是所有的目标人群都会食用这种作物营养强化农产品,所以这种影响只涉及人口的特定部分。基于中国、印度和菲律宾的作物营养强化农产品的研究,使用 30%～60%作为覆盖率假设。

第七,剂量—反应及生物功效。剂量—反应关系,即较高营养素摄入水平对每种微量营养素的功能结果的影响,通过评估改善的摄入量达到 RNI 的程度来解释。虽然超出 RNI 的水平将充分保护消费者免受任何不利的功能结果的影响,但低于 RNI 的改善仍然可能与积极的健康影响有关。如果特定目标人群和微量营养素的 RNI 未达到,生物有效性(E)的计算如式(5.7)所示。

$$E = \frac{\ln\left(MI_{with}/MI_{without}\right) - \left(MI_{with} - MI_{without}/RNI\right)}{\ln\left(RNI/MI_{without}\right) - RNI - MI_{without}/RNI} \tag{5.7}$$

其中,MI 表示微量营养素摄入水平;MI_{with} 表示作物营养强化后的维生素 A 含量;

MI$_{without}$ 表示作物营养强化前的维生素 A 含量；RNI 表示推荐的维生素 A 摄入量。

第八，VAD 导致的新的死亡率和发病率及未来健康损失的贴现率。在获取了作物营养强化农产品的富维生素 A 功效（E）数据和覆盖率（C）数据之后，根据 Zimmerman 和 Qaim（2004）的研究，可以计算作物营养维生素 A 强化干预下新的发病率和死亡率；作物营养维生素 A 强化农产品对营养健康的改善所带来的健康生命年的减少贴现到现在的贴现率是 3%。

四、叶酸强化农产品的健康效果评价指标

叶酸强化农产品的健康效果评价指标包括叶酸缺乏的功能结果、目标人群及规模、死亡率和剩余期望寿命、发病率、失能权重、疾病时间、覆盖率、剂量—反应、生物功效、叶酸缺乏导致的新的死亡率和发病率以及未来健康损失的贴现率。

第一，叶酸缺乏的功能结果。叶酸缺乏是由于生物可利用的叶酸摄入不足，其测定是基于血清叶酸含量和红细胞叶酸的含量，血清叶酸反映了当前的叶酸摄入量，而红细胞叶酸则反映了长期的叶酸状态（郭桐君等，2017）。严重的叶酸缺乏会导致神经管缺陷，其他因素也会导致神经管缺陷，因此，必须强调由叶酸缺乏所导致的神经管缺陷是神经管缺陷的一个亚组。神经管缺陷主要有脊柱裂、无脑儿和脑膨出（de Steur et al.，2012a）三种类型。

第二，目标人群及规模。建立了与叶酸缺乏相关的不良功能结果，下一步是根据一个疾病的平均发病年龄、该疾病的患病率及其人群中不同人群的严重程度来确定目标人群。选定的目标组如下：脊柱裂、无脑儿和脑膨出的目标人群均是新生儿的出生人数。根据以往的研究，可将神经管畸形的 71.07%归因于叶酸缺乏（de Steur et al.，2010）；关于目标人群人群的数据可在国际组织、人口普查局等的人口统计中获得。在中国，可以使用 2010 年全国人口普查数据。如果分析侧重于次国家级，那么目标人群的大小必须根据区域、农村和城市等进行相应的选择。

第三，死亡率和剩余期望寿命。关于死亡率的信息主要是来自 de Steur 等（2012a）的一项研究，他们认为神经管畸形中有 60%会致死；关于不同性别和年龄组的平均预期寿命的资料可从标准寿命表中获得（Reinhardt and Cheng，2000）。由于我们的目标人群是新生儿，因而其剩余期望寿命等于中国居民平均的预期寿命，而根据标准寿命表，2000 年，中国平均预期寿命是 74.58 岁，因此叶酸缺乏的剩余期望寿命为 74.58 年。

第四，发病率。获取分析中所需要的功能结果的发病率信息可能是一个挑战。如果有流行率，发病率指的是"流动"，而流行率指的是"存量"，可以用简化公式来得到近似发病率，即发病率 = 流行率/持续时间，由于无脑儿是一种致命的神经管缺陷，因此只有脊柱裂和脑膨出的平均发病率需要考虑。中国神经管缺陷的

发病率是每万人中有 4.5 名（孔亚敏等，2015）。

第五，失能权重和疾病时间。对于脊柱裂，目标人群的失能权重为 0.593；对于脑膨出，目标人群的失能权重为 0.520（Mathers et al.，2001）。注意这些权重被认为是普遍适用的，也就是说，它们不是一个国家特有的。因此，这个比重也适用于中国，在中国的分析中，也使用此比重。DALY 公式中的剩余期望寿命在计算 YLL 时会使用。对于永久性残疾，这种持续时间可以用同样的方法计算：以平均预期寿命减去残疾发生的平均年龄。由于神经管缺陷的发病群体是新生儿，因此，非致死性神经管缺陷的持续时间与剩余期望寿命一样长。

第六，覆盖率。受接受度及获得叶酸强化农产品途径的影响，并不是所有的目标人群都会食用这种作物营养强化农产品，所以这种影响只涉及人口的特定部分。基于中国、印度和菲律宾的作物营养强化农产品的研究，使用 30%～60%作为覆盖率假设。

第七，剂量—反应及生物功效。剂量—反应关系，即较高营养素摄入水平对每种微量营养素的功能结果的影响，通过评估改善的摄入量达到 RNI 的程度来解释。虽然超出 RNI 的水平将充分保护消费者免受任何不利的功能结果的影响，但低于 RNI 的改善仍然可能与积极的健康影响有关。如果特定目标人群和微量营养素的 RNI 未达到，生物有效性（E）的计算如式（5.8）所示。

$$E = \frac{\ln\left(\mathrm{MI_{with}}/\mathrm{MI_{without}}\right) - \left(\mathrm{MI_{with}} - \mathrm{MI_{without}}/\mathrm{RNI}\right)}{\ln\left(\mathrm{RNI}/\mathrm{MI_{without}}\right) - \mathrm{RNI} - \mathrm{MI_{without}}/\mathrm{RNI}} \tag{5.8}$$

其中，MI 表示微量营养素摄入水平；$\mathrm{MI_{with}}$ 表示作物营养强化后的叶酸含量，$\mathrm{MI_{without}}$ 表示作物营养强化前的叶酸含量；RNI 表示推荐的叶酸摄入量。

第八，叶酸缺乏导致的新的死亡率和发病率及未来健康损失的贴现率。在获取了作物营养强化农产品的富叶酸功效（E）数据和覆盖率（C）数据之后，根据 Zimmerman 和 Qaim（2004）的研究，可以计算作物营养叶酸强化干预下新的发病率和死亡率；作物营养叶酸强化农产品对营养健康的改善所带来的健康生命年的减少贴现到现在的贴现率是 3%。

第六章　宏观层面健康改善效果的实证研究：以叶酸强化水稻为例[①]

　　微量营养素缺乏导致的隐性饥饿对全球人口健康状态有着深远的影响，尤其是对发展中国家的经济社会发展构成潜在威胁（郝元峰等，2015）。世界范围内有 25 亿人存在隐性饥饿（Saltzman et al.，2017）。中国也有 3 亿人存在隐性饥饿问题（文琴和张春义，2015），是世界上营养不良率最高的国家之一。世界各国都在采取措施减少隐性饥饿，如食品强化、饮食多样化等，但由于经济发展水平的限制，大多数措施无法得到有效普及。为了有效地解决隐性饥饿，一种新的营养干预措施——作物营养强化正在兴起和发展（Pedersen，2008）。在 2008 年哥本哈根共识会议期间，相关经济学专家小组将作物营养强化放在了应对世界最大挑战的首要优先事项的位置，强调了作物营养强化对于全球健康的重要作用（Pedersen，2008）。

　　作物营养强化是指通过育种手段来增加水稻、小麦或玉米等主要农产品的微量营养素如铁、锌、维生素及叶酸的含量，从而减轻和预防世界范围内特别是发展中国家普遍存在的微量营养素缺乏和营养不良的问题（张春义和王磊，2009；Qaim et al.，2007）。作物营养强化相较于其他改善微量营养素缺乏的方式如饮食多样化、营养素补充剂和食物强化而言，不需要消费者改变原本的饮食习惯，并且生产简单、成本较低、易于推广，因此更加符合安全与可持续理念，是解决隐性饥饿经济有效的新方式（Johns and Eyzaguirre，2007），能够有效地减轻隐性饥饿导致的健康负担，特别是对于发展中国家农村贫困地区而言更是如此（廖芬等，2019）。

　　由于作物营养强化在减轻和预防隐性饥饿方面所起的重要作用，越来越多的学者对其进行了关注和研究。国外作物营养强化相关研究开始较早，已经进行了成本效益（Nestel et al.，2006；Stein et al.，2007）、生物有效性（Zimmermann and Qaim，2004；Lividini and Fiedler，2015）、健康效益（Baltussen et al.，2004；de Steur et al.，2012a）、消费者接受度和支付意愿（Lagerkvist et al.，2016；de Steur et al.，2017b）相关方面的研究，而中国作物营养强化开始较晚，相关研究较少，中国作为世界上营养不良率最高的国家之一，2002 年有大约 1140 万名 6 岁以下的儿童缺乏维生素 A，8600 万人和 2086 万人的锌与铁摄入量均不理想（Ma et al.，2008），并且中国叶酸缺乏的人数更是高达 2.588 亿人（de Steur et al.，2010）。因此，研究

---

① 本章部分研究内容发表于《农业技术经济》2021 年第 12 期。

中国作物营养强化对人口健康的改善具有重要的理论意义和政策价值。

为了研究中国作物营养强化农产品对人口健康的改善，本章以叶酸强化水稻为例对作物营养强化项目的营养健康改善效果进行分析。中国育龄妇女对叶酸补充剂的认识和使用水平较低及膳食叶酸摄入水平不理想等原因，导致中国叶酸缺乏症和神经管畸形发生率偏高（谢璐璐等，2019）。而叶酸强化水稻的叶酸含量较高，能够达到普通水稻的 4～5 倍（de Steur et al.，2012b），因此，这种营养强化作物被认为是减少由叶酸缺乏（每天小于 400 微克）和其所导致的负面健康影响如神经管缺陷（如脊柱裂）的潜在有效干预措施（de Steur et al.，2010）。基于此，以叶酸强化水稻为例，对其营养健康改善效果进行分析，为中国更好地开展作物营养强化项目提供依据。但由于作物营养强化农产品尚未大规模生产与推广，因此对其营养健康改善效果的分析主要通过统计年鉴、育种专家和前期研究相关数据，采用事前分析的方法进行测算和评估（King，2002）。本章的研究结果能够为科学评估作物营养强化农产品的营养健康改善效果、确定干预优先序、制定国家干预措施决策等工作提供有价值的参考和借鉴。

第一节　研　究　方　法

一、健康改善效果分析方法——DALY 方法

DALY 方法是进行健康改善措施经济评价时被广泛使用的方法，可以有效地衡量健康损失并进行成本-效果分析（Murray and Lopez，1996）。它提供了一种单一的指标来衡量与一个特定的疾病有关的发病率和死亡率，从而衡量疾病的负担。DALY 损失主要由两部分组成，第一部分是 YLL，第二部分是 YLD。为了能够充分考虑残疾和死亡分别造成的负担和损失，特别是残疾生活的年数与严重程度或残疾的权重有关，因此要考虑疾病的严重程度。这些权重范围从 0 到 1，0 代表完全健康，1 代表死亡。因此，DALY 中由疾病所导致的损失为 $DALY_{lost} = YLL + YLD$，每种疾病的 DALY 总和表明了疾病的总负担。考虑到严重性的不同程度和不同人群中疾病的不同程度，根据 Zimmerman 和 Qaim（2004）的研究，完整的公式见式（5.1）～式（5.3）。

二、生物有效性分析方法

剂量—反应关系是反映较高营养素摄入水平对每种微量营养素的功能结果的影响，主要通过评估改善的摄入量达到 RNI 的程度来解释。因此，生物有效性能反映作物营养强化项目所带来的叶酸功效，从而衡量在作物营养强化干预下新的疾病发病率。根据以往的研究，生物有效性（E）的计算如式（5.8）所示。

第二节　叶酸强化水稻健康改善效果的分析框架

本章使用 DALY 方法来评估中国有叶酸强化水稻和无叶酸强化水稻的情况之间的健康差距。中国作物营养强化项目（以叶酸强化水稻为例）的健康改善效果分析具体过程是：①分析和确定中国居民由叶酸缺乏所引起的疾病负担；②分析叶酸强化水稻干预下由叶酸缺乏所引起的新的疾病负担；③在前两个分析结果的基础上，得到叶酸强化水稻营养干预的健康改善效果，并进行资金投入（李路平和张金磊，2016）。具体的过程如图 6.1 所示。

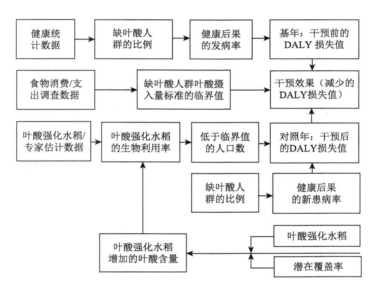

图 6.1　叶酸强化水稻营养健康改善效果分析框架

资料来源：李路平和张金磊（2016）

用 DALY 方法分别计算不同的疾病和目标人群，然后相加得到总疾病负担。然而，微量营养素缺乏不是疾病，而是会导致不良的功能结果。为了量化微量营养素缺乏导致的营养不良对人类健康的影响，首先需要建立一个由缺乏微量营养素（如铁、锌、维生素 A、叶酸）所引起的疾病和后遗症的清单。如果缺乏微量营养素会改变患病的可能性，那么疾病发病率的一部分需要归因于微量营养素缺乏，DALY 损失应仅计算由微量营养不良所引起的特定疾病的一部分。叶酸缺乏主要会导致神经管缺陷，而神经管缺陷则主要有脊柱裂、脑膨出和无脑儿三种（李方和林茜，2015）。因此，本章在使用 DALY 方法计算由叶酸缺乏所导致的疾病负担时，主要考虑这三种不良的后果。

第三节　叶酸强化水稻健康改善效果分析的数据收集

我们选取 2010 年为分析年份，根据国家统计局的人口普查数据和相关流行病学的数据，计算了叶酸强化水稻干预前后由叶酸缺乏所导致的疾病负担。叶酸缺乏的主要后果是会导致神经管缺陷，新生儿是叶酸强化水稻的关键受益者。由于新生儿无法食用大米，育龄妇女是消费叶酸强化水稻的主要人群。因此，在计算由叶酸缺乏所导致的疾病负担时，目标人群的数据是采用新生儿的相关数据，但剂量—反应的数据则是采用育龄妇女的相关数据。

一、叶酸缺乏的目标人群及人口数

选取 1 岁以下的婴儿作为叶酸缺乏的目标人群。根据国家统计局 2010 年的全国人口普查数据可知，2010 年 1 岁以下的人口数为 13 786 434 人，因此，叶酸缺乏的目标人群总数为 13 786 434 人[①]。

二、叶酸缺乏后果的发病率和死亡率

得到目标人群的总数后，还需要所有不同类型的神经管缺陷（如脊柱裂、无脑儿、脑膨出）的数据。根据孔亚敏等（2015）的研究可知，2011 年，全国范围的神经管缺陷的流行率是每万名新生儿中有 4.50 名。另外，由于无脑儿是一种致命的神经管缺陷，因此，只有脊柱裂和脑膨出的平均发病率需要考虑，在所有的神经管缺陷中，他们的比率分别是 47.5%～59.3% 和 7.5%～34.4%。但当单独研究不致死的神经管缺陷时，脊柱裂（73.10%）和脑膨出（26.90%）的平均组成与美国（Feuchtbaum et al., 1999）和加拿大（de Wals et al., 2007）的研究一致。将这些比率应用于 2010 年的出生人数，即 13 786 434 人，从而得到中国神经管缺陷的人口总数。

每年有 6203.90×（13 786 434×4.5/10 000）个新出生的婴儿由于叶酸缺乏或者其他的因素如热疗（体温过高）或抗癫痫药物的应用从而患有神经管缺陷。这些新生儿缺陷有 60% 会致死（de Steur et al., 2012b）。然而，叶酸缺乏的负担是中国新生儿由于缺乏这种微量营养素而造成的神经管缺陷所占的比例（即 71.07%）决定的（de Steur et al., 2010）。这导致叶酸相关的神经管畸形（神经管缺陷）病例总数为 4409.11×（6203.90×71.07/100）例，其中，2645.47×（4409.11×60/100）例死亡和 1763.64×（4409.11×40/100）例非致死性神经管缺陷，非致死性神经管缺陷中脊柱裂有 1289.22×（1763.64×73.10/100）例，脑膨出有 474.42×（1763.64×26.90/100）例（表 6.1）。

---

① 中国 2010 年人口普查资料. http://www.stats.gov.cn/sj/pcsj/rkpc/6rp/indexch.htm[2023-11-04].

表 6.1　2010 年叶酸缺乏对中国居民疾病负担的影响相关指标

A：非致命性叶酸缺乏

类别	人口统计指标		发病率和死亡率			叶酸缺乏相关健康影响				
结果	目标人群	目标人群的大小 (T_j)/人 [a]	发病率 [b]	死亡率	归因于叶酸缺乏 [c]	发病率 (I_{ij}) [d]	$T_j I_{ij}$	失能权重	平均发病年龄/岁	疾病持续时间/年
脊柱裂	1 岁以下婴儿	13 786 434	1.32/10 000		71.07%	0.94/10 000	1 289.22	0.593	0	74.58
脑膨出	1 岁以下婴儿	13 786 434	0.48/10 000		71.07%	0.34/10 000	474.42	0.520	0	74.58

B：致命性叶酸缺乏

结果	目标人群	目标人群的大小 (T_j)/人 [a]	发病率	死亡率	归因于叶酸缺乏 [c]	死亡率 (M_j) [e]	$T_j M_j$	失能权重	平均死亡年龄/岁	平均预期寿命/岁
增加的死亡率（无脑儿）	1 岁以下婴儿	13 786 434	4.50/10 000	60.00%	71.07%	1.92/10 000	2 645.47	1.000	0	74.58

a：http://www.stats.gov.cn/sj/pcsj/6rp/indexch.htm

b：全国新生儿总神经管缺陷率是 4.50/10 000（孔亚敏等，2015）；所有神经管缺陷中有 40.00%是非致命性结果（de Steur et al.，2012b）；在 40.00%非致命性结果中，脊柱裂和脑膨出的概率分别是 73.10%和 26.90%。因此，脊柱裂的发病率为 4.50/10 000×0.40×0.7310 = 1.32/10 000，脑膨出的发病率为 4.50/10 000×0.40×0.2690 = 0.48/10 000

c：中国人口由缺乏叶酸所造成的神经管缺陷所占的比例为 71.07%（de Steur et al.，2010）

d：由叶酸缺乏所导致的发病率 = 发病率×71.07%（由叶酸缺乏所导致的脊柱裂的发病率为 1.32/10 000×71.07% = 0.94/10 000，由叶酸缺乏所导致的脑膨出的发病率为 0.48/10 000×71.07% = 0.34/10 000

e：由叶酸缺乏所导致的死亡率 = 神经管缺陷率×死亡率×71.07%（由叶酸缺乏所导致的神经管缺陷死亡的比例）。因此，由叶酸缺乏所导致的死亡率为 4.50/10 000×0.60×0.7107 = 1.92/10 000

三、叶酸缺乏后果的其他相关数据

更进一步地，公式里也包括人口统计学和流行病学的数据。平均的剩余期望寿命是 74.58 岁（廖芬等，2021）。脊柱裂和脑膨出的失能权重分别是 0.593 和 0.520（Mathers et al.，2001）。非致死性神经管缺陷的持续时间与剩余期望寿命一样长（表 6.1）。未来时间的贴现率是 3%（Evans et al.，2005），是在疾病负担和健康影响相关研究中被广泛认可的标准贴现率。

第四节　叶酸强化水稻健康改善效果的实证分析

一、中国 2010 年叶酸缺乏的疾病负担

根据表 6.1 的相关指标，可以计算出 2010 年中国由叶酸缺乏所导致的疾病负担，如表 6.2 所示。

表 6.2　2010 年叶酸缺乏对中国居民造成的疾病负担

由叶酸缺乏所导致的功能结果	目标人群	YLL	YLD	DALY	DALY 比率
脊柱裂	1 岁以下婴儿	0	22 763.58	22 763.58	20.91%
脑膨出	1 岁以下婴儿	0	7 345.56	7 345.56	6.75%
死亡率增加	1 岁以下婴儿	78 770.13	0	78 770.13	72.34%
总疾病负担		78 770.13	30 109.14	108 879.27	100.00%

结果表明，2010 年，中国居民由叶酸缺乏所引起的总的疾病负担为 108.88 DALY/千人，即每年每千人损失大约 108.88 个健康生命年。其中，由无脑儿所导致的死亡率增加所带来的疾病负担最多，为每年每千人损失 78.77 个健康生命年，占到了全部 DALY 损失的 72.34%。

二、干预后新的疾病负担

（一）叶酸强化水稻的叶酸功效

根据 de Steur 等（2012b）的研究，中国叶酸强化水稻的生物特征如表 6.3 所示。可以看出，叶酸强化水稻的叶酸含量显著高于普通大米。由于剂量—反应关系是反

映较高营养素摄入水平对每种微量营养素的功能结果的影响，主要通过评估改善的摄入量达到 RNI 的程度来解释。根据 2002 年的《中国居民营养与健康状况调查报告》，中国育龄期妇女的日常叶酸摄入量为 199.80 微克（Chai et al.，2009）。而 WHO 建议孕妇每人每天应补充 400.00 微克叶酸。叶酸功效对于计算叶酸干预下新的发病率具有重要作用，因此基于剂量—反应关系，根据生物有效性的公式可以计算出中国叶酸强化水稻的叶酸功效，即在保守情况下，叶酸强化水稻的叶酸功效是 38.94%，而在乐观情况下，叶酸强化水稻的叶酸功效是 48.12%。

表 6.3　叶酸强化水稻的叶酸功效

生物特征	保守情况	乐观情况
原始叶酸含量/（微克/克）	0.08	0.08
叶酸强化水稻的叶酸含量/（微克/克）	12.00	12.00
收获后的损失，如烹饪等	75.00%	50.00%
生物利用率	50.00%	50.00%
增加的叶酸含量/（微克/克）	1.42	2.92
日常的叶酸摄入量/微克	199.80	199.80
推荐的叶酸摄入量/微克	400.00	400.00
作物营养强化水稻叶酸功效	38.94%	48.12%

（二）叶酸强化水稻的覆盖率

除了生物有效性以外，对人口健康的影响还取决于叶酸强化水稻的覆盖率。因为并不是所有的消费者都会接受和食用叶酸强化水稻，特别是叶酸含量的变化可能会改变大米原有的颜色，从而引发消费者的排斥和恐惧，因此，只有一部分的消费者会接受叶酸强化水稻。这时，叶酸强化水稻的覆盖率对于人口健康的影响至关重要。本节借鉴之前用于中国富铁小麦研究的覆盖率假设，采用 30% 和 60% 分别作为中国消费者在保守和乐观的情况下接受叶酸强化水稻的覆盖率（张金磊和李路平，2014）。

（三）叶酸强化水稻干预后的新的发病率和死亡率

在获得中国作物营养强化叶酸强化水稻的生物有效性及覆盖率数据以后，根据 Zimmermann 和 Qaim（2004）的公式，可以获得在进行叶酸强化水稻营养干预的条件下，中国居民新的由叶酸缺乏所导致的疾病的发生率和死亡率。由于叶酸的生物有效性和覆盖率有保守和乐观两种情况，所以新的疾病发生率和死亡率也有保守情景和乐观情景两种情况。具体值如表 6.4 所示。

表 6.4　叶酸强化水稻干预后由叶酸缺乏所导致的疾病发病率和死亡率

由叶酸缺乏所导致的功能结果	目标人群	发病率/死亡率	发病率/死亡率	
		2010 年	保守情景	乐观情景
脊柱裂	1 岁以下婴儿	0.94/10 000	0.83/10 000	0.67/10 000
脑膨出	1 岁以下婴儿	0.34/10 000	0.30/10 000	0.24/10 000
死亡率增加（无脑儿）	1 岁以下婴儿	1.92/10 000	1.70/10 000	1.37/10 000

从表 6.4 可以看出，在叶酸强化水稻的干预下，不同目标人群的不同健康后果的发病率或死亡率均有不同程度的降低，这反映了叶酸强化水稻具有良好的潜在的营养干预效果。其中，脑膨出的营养干预效果更明显，其发生率在进行叶酸强化水稻干预后，下降比例更高。

（四）叶酸强化水稻干预后新的疾病负担

通过对叶酸强化水稻新发病率和死亡率的计算，用 DALY 公式可以得到叶酸强化水稻干预下的新的疾病负担（表 6.5）。

表 6.5　叶酸强化水稻干预后由叶酸缺乏所引起的疾病负担

缺叶酸的结果	目标人群	YLL		YLD		DALY	
		保守情景	乐观情景	保守情景	乐观情景	保守情景	乐观情景
脊柱裂	1 岁以下婴儿	0	0	20 204.28	16 309.48	20 204.28	16 309.48
脑膨出	1 岁以下婴儿	0	0	6 403.76	5 123.01	6 403.76	5 123.01
无脑儿	1 岁以下婴儿	69 784.60	56 238.18	0	0	69 784.60	56 238.18
合计		69 784.60	56 238.18	26 608.04	21 432.49	96 392.64	77 670.67

结果表明，基于保守情景，叶酸强化水稻干预后导致的新的疾病负担为

96 392.64 个 DALY 损失值，其中，YLL 为 69 784.60 个 DALY 损失值，YLD 为 26 608.04 个 DALY 损失值。基于乐观情景，叶酸强化水稻干预后导致的新的疾病负担为 77 670.67 个 DALY 损失值，其中，YLL 为 56 238.18 个 DALY 损失值，YLD 为 21 432.49 个 DALY 损失值。

三、叶酸强化水稻的营养健康改善效果

将由叶酸强化水稻干预后导致的新的疾病负担与 2010 年干预前的疾病负担进行比较，可以看出叶酸强化水稻对中国由叶酸缺乏所导致的疾病具有良好的营养干预效果，特别是降低发病率和死亡率，从而导致死亡人数的减少，YLL 和 YLD 损失值下降，并且也导致 DALY 损失值的减少（表 6.6）。

表 6.6　叶酸强化水稻干预前后由叶酸缺乏所引起的疾病负担变化

类别	2010 年由叶酸缺乏所导致的疾病负担	叶酸强化水稻干预后由叶酸缺乏所导致的疾病负担		减少的疾病负担	
		保守情景	乐观情景	保守情景	乐观情景
YLL	78 770.13	69 784.60	56 238.18	8 985.53	22 531.95
YLD	30 109.14	26 608.04	21 432.49	3 501.10	8 676.65
DALY$_{lost}$	108 879.27	96 392.64	77 670.67	12 486.63	31 208.60

从表 6.6 的结果来看，叶酸强化水稻的干预，导致中国由叶酸缺乏所导致的疾病负担减少。具体而言，在乐观情景下，YLL、YLD 和 DALY 损失分别减少了 22 531.95 个 DALY、8676.65 个 DALY 和 31 208.60 个 DALY，相较于基年而言，YLL、YLD 和 DALY 损失的减少值分别为基年的 28.60%、28.82% 和 28.66%；即使是在保守情况下，YLL、YLD 和 DALY 的损失也分别减少了 8985.53 个 DALY、3501.10 个 DALY 和 12 486.63 个 DALY，相较于基年而言，YLL、YLD 和 DALY 损失的减少值也分别达到了基年的 11.41%、11.63% 和 11.47%。与 DALY 损失值相关的意义是健康的生命年，因此，DALY 损失值的减少意味着健康程度的改善，表明无论是在保守情况下还是在乐观情况下，叶酸强化水稻都具有良好的营养干预效果，能够有效地减少由健康的损失所导致的 DALY 损失值的减少，从而改善健康程度。

第五节　讨论与启示

作物营养强化作为一种解决隐性饥饿的新的营养干预措施，能够有效改善人

口健康并带来可观的经济效益，但对于其具体的健康效果改善程度在国内研究中少有涉及。本章在前期研究的基础上，结合中国的实际情况，评估和测算了中国叶酸强化水稻项目对人口健康的改善效果，研究结果表明，中国叶酸强化水稻无论是在保守的情况下还是在乐观的情况下，其营养干预效果均显著。一年内由叶酸强化水稻的干预所导致疾病负担减少了 12 486.63～31 208.60 个 DALY 的损失。这说明，在中国进行水稻的作物营养强化，无论其他的微量营养素水平是否有改善，叶酸强化水稻能够显著改善人口健康状况，减轻由叶酸缺乏所带来的疾病负担。

我们的研究结论为中国作物营养强化发展提供了有益的借鉴参考，为此我们提出以下启示与建议：①重视健康改善效果分析。作物营养强化具有良好的营养干预效果，因此，主管部门应该高度重视和强化作物营养强化农产品的事前健康改善效果分析，积极建立和完善更加符合中国实际情况的宏观层面的健康效果评价指标体系，如根据中国的实际情况对健康效果评价指标体系中的人口学指标、预期寿命指标、疾病相关指标进行校准，从而提高评价体系的准确性和适用性。据此开展的健康效果评价能够为主管部门的资金投入提供依据，这有利于作物营养强化农产品的研发、采用和推广，从而改善目标地区目标人群的营养健康状况，特别是针对生活困难地区和生活困难人口而言。②增加政策资金投入。作物营养强化农产品可以有效地改善人口健康状况，因此，主管部门应该进一步加大对作物营养强化农产品的支持力度。首先是完善相关的配套政策和措施，使科研人员有更好的环境进行研发。其次是增加研发的资金投入，帮助学术界和企业进一步加强作物营养强化农产品的相关研发，这不仅是增加对富叶酸产品的投入，还包括增加对其他农产品、其他微量营养素的研发投入，如铁强化大米、锌强化小麦等的投入，以便开发更多富含微量营养素的营养强化农产品，从而有效地改善中国人口微量营养素缺乏的状况。

第七章 微观层面健康改善效果的实证研究：以叶酸强化玉米为例

通过第六章的事前健康改善效果实证分析可以知道，作物营养强化农产品具有良好的干预效果，能够有效改善微量营养素缺乏的状况。但这只是从宏观层面说明作物营养强化农产品是值得开展的，并不清楚微观层面作物营养强化对消费者个体健康的改善程度，而微观个体层面的健康改善是影响其采用推广的决定因素。因此，本章拟通过发展经济学经常用作经济分析和政策评价工具的 RCT 方法，设计并实施以免费提供叶酸强化玉米为控制条件的实验，主要目的是确定叶酸强化玉米对于改善育龄期妇女人群健康状况的影响。

选择叶酸强化玉米作为实验物，是因为小麦、水稻、玉米等最重要的粮食作物是低叶酸来源，且大量育龄妇女缺乏补充叶酸的意识，叶酸缺乏仍然是中国农村儿童和育龄妇女所面临的严重健康问题。据估计，2010 年中国约有 2.58 亿人患有叶酸缺乏症（de Steur et al.，2010）。因此，这就导致中国每年约有 18 000 名婴儿出生时患有神经管缺陷（如脊柱裂），约占全球患病率的 9%。因此，了解叶酸强化玉米对微观个体营养健康的改善十分有必要。根据实验目的的需要，在实验地区设置了实验组与控制组两个组，以研究叶酸强化玉米对育龄期妇女健康的影响。实验为期 67 天，在实验期间严格按照 RCT 方法对过程进行控制。

第一节 叶酸强化玉米实验设计

一、实验地点、实验对象和实验物的选择

（一）实验地点的选择

综合考虑研究目标和各个地区的政治、经济、文化、居民营养健康状况等因素，为了保证实验的顺利进行，选取河南南阳宛城区的谢营村和塔桥村作为实验地点。河南是中国叶酸缺乏率最高的地区之一，2002 年其新生儿神经管畸形率达到 19.8%（王兴玲等，2004）。有实践发现，以往采取的叶酸补充计划只

具有短期效果（Zhu and Ling，2008），叶酸药片的使用量仍然较低（Zhao et al.，2010）。特别是在河南，只有 30%的育龄妇女曾补充过叶酸，并且大部分育龄妇女补充的叶酸量没有达到推荐的每日叶酸剂量（郭桐君等，2017）。这是由于大多数的人都没有认识到服叶酸补充剂的必要性（Zeng et al.，2011），此外，大量的意外怀孕也限制了叶酸补充计划的有效性（Durkin et al.，2006）。因此，通过作物营养叶酸强化来改善其营养状况十分有必要。所以，河南是开展叶酸营养干预实验的最佳地点。另外，本实验是与中国疾病预防控制中心和宛城区疾病预防控制中心合作开展，已经在两个村做了充分的前期工作，塔桥村位于高庙乡东南部，谢营村位于高庙乡西南部，两个村的地理位置较近，自然环境和人文环境相似，饮食习惯也相同，因此，我们选择这两个村作为实验地点。此外，这两个村的经济发展水平相对较低，村民营养健康水平较低，改善其营养健康十分有必要，所以，选择这两个村开展叶酸强化玉米对育龄期妇女营养健康影响的实验是较为合适的。

（二）实验对象的选择

选取谢营村和塔桥村 18～49 岁的育龄期妇女作为接受叶酸强化玉米营养干预的实验对象。在实验开始之前招募了 200～300 名妇女参加实验，确保在基线调查时能有 120 人以上参与，然后在基线调查时根据筛查问卷和血液检测结果对实验对象进行筛选，并采用随机分组的方式将符合要求的实验对象分为实验组和控制组。最后正式参加实验时有 123 名实验对象，其中，实验组 61 人，控制组 62 人。实验对象的纳入标准为 18～49 岁的育龄期妇女，并且血液叶酸含量较低，没有遗传疾病、怀孕计划及吸烟、补充叶酸行为。实验对象的排除标准为：①有遗传疾病、重症疾病史者；②孕妇、乳母、近 6 个月有怀孕计划者；③长期叶酸/复方维生素补充者、吸烟人群；④血清叶酸含量较高者。

（三）实验物的选择

选取中国农业科学院生物技术研究所开发的叶酸强化玉米——'京科糯928'玉米和普通玉米——'京 2000'玉米作为叶酸强化玉米实验的实验物，每棒玉米的玉米粒净重为 100～130 克。'京科糯 928'玉米叶酸含量为每 100 克玉米含有 200～300 微克叶酸，'京 2000'玉米叶酸含量为每 100 克玉米含有 60～70 微克叶酸，叶酸强化玉米的叶酸含量是普通玉米的 3～5 倍。两种玉米穗形不同。

二、实验内容和实验流程

（一）实验内容

叶酸强化玉米对育龄期妇女营养健康影响的实验为期 67 天，在实验正式开始前 1 周进行基线调查，根据筛查问卷和血液检测结果进行实验对象的筛选。正式实验为期 2 个月，在基线调查后 1 周进行第一次干预，给实验组和控制组的被试分发玉米，此后每周分发一次玉米，每次分发 14 根玉米；在实验进行到 1 个月的时候进行中期调查，在实验结束后进行末次调查。末次调查结束后，收集数据并进行整理、分析。

将实验对象随机分成实验组和控制组两组，在不改变实验对象原有饮食结构的基础上每周给实验对象发放 14 根玉米，在实验前后分别对实验对象进行抽血以检测其叶酸含量的变化。为了保证为期 2 个月的实验顺利进行，每个村都有一名村医负责协助监督实验的进行，并且研究人员也会在整个实验过程中不定期地跟踪调查。每个实验对象都需要填写玉米食用记录表。叶酸强化玉米是由中国农业科学院生物技术研究所开发的，其叶酸含量是普通玉米的 3～5 倍。实验开始前在实验地区种植了叶酸强化玉米并根据其收割时间进行统一的储藏分发。

（二）实验流程

1. 抽样方法和样本量

选取河南南阳宛城区的谢营村和塔桥村作为实验开展地，在实验开始前招募 200～300 名 18～49 岁的育龄妇女，以确保基线调查有 120 人以上参与，然后对其进行基线调查和血液检测，以排除不符合实验要求的对象，但要保证研究的样本量。对符合要求的实验对象进行随机分组，以便保证实验的效度。叶酸强化玉米干预前、干预中、干预后的调查和人员保持一致。

根据以往的计算样本量的公式（袁建文和李科研，2013）来计算我们此次叶酸强化玉米营养干预所需要的样本量，由于叶酸缺乏率是比例性变量，因此样本量的计算公式为

$$n = \frac{Z_\alpha^2 p(1-p)}{d^2} \qquad (7.1)$$

其中，Z 表示 Z 统计量，在 95% 的置信区间下 Z 值为 1.96；p 表示目标总体的比

例期望值；d 表示置信区间的 1/2，即允许误差。但在实际情况中，我们往往并不知道比例的估计值，这时为了估计样本量，往往采取最大样本量估计方法，在该方法中 p 值采取最保守的估计，即 $p = 0.50$，因此，我们可以知道在不同的允许误差情况下的最大样本量（表 7.1）。

表 7.1 95% 置信区间下不同允许误差情况下的最大样本量

p 的允许误差	0.01	0.02	0.03	0.04	0.05	0.10
所需的最大样本量	9604	2401	1067	601	385	96

由于我们的实验需要持续 2 个月及检测 3 次血液，考虑到时间和经费的限制及实验参与人员的配合程度，我们选择了 95% 置信区间下允许误差为 0.10 的最大样本量，考虑到样本的流失，我们选择了 123 名样本。但在中期检查及末期检查时，由于样本的不配合及各种原因，到最后坚持完成实验的样本量为 55 名，这也是符合统计要求的。因为通过实验设计所做的研究，可以采用较小的样本量，在经费有限以及其他原因的影响下，可以将每组的样本量降低至 15 个左右（袁建文和李科研，2013），Banerji 等（2015）的研究也表明每组 30 人以上属于大样本，每组 15 人以上也是可以接受的，而我们使用方法并且最后有 55 名被试完成实验，因此符合统计的要求。

2. 实验流程

实验从 2018 年 8 月 13 日到 2018 年 10 月 19 日，共有 123 名育龄期妇女参加实验，最终完成实验的被试有 55 名。虽然各种原因导致了样本减少，但还是可以满足每组 15 人以上的样本要求。实验流程如图 7.1 所示。

（1）首先，6 月的时候在河南南阳宛城区高庙乡谢营村和塔桥村种植叶酸强化玉米和普通玉米，玉米品种来源于中国农业科学院生物技术研究所，并且玉米成熟以后会统一送往中国农业科学院进行叶酸含量检测，以确保实验物的稳定统一。

（2）玉米种植以后在当地疾病预防控制中心、宛城区政府等机构的配合下对实验人群进行了动员，以增加实验人群对实验目的、流程的了解从而减少其抵触心理，增加参与实验的积极性。这一工作主要在 7 月、8 月完成。

（3）对人群进行动员以后，在 8 月召开了项目的启动会，加强实验参与人员对研究目的、研究意义及研究流程的理解，并且对参与实验各方面的研究人员进行了专门的培训，以确保实验的顺利进行及科学规范性。

（4）在 8 月 13 日进行了基线调查，基线调查的主要目的是进行问卷筛查、体格检查、血液和唾液标本采集、血常规检测及标本分装，并且让实验对象签署了

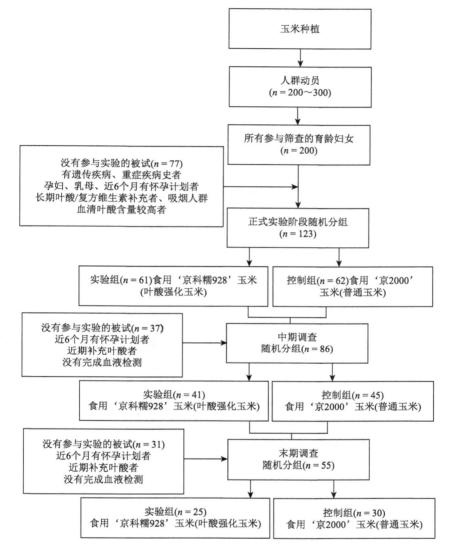

图 7.1　实验流程

知情同意书，基线调查的主要目的有三个：首先是通过筛查问卷和血液检测结果排除不符合实验要求的被试，如有遗传疾病、重症疾病史者、孕妇、乳母、近6个月有怀孕计划者、长期叶酸/复方维生素补充者、吸烟人群及血清叶酸含量较高的人；其次是通过血液检测的基因分型和叶酸含量对符合实验要求的人群进行随机分组，参与基线调查的育龄期妇女有接近 200 人，通过筛查问卷和血液检测结果排除后剩下 123 名符合实验要求的被试，他们被随机分成实验组和控制组，实验组 61 人，控制组 62 人；最后是通过基线调查了解这两个实验地区育龄期妇女的初始叶酸含量，为实验后期的对比分析提供依据。

（5）基线调查结束 1 周左右的时间即 8 月 20 日开始给实验对象发放玉米，玉米由统一的机构按照要求进行冷冻、冷藏或者常温保存，每次发放玉米时，都在固定时间、固定地点进行，每人按 1:2 配比，所以每人每周 14 根玉米，玉米每周发放一次，并且玉米的运输配送都需要填写《玉米分发记录表》和《玉米领取记录表》，实验对象也需要填写《玉米食用记录表》，以监督实验对象是否每天都有食用玉米。

（6）在实验进行 1 个月左右的时候，即 9 月 22 日，对实验对象进行中期检查，调查内容与基线调查一致。

（7）在 10 月 19 日，也就是实验进行 2 个月的时候对实验对象进行末次检测，检测内容与基线调查基本一致。至此实验结束。

（8）采用专门的统计软件及双录入的方法对数据进行录入与分析，以得出实验结果。

（9）为了保证实验的顺利进行，在实验开始前我们就对实验对象进行动员，以确保实验对象严格按照实验流程进行配合。并对实验相关调查员进行培训，以确保其每一个环节均按照规范、标准的程序开展实验，减少实验过程中的偏差。采用规范科学的方式开展实验，使用每日膳食回顾调查对被试的日常膳食与营养摄入进行详细文字记录，并且在每一个实验村庄都要求研究人员经常深入被试家庭进行督促检查、查漏补缺，以严格控制实验过程，确保实验效果。

（10）为了确保实验符合伦理道德，本实验的开展经过中国疾病预防控制中心伦理委员会的批准，伦理审查编号为 NINH 2018-015。在实验开始前与实验对象签订知情同意书，并向其承诺采集的血液及各种生物标本储存于中国疾病预防控制中心，实验结束后可能用于后续的相关科学研究，在项目结束后，所有生物样品会统一集中销毁。

共有 123 人参加实验，其中实验组 61 人，控制组 62 人，其他人没有进入实验的最主要原因是其血清叶酸含量较高。在实验过程中，由于各种原因，有 68 人不愿意参加实验，所以最后共有 55 人完成了实验。

三、实验过程中存在的困难

（一）项目成员实行过程中的困难

在实验开展过程中，项目组成员主要面临实验物的种植与保存、参与人配合度、协调沟通、交通等四方面的困难与问题。

首先是实验物的种植与保存方面的困难。实验物选择'京科糯 928'玉米和'京 2000'玉米，玉米是由合作单位中国农业科学院生物技术研究所研发并负责种植和供应的，由于选择了河南南阳宛城区塔桥村作为种植地，这就需要与当地的政府及农民进行沟通，并且还需要保证种植的时间间隔，以保证实验对象食用的是新鲜的玉米。因此，玉米种植的时间及间隔需要注意分批次进行，并且收获后的玉米需要冷藏储存，这也需要专门的地方进行储藏。这是保证实验物的新鲜的必要条件，也是我们开展实验面临的困难之一。

其次是如何取得实验对象的信任，调动其参与实验的积极性。因为实验需要育龄妇女在 2 个多月的时间里每天食用玉米并且需要参加 3 次血液检测，因此，如何与育龄妇女沟通取得她们的信任，增加其参与实验的意愿是我们开展实验的首要困难。

再次是由于实验是与中国疾病预防控制中心、当地疾病预防控制中心及中国农业科学院生物技术研究所等多家单位与机构合作开展的，因此项目成员之间的协调与调配也是我们开展实验的重要困难。为了有效地解决这个困难，我们在实验开始前专门召开了动员会，在会议上对每个人员的工作进行了详细的介绍与分配，以确保正式实验能够正常进行。

最后是交通方面的困难。实验开展的地点是在塔桥村和谢营村，距离南阳市区较远，而我们实验的仪器及各种问卷等均需要从市区运往实验地点，并且实验人员也都是从市区出发前往实验地点，因此每天要 5：30 出发，在路上需要 1 个多小时的路程，在到达实验地点之后还需要完成仪器调试及实验布置等工作，因为农村的育龄妇女早上还需要农忙及工作等，所以我们需要在 8 点前完成，这就给实验增加了许多困难。

（二）实验对象参与的困难

在实验开展过程中，育龄妇女参与实验主要面临时间成本高、经济成本高、对实验的不了解恐惧等困难。

首先，实验人员参加实验的时间成本较高。实验是在塔桥村的村委小学开展的，参加实验的人员需要统一到该地点参加实验，有些实验人员距离实验地点较远，到实验地点的交通不方便，所需时间也较长，因此导致其参加实验的时间成本较高，降低其参加实验的意愿。

其次，实验人员参加实验的经济成本较高。虽然实验都是在上午 8 点左右开始，但是参与实验的人数较多并且需要抽血等，因此被试可能需要等待一段时间，这样会影响她的工作或者是农活，导致其经济成本较高，这也减少了其参加实验的意愿，很多被试没有参加全部的实验就离开了。另外，距离较远，实验人员到实验地点可能会采取坐车等方式，这也会增加其参加实验的经济成本。

最后，实验人员对实验的不了解和恐惧。我们在实验过程中需要抽血 3 次，虽然已经在实验开始前跟被试说明了实验的目的及会抽血，但是当实验真正进行时，很多育龄妇女还是较为害怕，导致她们不愿意参加实验或者是配合度不高，这是实验面临的最主要的困难之一。

第二节　叶酸强化玉米实验方法

一、健康干预措施和健康指标测量方法

（一）健康干预措施

在 2018 年 8 月 13 日对谢营村和塔桥村 18～49 岁的育龄期妇女进行基线调查，基线调查主要包括基本信息调查、体格检查、膳食调查、唾液检测及空腹静脉采血，此次基线调查共有 123 名育龄期妇女完成了所有的调查，然后根据筛查问卷和血液检测结果排除不符合实验要求的实验对象，最终确定符合实验要求的实验对象，并将实验对象随机分成实验组和控制组，并进行编号。在基线调查 1 周后，在当地疾病预防控制中心的帮助下，前往谢营村和塔桥村的各自村医所在的诊所，在村医的协助下，进行实验物的发放，每周给实验对象发放 14 根玉米，给实验组发放叶酸强化玉米，给控制组发放普通玉米。叶酸强化玉米是一种新型玉米，里面叶酸含量较高，长期食用可以有效地改善叶酸缺乏的状况。每天食用 1 根就可以，我们考虑到有些家庭可能有小孩，家长会将玉米给小孩子食用，因此每天发放 2 根，以保证她们自己会食用叶酸强化玉米。整个干预期为 2 个月。

（二）健康指标测量方法

实验的健康指标主要是血液叶酸含量的变化，血液叶酸含量的测量是通过空腹静脉血的采集与分析实现的。下面详细介绍健康指标的测量方法。

（1）血液采集与分装。血液采集与分装由有医学资质的专业人员完成，主要是宛城区疾病预防控制中心的工作人员，采集静脉血，分别置于自凝管（无任何添加剂的真空采血管：注意不带分离胶、不加促凝剂的采血管）和 EDTA-K2 抗凝采血管各 5.0 毫升。

（2）血液分装与运输。将自凝血和抗凝血按以下方式进行分装，样本分装

过程中注意避光。自凝血在采血现场进行分装，抗凝血在宛城区疾病预防控制中心进行分装。分装好以后采用专门的仪器运输到宛城区疾病预防控制中心进行储存和分析。

（3）自凝血。静置30分钟后3000转/分离心15分钟，分离血清分为3管（棕色冻存管），每管至少0.5毫升。沉淀的细胞层分装1管。

（4）EDTA-K2抗凝血：取500.0微升用血常规计数仪测定红细胞压积，并取抗凝全血200微升加新鲜配制的1%的抗坏血酸溶液2000微升（1：11处理），充分混匀，分装3管，储存于零下80℃，用于微生物法红细胞叶酸检测；取抗凝全血加上机溶血液，按试剂盒要求处理样本，分装2管，用于发光法红细胞叶酸检测。剩余抗凝全血3000转/分离心15分钟，收集血浆、细胞层各分装1管保存。

（5）叶酸缺乏的标准。叶酸缺乏的判断标准参考《中华人民共和国卫生行业标准》（WS/T 600—2018）"人群叶酸缺乏筛查方法"，即备孕妇女叶酸不足的判断标准为红细胞叶酸含量小于400纳克/毫升，而其他人群叶酸不足的判断标准则参考WHO的标准（World Health Organization，2015），即血清叶酸含量3～6纳克/毫升为叶酸不足。

二、数据收集和分析方法

（一）数据收集方法

本次实验的数据资料分为问卷调查和体检两个部分。基线调查在2018年8月13日进行，中期调查于2018年9月22日进行，末期调查于2018年10月19日进行。我们主要是依托中国疾病预防控制中心、宛城区疾病预防控制中心及当地村卫生室进行现场调查，问卷调查主要是由经过专业培训的调查人员进行，包括基本信息调查、食物频率调查，而育龄期妇女的身高、体重、唾液检测、空腹静脉血检测及粪便检测则是由专业的医护人员进行。

（二）体格测量方法

本次实验的体格测量主要包括身高和体重两部分，身高和体重的测量均使用南阳市宛城区疾病预防控制中心专门的测量仪器进行测量，身高的单位是厘米，体重的单位是千克。所有的记录数据均保留两位小数。测量也是由受过专业训练的疾病预防控制中心的工作人员完成，力求最大限度地准确测量，减少误差，从而保证体格测量的精确度。

（三）数据分析方法

数据收集整理后，采用专业的 Excel 软件对其进行录入，并采用 SPSS 24.0 软件对数据进行分析。统计学方法主要包括描述性统计分析、单因素方差分析和重复测量的方差分析。

（1）描述性统计分析。对于基本信息，包括人口统计学特征、健康状况、叶酸相关情况和玉米食用接受度等采用平均值、频数和占比的形式进行分布的描述。而对于体格信息、饮食叶酸摄入情况和血液叶酸含量采用平均值进行描述。

（2）单因素方差分析。对于实验组和控制组干预前后不同因素如基本情况、健康状况、叶酸相关情况及玉米食用接受度之间的构成差异采用 F 检验进行分析，而对于体格检查包括身高和体重及从饮食中摄入的叶酸量的差异则采用单因素方差分析进行检验，检验标准是 $\alpha = 0.05$。对于生长迟缓发生率也采用单因素方差分析进行检验。

（3）重复测量的方差分析。对于干预前后实验组和控制组之间的效果比较则采用重复测量的方差分析进行检验。

三、实验效果研究方法

实验主要包括基本信息调查、体格检查、膳食调查、唾液检测、空腹静脉血检测及粪便检测几部分。

（1）基本信息调查。采用问卷调查法，调查招募的 18～49 岁健康妇女的基本信息，包括姓名、年龄、居住地、职业、婚姻状况、子女状况等，并对个人健康情况、个人叶酸相关情况和玉米食用接受度进行筛查。

（2）体格调查。主要测量实验对象的身高和体重。高质量的体格调查对于人体营养健康研究十分重要。在实验中，我们采用宛城区疾病预防控制中心专门的仪器对实验对象的身高和体重进行测量，身高的单位是厘米，体重的单位是千克，身体和体重的数据记录均保留两位小数。

（3）膳食调查。采用 3 天 24 小时膳食回顾调查法与食物频率调查法相结合的方法进行膳食调查。采用食品频率法调查实验对象过去 1 个月食用的食物种类及数量。

（4）唾液检测。主要是进行基因分型检测〔包括 5,10-亚甲基四氢叶酸还原酶（5,10-methylenetetrahydrofolate reductase，MTHFR）检测和甲硫氨酸合成酶还原酶（5-methyltetrahydrofolate-homocysteine methyltransferase reductase，MTRR）检测〕，以检测叶酸的吸收能力。

（5）空腹静脉血检测。检测自凝血，以便检测血清中维生素 B_{12}、叶酸及同型半胱氨酸的含量；检测抗凝血，以便进行血常规分析、红细胞叶酸检测，血常规主要是用来计算红细胞叶酸。

（6）粪便检测。主要在末次调查，检测实验对象有没有受肠道菌群的影响。

四、实验质量控制

（一）研究设计阶段的控制

此次干预实验是由华中农业大学、中国疾病预防控制中心营养与健康所、中国农业科学院生物技术研究所及南阳市宛城区疾病预防控制中心的项目组专家在查阅文献和专家讨论的基础上形成的干预方案与调查问卷，具有一定的科学性，并且通过了中国疾病预防控制中心营养与健康所伦理审查。

（二）研究调查阶段的控制

（1）实验前期的准备及调查员培训。在实验正式开始之前，做好充分的准备工作。深入实验地区，与中国疾病预防控制中心、当地疾病预防控制中心、当地政府及实验对象进行充分沟通，告诉实验对象实验的目的及意义。实验完全采用自愿原则，实验对象在参与实验前需要签署知情同意书，在实验开始前对实验对象进行动员，以确保实验对象严格按照实验流程进行配合。对实验相关调查员进行培训，以确保其每一个环节均按照规范、标准的程序开展实验，以减少实验过程中的偏差。

（2）实验过程中的控制工作。在实验开始之后，确保实验严格按照流程进行，每周定期在相同的地点发放玉米，在实验过程中，使用每日膳食回顾调查对被试的日常膳食与营养摄入进行详细的文字记录，并且在每一个实验村庄都要求研究人员经常深入被试家庭进行督促检查、查漏补缺，以严格控制实验过程，确保实验效果。

（3）现场调查质量控制。在现场调查进行前，对相关调查员进行统一的培训，确保问卷及膳食调查均按照统一的标准进行。在调查现场，如果有什么问题也要确保及时地纠正。

（4）采血、唾液环节质量控制。血液、唾液采集由有医学资质的专业人员完成，采集静脉血，分别置于自凝管（无任何添加剂的真空采血管：注意不带分离胶、不加促凝剂的采血管）和 EDTA-K2 抗凝采血管各 5 毫升，并采集 3 毫升唾液。

（5）粪便采集环节质量控制。对实验对象分批进行培训，以确保其知道如何进行粪便采集。粪便收集后尽快运至实验室在零下 80℃条件下稳定保存。

（6）知情同意书的控制。在实验开始之前，给每个实验对象详细解释实验的目的及流程，并根据自愿原则让其签署知情同意书。此外，本实验的研究方法通过了中国疾病预防控制中心营养与健康所伦理审查。伦理审查是开展 RCT 方法的基本要求。

（三）数据录入阶段的控制

所有的数据均采用 Excel 进行录入，以确保高质量的数据输入，如变量是否可信、在一定范围之内是否与其他相关变量一致，并对数据进行核查以检验是否有异常数据。关键变量（如体格检查、日期、最终结果等）采取双录入。数据录入后，采用 SPSS 24.0 对数据进行分析。

第三节　叶酸强化玉米营养干预实验结果

一、样本基本特征分析

（一）描述性统计分析

实验组的平均年龄为 40.28 岁，标准差为 5.311；控制组的平均年龄为 39.40 岁，标准差为 6.196。实验组和控制组的年龄在统计学上没有显著差异（$p > 0.100$）。

实验组的被试户口为城镇的所占比例为 4.00%，户口为农村的所占比例为 96.00%；控制组的被试户口为城镇的所占比例为 93.33%，户口为农村的所占比例为 6.67%。两组的户口分布在统计学上有显著差异（$p < 0.001$）。实验组的被试大多为农村户口，而控制组的被试则大多为城市户口。

实验组的被试受教育程度为小学以下的所占比例为 12.00%，受教育程度为小学的所占比例为 24.00%，受教育程度为初中的所占比例为 48.00%，受教育程度为高中/职高/中专的所占比例为 16.00%；控制组的被试受教育程度为初中的所占比例为 3.45%，受教育程度为高中/职高/中专的所占比例为 10.35%，受教育程度为大专的所占比例为 34.48%，受教育程度为本科的所占比例为 51.72%，两组的受教育程度的分布在统计学上有显著差异（$p < 0.001$）。控制组的被试的受教育程度显著高于实验组。

实验组被试的职业主要分布在农林牧渔劳动者、办事人员、服务性工作人员、家务四个行业，所占比例分别为 64.00%、4.00%、8.00%、24.00%；控制组被试的职业主要分布在农林牧渔劳动者、工人、各类专业人员、办事人员、服务性工作人员、其他六个行业，所占比例分别为 3.45%、3.45%、75.85%、6.90%、6.90%、3.45%。两组的职业分布在统计学上没有显著差异（$p>0.100$）。

实验组的被试已婚和未婚的比例分别为 92.00% 和 8.00%，控制组的被试已婚和未婚的比例分别为 96.70% 和 3.30%。两组的婚姻状况的分布在统计学上没有显著差异（$p>0.100$）。

实验组的被试没有小孩的所占比例为 4.00%，有 1 个小孩的所占比例为 8.00%，有 2 个小孩的所占比例为 56.00%，有 3 个小孩的所占比例为 28.00%，有 4 个小孩的所占比例为 4.00%；控制组的被试没有小孩的所占比例为 3.40%，有 1 个小孩的所占比例为 60.00%，有 2 个小孩的所占比例为 33.20%，有 3 个小孩的所占比例为 3.40%。两组被试的子女情况的分布在统计学上有显著差异（$p<0.001$）。实验组的被试的小孩数量显著多于控制组。

样本的描述性分析见表 7.2。

表 7.2 实验组和控制组育龄妇女描述性统计分析

因素	实验组	控制组	F 值	p 值
年龄/岁	40.28	39.40	0.313	0.578
户口	1.96	1.07	204.045	<0.001
城镇	1（4.00%）	28（93.33%）		
农村	24（96.00%）	2（6.67%）		
受教育程度	2.68	5.34	130.496	<0.001
小学以下	3（12.00%）	0（0）		
小学毕业	6（24.00%）	0（0）		
初中	12（48.00%）	1（3.45%）		
高中/职高/中专	4（16.00%）	3（10.35%）		
大专	0（0）	10（34.48%）		
本科	0（0）	15（51.72%）		
硕士及以上	0（0）	0（0）		
职业	2.64	3.31	1.824	0.183
农林牧渔劳动者	16（64.00%）	1（3.45%）		
工人	0（0）	1（3.45%）		
各类专业人员	0（0）	22（75.85%）		
办事人员	1（4.00%）	2（6.90%）		
服务性工作人员	2（8.00%）	2（6.90%）		

续表

因素	实验组	控制组	F 值	p 值
家务	6（24.00%）	0（0）		
离退休人员	0（0）	0（0）		
学生	0（0）	0（0）		
其他	0（0）	1（3.45%）		
婚姻状况	1.08	1.03	0.561	0.457
已婚	23（92.00%）	29（96.70%）		
未婚	2（8.00%）	1（3.30%）		
同居	0（0）	0（0）		
丧偶	0（0）	0（0）		
离婚	0（0）	0（0）		
分居	0（0）	0（0）		
子女情况	2.29	1.41	25.816	<0.001
没有小孩	1（4.00%）	1（3.40%）		
1 个小孩	2（8.00%）	18（60.00%）		
2 个小孩	14（56.00%）	10（33.20%）		
3 个小孩	7（28.00%）	1（3.40%）		
4 个小孩	1（4.00%）	0（0）		
5 个小孩及以上	0（0）	0（0）		

注：F 值表示方差分析统计检验的结果

（二）健康状况分布情况

对于问题"您是否曾被乡/区级以上医院诊断患有过家族遗传病单列疾病（先天愚型、血友病、先天聋哑）"，实验组的被试回答全部回答都是否，所占比例为100%；控制组的被试回答是的所占比例为3.30%，回答否的所占比例为96.70%。两组的被试在这个问题的回答上的分布在统计学上没有显著差异（$p > 0.050$）。

对于问题"您是否曾被乡/区级以上医院诊断患有过重症疾病（恶性肿瘤、急性心肌梗塞、脑卒中后遗症、冠状动脉搭桥术、重大器官移植术或造血干细胞移植术、终末期肾病）"，实验组的被试回答全部都是否，所占比例为100%；控制组的被试回答也全部都是否，所占比例为100%。因此，两组在这个问题的回答上的分布是一样的。

从以上分析可以说明，实验组和控制组被试的个人健康状况均良好（表7.3）。

表 7.3　实验组和控制组育龄妇女健康状况分析

因素	实验组	控制组	F 值	p 值
家族遗传病单列疾病	2.00	1.97	0.831	0.366
是	0（0）	1（3.30%）		
否	25（100%）	29（96.70%）		
重症疾病	2.00	2.00		
是	0（0）	0（0）		
否	25（100%）	30（100%）		

（三）叶酸相关分布情况

实验组和控制组的育龄妇女均不是孕妇，两组被试在是否为孕妇的分布上是一样的。对于问题"是否有神经管畸形孕史"和"是否服用甲氨蝶呤、氨苯蝶啶及磺胺类药物"，实验组和控制组的所有被试的回答均是否，表明他们的分布一样。

以上分析说明，实验组和控制组的被试在叶酸分布情况上没有差异（表 7.4）。

表 7.4　实验组和控制组育龄妇女叶酸相关情况分析

因素	实验组	控制组
孕妇	2.00	2.00
是	0（0）	0（0）
否	25（100%）	30（100%）
神经管畸形孕史	2.00	2.00
是	0（0）	0（0）
否	25（100%）	30（100%）
是否服用甲氨蝶呤、氨苯蝶啶、磺胺类药物	2.00	2.00
是	0（0）	0（0）
否	25（100%）	30（100%）

（四）玉米食用接受度调查

实验组被试玉米食用接受度为特别喜欢的所占比例为 28.00%，比较喜欢的所占比例为 52.00%，一般的所占比例为 20.00%；控制组被试玉米食用接受度为特别喜欢的所占比例为 10.00%，比较喜欢的所占比例为 43.30%，一般的所占比例为 40.00%，不喜欢的所占比例为 6.70%。两组的玉米食用接受度的分布在统计学上存在显著差异（$p < 0.050$）。这说明实验组和控制组的被试对玉米的接受程度存在显著差异，实验组被试对玉米的喜爱程度较高（表 7.5）。

表 7.5 实验组和控制组育龄妇女玉米食用接受度分析

因素	实验组	控制组	F 值	p 值
是否喜欢吃玉米	1.92	2.43	6.521	0.014
特别喜欢	7（28.00%）	3（10.00%）		
比较喜欢	13（52.00%）	13（43.30%）		
一般	5（20.00%）	12（40.00%）		
不喜欢	0（0）	2（6.70）%		

（五）玉米领取和食用情况

在基线调查 1 周后，开始给被试发放玉米，玉米按周发放，每周发放 14 根玉米，唯一的不同是实验组的被试发放的是叶酸强化玉米，而控制组的被试则发放的是普通玉米，一直到实验结束，每个参与实验的育龄妇女均按时领取了所有的玉米，也就是说实验组和控制组的被试领取玉米的比例为 100%。所有的被试每天均食用了玉米，也就是说实验组和控制组的被试食用玉米的比例为 100%（表 7.6）。

表 7.6 实验组和控制组的被试玉米领取和食用情况

因素	实验组	控制组
是否按周领取所有玉米	1	1
是	25（100%）	30（100%）
否	0（0）	0（0）
是否每天食用领取的玉米	1	1
是	25（100%）	30（100%）
否	0（0）	0（0）

（六）干预前后实验组和控制组体格检查情况

在基线调查中，实验组的被试身高是 160.06 厘米，体重是 59.34 千克；控制组的被试身高是 159.33 厘米，体重是 62.14 千克。中期调查中，实验组的被试身高是 162.21 厘米，体重是 60.30 千克；控制组的被试身高是 160.91 厘米，体重是 62.01 千克。末期调查时，实验组的被试身高是 161.92 厘米，体重是 60.35 千克；控制组的被试身高是 159.63 厘米，体重是 63.77 千克。两组的身高、体重无论是在基线调查、中期调查还是末期调查时均没有统计学上的显著差异（$p > 0.100$）（表 7.7）。

表 7.7　干预前后实验组和控制组的体格变化情况

类别	时间点	实验组	控制组	t 值	p 值
身高	基线调查	160.06 厘米	159.33 厘米	0.149	0.702
	中期调查	162.21 厘米	160.91 厘米	0.626	0.408
	末期调查	161.92 厘米	159.63 厘米	2.188	0.145
体重	基线调查	59.34 千克	62.14 千克	0.698	0.409
	中期调查	60.30 千克	62.01 千克	0.432	0.514
	末期调查	60.35 千克	63.77 千克	1.337	0.253

二、干预前后样本饮食叶酸摄入变化情况

单因素方差分析的结果表明，在基线调查时，实验组的育龄妇女从日常饮食中摄入的叶酸含量为 207.04 微克，而控制组的育龄妇女从日常饮食中摄入的叶酸含量为 278.15 微克，两组的叶酸摄入在基线调查时没有统计学上的显著差异（$p > 0.100$）；在中期调查时，实验组的育龄妇女从日常饮食中摄入的叶酸含量为 122.02 微克，而控制组的育龄妇女从日常饮食中摄入的叶酸含量为 200.67 微克，两组的叶酸摄入在中期时有统计学上的显著差异（$p < 0.050$）；在末期调查时，实验组的育龄妇女从日常饮食中摄入的叶酸含量为 159.66 微克，而控制组的育龄妇女从日常饮食中摄入的叶酸含量为 169.28 微克，两组的叶酸摄入在末期时没有统计学上的显著差异（$p > 0.100$）（表 7.8）。

表 7.8　干预前后实验组和控制组的饮食叶酸摄入量变化情况

变量	时间点	实验组/微克	控制组/微克	F 值	p 值
饮食叶酸摄入量	基线调查	207.04	278.15	1.309	0.258
	中期调查	122.02	200.67	4.766	0.034
	末期调查	159.66	169.28	0.130	0.720

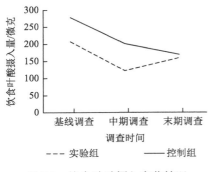

图 7.2　饮食叶酸摄入变化情况

随着时间的变化，实验组的叶酸摄入量呈现先下降后上升的趋势；而控制组的被试的叶酸摄入量则呈现持续下降的趋势，从基线调查时的 278.15 微克下降到末期时的 169.28 微克，变化有统计学上的显著差异（$p<0.050$），这可能是由于基线调查是在 8 月 13 日，当时河南南阳应季的蔬菜为菠菜、扁豆、西红柿等，这些蔬菜均是叶酸含量高的食物，而中期和末期则分别是在 9 月 22 日和 10 月 19 日，当时已经进入秋天，菠菜等叶酸含量高的食物不再是应季蔬菜，被试吃得相对较少，因此从日常饮食中摄入的叶酸含量呈下降趋势，见图 7.2。

三、干预前后样本血液叶酸变化情况

由于我们测量的时间点有 3 个，分别为实验的基线、中期和末期，因此为了充分地显示实验组和控制组血液叶酸含量的变化，我们采用重复测量的方差分析方法进行分析。重复测量的方差分析的结果表明，时间点的主效应不显著（$F=0.062$，$p>0.050$），但时间点与分组的交互效应显著（$F=5.391$，$p=0.024<0.050$），这说明实验组与控制组的育龄妇女食用叶酸强化玉米后血液里的叶酸含量随着时间的变化而有明显的差异。

为了说明时间点与分组之间的交互作用，我们将每个时间点上的两组之间分别进行比较（即分别比较基线、中期及末期时实验组和控制组的数据），结果显示，在基线调查时，实验组的育龄妇女血液叶酸含量为 11.04 纳克/毫升，而控制组的育龄妇女血液叶酸含量为 12.31 纳克/毫升，两组的叶酸摄入在基线调查时没有统计学上的显著差异（$p>0.100$）；在中期调查时，实验组的育龄妇女血液叶酸含量为 12.72 纳克/毫升，而控制组的育龄妇女血液叶酸含量为 12.12 纳克/毫升，两组的叶酸摄入在中期时没有统计学上的显著差异（$p>0.100$）；

在末期调查时，实验组的育龄妇女血液叶酸含量为 13.31 纳克/毫升，而控制组的育龄妇女血液叶酸含量为 9.91 纳克/毫升，两组的叶酸摄入在末期时有统计学上的显著差异（$p < 0.050$）（表 7.9）。

表 7.9　干预前后实验组和控制组血液叶酸变化情况

变量	时间点	实验组/(纳克/毫升)	控制组/(纳克/毫升)	均值差异/(纳克/毫升)	F 值	p 值
血液叶酸含量	基线调查	11.04	12.31	−1.27	0.733	0.396
	中期调查	12.72	12.12	0.60	0.194	0.662
	末期调查	13.31	9.91	3.40	4.189	0.046

为了进一步显示变化趋势，我们进行了简单效应分析，结果表明，实验组与控制组两组的血液叶酸含量随时间变化的趋势不同，实验组血液中叶酸的含量较控制组呈上升趋势，这说明食用叶酸强化玉米确实能增加人体血液中的叶酸含量。由于在基线调查和中期调查时 $p > 0.100$，实验组和控制组之间没有统计学差异；而末期调查时 $p < 0.050$，实验组和控制组两组间有显著的统计学差异。且实验组的均值显著高于控制组（$M_{实验组} = 13.31$，$M_{控制组} = 9.91$），这说明随着时间的增加，实验组的育龄妇女血液中的叶酸含量会增加且显著高于控制组。以上分析表明叶酸强化玉米确实能显著增加血液叶酸含量（图 7.3）。

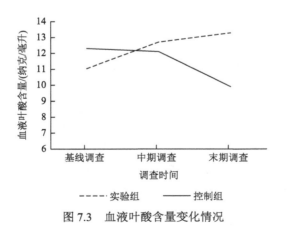

图 7.3　血液叶酸含量变化情况

用实验组的血液叶酸含量减去控制组的血液叶酸含量发现，在基线调查时实验组低于控制组，但随着时间的增加，实验组逐渐高于控制组，并且二者之间的差值逐渐扩大，这说明随着时间的增加，实验组的血液叶酸含量逐渐增加且显著高于控制组，说明叶酸强化玉米能够显著增加叶酸含量（图 7.4）。

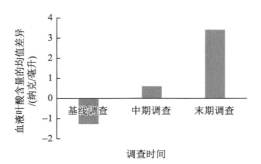

图 7.4 实验组与控制组血液叶酸含量的差异

四、样本血液叶酸含量改善情况

从表 7.9 可以看出，叶酸强化玉米的干预能够显著有效地增加实验组育龄妇女血液叶酸的含量（$M_{基线调查} = 11.04$，$M_{中期调查} = 12.72$，$M_{末期调查} = 13.31$），这说明叶酸强化玉米对于改善育龄妇女叶酸含量具有较好的干预效果，并且血液叶酸含量增加了 2.27 纳克/毫升，即增加了 20.56%。

综合上面的分析可以发现，在进行叶酸强化玉米干预 2 个月以后，实验组育龄妇女的血液叶酸含量显著高于控制组，差异在统计学上显著（$p < 0.050$），而在基线调查时实验组和控制组育龄妇女的血液叶酸含量没有显著差异（$p > 0.100$），这说明叶酸强化玉米对育龄妇女的叶酸含量改善作用明显。这一研究发现为作物营养强化农产品的开展提供了一定的现实依据。因为只有在知道作物营养强化农产品真的能够有效改善人口健康的情况下，才能够大规模进行推广宣传。

虽然我们的实验结果表明，叶酸强化玉米能够显著有效地增加实验组育龄妇女的血液叶酸含量，但仍然应该注意到控制组的叶酸含量并不是保持不变，而是下降了，这是季节性饮食的影响导致的，由此可以发现饮食对育龄妇女叶酸含量的影响较大，因此，如果以后还要开展类似的实验，应该尽可能地控制饮食的影响，从而加强叶酸强化玉米的干预实施效果。并且实验组和控制组的调查均显示实验组和控制组的受教育程度均较低，此外，绝大多数育龄妇女都是已婚，有 1个到 2 个孩子。实验组的被试以农林牧渔劳动者居多，而控制组则以各类专业人员居多。以往研究表明，育龄妇女的叶酸摄入量与其职业、受教育程度、婚姻状况和子女情况有关（Xie et al., 2016）。因此，如果以后还要开展类似的实验，应该尽可能地控制这些因素的影响。

第四节 本 章 小 结

本章从微观个体的视角出发，通过 RCT 方法探讨了作物营养强化农产品对人口健康的改善作用，主要是以叶酸强化玉米为例，探讨了叶酸强化农产品对育龄妇女健康的改善作用。通过为期 67 天的叶酸强化玉米营养干预实验发现，时间点与分组的交互效应显著，实验组与控制组的妇女食用叶酸强化玉米以后血液里的叶酸含量随着时间的变化有明显的变化。相较于控制组，实验组的叶酸含量显著增加，这表明叶酸强化玉米能够显著有效地增加血液叶酸的含量，从而改善育龄妇女叶酸缺乏的状况。而且血液叶酸含量的增加能有效改善育龄期妇女的健康状况，特别是能减少新生儿的神经管畸形。同时应该注意到，季节性饮食的影响导致控制组育龄妇女的叶酸含量呈下降趋势，这表明饮食对育龄妇女叶酸含量的变化有一定影响，因此，在现实生活中应该加强相关的宣传教育，增加关于饮食叶酸的相关知识，从而让大家通过饮食的方式就能够增加叶酸含量，进而改善叶酸缺乏的情况。但通过分析可以发现，虽然季节性饮食导致实验组和控制组的饮食叶酸摄入量均下降，但是实验组的被试在食用了叶酸强化玉米以后，在饮食叶酸摄入降低的情况下，血液叶酸含量仍呈显著上升趋势，而控制组的被试则呈下降趋势，这进一步说明叶酸强化玉米能够显著有效地增加育龄妇女血液叶酸含量，从而改善其营养健康状况。因此，通过本章的研究，我们认为作物营养叶酸强化农产品能够显著增加叶酸含量。

第八章 微观层面健康改善效果的实证研究：以锌强化小麦为例

通过第七章的微观营养健康改善效果实证分析可以知道，叶酸强化玉米具有良好的干预效果，能够有效改善育龄妇女叶酸缺乏的状况。由此可以知道作物营养强化农产品也具有微观的营养健康改善效果，为了进一步扩展作物营养强化农产品改善微观个体营养健康的外部效度，并加强 RCT 方法结果的说服力，本章拟通过设计与实施以免费提供富锌小麦面粉为控制条件的实验，说明锌强化小麦对改善青少年营养健康的影响。通过在两个不同地区、不同人群和不同农产品开展的 RCT 方法，可以更有效地说明作物营养强化对微观个体营养健康的改善效果。

选择锌强化小麦作为实验物的原因有以下几个方面。首先，小麦、水稻、玉米等最重要的粮食作物锌含量相对较低；其次，锌缺乏是中国青少年儿童面临的严重健康问题，2009 年中国贫困地区的青少年儿童的生长迟缓率高达 15.9%（张霆，2012）。因此，了解锌强化小麦对青少年儿童营养健康的影响也有其必要性。根据实验目的的需要，在实验地区采取整群随机抽样的方法设置了实验学校和控制学校两个组，以研究锌强化小麦对青少年儿童营养健康的影响。实验为期 8 个月，在实验期间严格按照 RCT 方法对过程进行控制。

第一节 锌强化小麦实验设计

一、实验地点、实验对象和实验物的选择

（一）实验地点的选择

选取新疆维吾尔自治区泽普县的两所小学作为实验地点。新疆维吾尔自治区居民缺锌的比率较高，特别是 2012 年儿童锌的缺乏率高达 40.5%（吴庆山和文川，2013），此外，新疆地区较为偏远，居民膳食结构较为固定单一，因此，通过食物强化和营养素补充剂改善锌缺乏较为困难，而通过锌强化小麦较为简单，所以在该地区开展锌营养干预实验较为合适。由于儿童是锌缺乏的高危人群，中国疾病预防控制中心在泽普县做了大量的前期准备工作，并且锌强化小麦是以面粉的形

式提供，而小学生在学校吃饭，可以减少烹饪方式的影响，因此，选择新疆泽普县的两所小学作为实验地点是较为合适的。

（二）实验对象的选择

在新疆维吾尔自治区泽普县选择两所学校 4～6 年级的小学生作为锌强化小麦实验的实验对象接受锌强化小麦面粉营养干预。在实验开始前，选择泽普县两所学校的 242 名 4～6 年级的住校小学生参加实验，其中一所学校的小学生为实验组，共有 120 人，在实验过程中食用锌强化小麦面粉，另一所学校的学生为控制组，共有 122 人，在实验过程中食用普通小麦面粉。

（三）实验物的选择

选取中国农业科学院生物技术研究所开发的富锌小麦粉'中麦 175'和普通小麦粉作为锌强化小麦实验的实验物。'中麦 175'小麦粉的锌含量为 20～35 微克/克，普通小麦粉的锌含量为 6.8～10.9 微克/克，富锌小麦锌含量是普通小麦锌含量的 2～5 倍。

二、实验内容和实验流程

（一）实验内容

富锌小麦对小学生营养健康影响的实验为期 8 个月，从 2016 年 11 月到 2017 年 6 月。选取的两所学校，其中一所为实验组，另一所为控制组，并且均为 4～6 年级的住校小学生，因此其饮食结构相同，唯一的区别是实验组的学校学生食用的是富锌小麦粉，而控制组的学校学生食用的是普通小麦粉。在实验开始前和结束后分别对实验对象进行两次测量，以衡量实验对象的营养健康变化。

（二）实验流程

1. 抽样方法和样本量

采用整群抽样的方法选取泽普县两所学校 242 名 4～6 年级的小学生作为实验对象，其中一所学校的学生为实验组，共有 120 人，另一所学校的学生为控制组，共有 122 人。由于实验开展的周期较长且要进行两次抽血，最后完成实验的对象共有 239 人，符合大样本的要求（艾小青，2016）。

2. 实验操作流程

实验从 2016 年 10 月到 2017 年 6 月，共有 242 名 4～6 年级的住校小学生参加实验，最终完成实验的被试有 239 名。实验操作流程如图 8.1 所示。

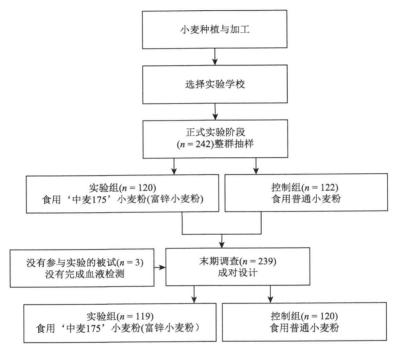

图 8.1　实验操作流程

三、实验过程中存在的困难

（一）项目成员实行过程中的困难

在实验开展过程中，项目组成员主要面临实验物的种植与保存、参与人配合度、协调沟通、交通等四方面的困难与问题。

首先，实验物的种植与保存方面的困难。实验物是'中麦 175'小麦粉和普通小麦粉，富锌小麦粉由中国农业科学院通过品种筛选和栽培技术种植，并由新疆天山面粉（集团）北站有限公司加工，但是小麦粉在加工过程中锌含量损失较大，因此，如何合理地加工是开展锌强化小麦实验所面临的困难之一。

其次，如何取得实验对象的信任，调动其参与实验的积极性。如何取得学校和监护人的信任，说服实验学校的负责人让其采用富锌小麦粉是开展实验的首要困难。

再次，由于实验是与中国疾病预防控制中心、当地疾病预防控制中心及中国农业科学院生物技术研究所等多家单位与机构合作开展的，因此，项目成员之间的协调与调配也是我们开展实验的重要困难。为了有效地解决这个困难，我们在实验开始前专门召开了动员会，在会议上对每个人员的工作进行了详细的介绍与分配，以确保正式实验能够正常进行。

最后，交通方面的困难。实验开展的地点是新疆维吾尔自治区泽普县的两所小学，地理位置较为偏僻，而实验仪器等则需要从市区搬运到实验地点，实验测量完成后也需要将血液样本等运往北京进行分析，这给开展实验增加了许多困难。

（二）实验对象参与的困难

在实验开展过程中，由于实验对象是4～6年级的住校学生，学生是跟着学校食堂吃饭，因此让学生参与实验的困难相对较小，但仍然存在实验对象对实验的不了解和恐惧及摄入量不稳定等困难。

首先，实验对象对实验的不了解和恐惧。由于我们在实验过程中需要抽血2次，虽然已经在实验开始前跟被试说明了实验的目的及会进行抽血，但是当实验真正进行时，很多小学生还是较为害怕，导致其不愿意参加实验或者是配合度不高，这是实验中面临的最主要的困难之一。

其次，实验对象富锌小麦粉摄入量不稳定。由于是在小学开展实验，小学的食谱是固定的，因此并不会每天都食用小麦粉，再加上加工、烹饪方式等均会对面粉里留存的锌含量产生影响，因此，这些会对实验开展造成困难。

第二节　锌强化小麦实验方法

一、健康干预措施和健康指标测量方法

（一）健康干预措施

在2016年11月10日对新疆维吾尔自治区泽普县的两所小学4～6年级的242名小学生进行基线调查，基线调查包括基本信息调查、体格检查、膳食调查、唾液检测、粪便检测及空腹静脉采血，基线调查完成后，正式开始实验，实验组的小学食堂所使用的面粉是富锌小麦面粉，而控制组的奎依巴格乡中心小学

食堂所使用的面粉则是普通面粉。整个干预期为 8 个月，干预结束后，在 2017 年 6 月进行了末次调查。

（二）健康指标测量方法

实验的健康指标主要是儿童生长迟缓发生率。锌缺乏的标准是儿童血清锌的正常值下限为 65 微克/升（10.07 微摩尔/升）（盛晓阳，2011）。虽然血清锌含量能较为可靠地反映人体锌营养状况，但是由于血清锌含量占人体内锌总量不到 0.2%，并且锌在人体内分布广泛，因此，血清锌作为缺锌的指标缺乏敏感性。同时，锌含量在较短的时间内不会发生明显变化，一般选取儿童生长迟缓率作为缺锌的代用指标（Fischer et al.，2009）。因此，在锌强化小麦营养干预实验中，我们没有对血清锌进行后测，而是采用儿童生长迟缓发生率作为衡量富锌小麦干预效果的指标。而青少年儿童的生长迟缓的判断标准则参考 WHO 2007 年的标准中分年龄段的通过身高筛查生长迟缓的界值范围进行判断[①]。

二、数据收集和分析方法

（一）数据收集方法

本次实验的数据资料分为问卷调查和体检两个部分。基线调查在 2016 年 11 月 10 日进行，末期调查于 2017 年 6 月进行。我们主要是依托中国疾病预防控制中心进行现场调查，问卷调查主要是由经过专业培训的调查人员进行，包括基本信息调查、膳食调查，而小学生的身高、体重、唾液检测、血液检测及粪便检测则是由专业的医护人员进行测量。

（二）体格测量方法

本次实验的体格测量主要包括身高和体重两部分，身高和体重的测量使用新疆维吾尔自治区泽普县疾病预防控制中心专门的测量仪器进行测量，身高的单位是厘米，体重的单位是千克。所有的记录数据均保留两位小数。测量也是由受过专业训练的疾病预防控制中心的工作人员完成，力求最大限度地准确测量，减少误差，从而保证体格测量的精确度。

---

① WHO. 2007. Growth reference data for 5-19 years. https://www.who.int/growthref/who2007_height_for_age/en/[2023-03-04].

（三）数据分析方法

数据收集整理后，采用专业的 Excel 软件对其进行录入，并采用 SPSS 24.0 软件对数据进行分析。统计学方法主要包括描述性统计分析和单因素方差分析。

（1）描述性统计分析。对于基本信息如人口统计学特征、健康状况采用平均值进行描述。

（2）单因素方差分析。对于实验组和控制组干预前后不同因素如基本情况、健康状况之间的构成差异采用 F 检验进行分析，而对于生长迟缓发生率采用单因素方差分析进行检验，检验标准是 $\alpha = 0.05$。

三、实验效果研究方法

实验主要包括基本信息调查、体格检查、膳食调查、空腹静脉采血及粪便采集几部分。

（1）基本信息调查。采用问卷调查法，调查实验小学 4～6 年级小学生的基本信息，包括姓名、年龄、年级、民族、贫血状况等，并对小学生的认知能力、学习成绩等进行测试。

（2）体格检查。主要测量实验对象的身高和体重。高质量的体格调查对于人体营养健康研究十分重要。在实验中，我们采用新疆维吾尔自治区泽普县疾病预防控制中心专门的仪器对实验对象的身高和体重进行测量，身高的单位是厘米，体重的单位是千克，身体和体重的数据记录均保留两位小数。

（3）膳食调查。采用 3 天 24 小时膳食回顾调查法与食物频率调查法相结合的方法进行膳食调查。采用食品频率法调查实验对象过去 1 个月食用的食物种类及数量。

（4）空腹静脉血检测。主要用来分析锌含量的变化。

（5）粪便检测。主要在末次调查，检测实验对象有没有受肠道菌群的影响。

四、实验质量控制

（一）研究设计阶段的控制

此次干预实验是由华中农业大学、中国疾病预防控制中心营养与健康所、中国农业科学院生物技术研究所及新疆维吾尔自治区泽普县疾病预防控制中心的项目组专家在查阅文献和专家讨论的基础上形成的干预方案和调查问卷，具有一定的科学性，并且通过了中国疾病预防控制中心营养与健康所伦理审查。

（二）研究调查阶段的控制

（1）实验前期的准备及调查员培训。在实验正式开始之前，做好充分的准备工作。深入实验地区，与中国疾病预防控制中心、当地政府、学校负责人及实验对象监护人进行充分沟通，告诉实验对象监护人实验的目的及意义。实验完全采用自愿原则，实验对象及其监护人在参与实验前需要签署知情同意书。对实验相关调查员进行培训，以确保其每一个环节均按照规范、标准的程序开展实验，以减少实验过程中的偏差。

（2）实验过程中的控制工作。在实验开始之后，确保实验严格按照流程进行，两所学校的食堂为实验对象提供相同的小麦面粉制品，唯一的区别在于实验组的学校使用的是富锌小麦面粉，控制组的学校使用的是普通小麦面粉。此外，在每一个实验学校都要求研究人员经常深入学校和班级进行督促检查、查漏补缺，以严格控制实验过程，确保实验效果。

（3）现场调查质量控制。在现场调查进行前，对相关调查员进行统一的培训，确保问卷及膳食调查均按照统一的标准进行。在调查现场，如果有问题也要确保及时纠正。

（4）知情同意书的控制。在实验开始之前，给每个实验对象及其监护人详细解释实验的目的及流程，并根据自愿原则让其签署知情同意书。此外，本实验的研究方法通过了中国疾病预防控制中心营养与健康所伦理审查。伦理审查是开展RCT方法的基本要求。

（三）数据录入阶段的控制

所有的数据均采用 Excel 进行录入，以确保高质量的数据输入，如变量是否可信、在一定范围之内及是否与其他相关变量一致，并对数据进行核查以检验是否有异常数据。关键变量（如体格检查、日期、最终结果等）采取双录入。数据录入后，采用 SPSS 24.0 对数据进行分析。

第三节　锌强化小麦营养干预实验结果

一、样本基本特征分析

实验组青少年的平均年龄为 10.77 岁，标准差为 0.922；控制组青少年的平均年龄为 10.68 岁，标准差为 1.039。实验组和控制组的青少年的年龄在统计学上没有显著差异（$p>0.100$）。

实验组的青少年性别为男的所占比例为 42.86%，性别为女的比例为 57.14%；控制组的青少年性别为男的所占比例为 49.17%，性别为女的比例为 50.83%。两组的性别分布在统计学上没有显著差异（$p>0.100$）。

实验组的被试年级为 4 年级的所占比例为 33.61%，年级为 5 年级的所占比例为 30.25%，年级为 6 年级的所占比例为 36.14%；控制组的被试年级为 4 年级、5 年级、6 年级的所占比例相同。两组青少年的年级分布在统计学上没有显著差异（$p>0.100$）。

实验组和控制组的青少年均为维吾尔族，分布没有差异。

实验组和控制组的青少年均没有贫血，健康状况良好。

实验组的被试身高是 139.99 厘米，控制组的被试身高是 136.25 厘米，两组的身高分布存在显著差异（$p<0.001$），控制组的被试身高低于实验组的被试身高。实验组的被试体重是 32.71 千克，控制组的被试体重是 31.73 千克，两组的体重分布在统计学上没有显著差异（$p>0.100$）。

样本的描述性统计分析见表 8.1。

表 8.1　实验组和控制组青少年描述性统计分析

因素	实验组	控制组	F 值	p 值
年龄/岁	10.77	10.68	−0.742	0.459
性别			−0.976	0.330
男	51（42.86%）	59（49.17%）		
女	68（57.14%）	61（50.83%）		
年级			−0.235	0.814
4 年级	40（33.61%）	40（33.33%）		
5 年级	36（30.25%）	40（33.33%）		
6 年级	43（36.14%）	40（33.34%）		
民族				
维吾尔族	119（100%）	120（100%）		
其他	0（0）	0（0）		
贫血状况				
是	0（0）	0（0）		
否	119（100%）	120（100%）		
身高/厘米	139.99	136.25	−3.788	<0.001
体重/千克	32.71	31.73	−1.370	0.172

二、干预前后样本生长迟缓发生率变化情况

生长发育迟缓是指儿童或青少年的年龄及身高低于 WHO 的标准 2 个标准差（华欣洋等，2014）。而青少年或儿童的生长迟缓的判断标准则参考 WHO 2007 年的标准中分年龄段的通过身高筛查生长迟缓的界值范围进行判断[①]。结果发现，实验组的被试在锌强化小麦面粉干预前的生长迟缓率为 4.20%，干预后的生长迟缓率为 3.36%，生长迟缓率降低了 0.84 个百分点，但是差异不明显（$p>0.050$）。控制组的被试在干预前的生长迟缓率为 5.83%，干预后的生长迟缓率为 5.00%，生长迟缓率降低了 0.83 个百分点，差异也不明显（$p>0.050$）（表 8.2）。虽然实验组和控制组的被试的生长迟缓率差异均不显著，但是可以发现，实验组的被试的生长迟缓率下降了 20.00%，而控制组的被试的生长迟缓率只下降了 14.24%，这在一定程度上可以说明实验组的被试的健康状况改善的程度较大。

表 8.2　干预前后样本生长迟缓率变化情况

类别	指标	干预前/人	干预后/人	生长迟缓率降低/百分点	下降率	t 值	p 值
实验组	生长迟缓率	5（4.20%）	4（3.36%）	0.84	20.00%	1.000	0.319
控制组	生长迟缓率	7（5.83%）	6（5.00%）	0.83	14.24%	0.446	0.657

三、样本生长迟缓发生率改善情况

从表 8.2 可以看出，虽然锌强化小麦面粉对青少年生长迟缓率的改善效果并不显著，但是从实验组和控制组的生长迟缓率的下降率的趋势可以看出，锌强化小麦面粉对生长迟缓率是具有一定积极效应的，因为食用了富锌面粉的实验组学校的青少年的生长迟缓率下降的程度大于没有食用富锌面粉的控制组学校的青少年。差异不显著的原因可能是实验物是富锌小麦面粉。首先，小麦里的锌含量大多存在于面皮上，而我们提供给学校的是加工好的小麦，在加工过程中可能会导致锌含量的大量损失（支国安和王登辉，1999），因此，富锌面粉中的锌含量相对较低，导致其对青少年生长发育的影响需要长时间的积累，但由于经费、时间等的限制，我们的实验周期只有 8 个月，这可能会影响富锌面粉的效果；其次，我

---

① WHO. 2007. Growth reference data for 5-19 years. https：//www.who.int/growthref/who2007_height_for_age/en/[2023-03-04].

们选择的实验学校是寄宿制学校，学校食堂给学生提供统一的食宿，但学校的烹饪方式等也会导致锌含量的降低，并且学生不会每天都食用富锌面粉，这也可能会影响富锌面粉的效果。

综合上面的分析可以发现，在进行锌强化小麦干预 8 个月以后，虽然富锌面粉对青少年生长迟缓率的改善作用不显著，但仍然显示出一定的积极影响，食用了富锌面粉的青少年比没有食用富锌面粉的青少年的生长迟缓率下降的程度更大、更快。而差异不显著的原因可能是加工方式等的限制，因此，以后如果开展锌强化作物的实验，应该控制加工方式等的影响。

第四节　本 章 小 结

本章和第七章一样，也是从微观个体的视角出发，通过 RCT 方法探讨了作物营养强化农产品对人口健康的改善作用。与第七章不同的是，本章以锌强化小麦为例，探讨了作物营养锌强化农产品对青少年健康的改善作用。实验地点也有所不同，本章选择了锌缺乏程度较高的新疆地区开展实验。通过为期 8 个月的锌强化小麦营养干预实验发现，时间点与分组的交互作用不显著。实验组和控制组的青少年随着时间的变化生长迟缓率的变化不显著。这可能是受制于面粉加工方式和烹饪方式的影响。但可以发现，虽然生长迟缓率的改善不明显，但食用富锌小麦仍然对青少年的生长迟缓率的降低具有一定积极作用，相较于控制组，食用了锌强化小麦的实验组的青少年的生长迟缓率的下降率相对较高。因此，锌强化小麦的干预效果虽然不显著，但仍然有一定的积极影响。通过叶酸强化玉米和锌强化小麦这两个微观层面作物营养强化农产品健康改善效果的研究可以发现，首先，使用发展经济学和贫困经济学进行经济分析与政策评价常用工具的 RCT 方法，可以增强结果的可信度；其次，通过在两个不同地区、不同人群开展的针对不同农产品类型的 RCT 实验可以增强作物营养强化农产品能有效改善微观个体健康这一结论的说服力和外部效度，并能为作物营养强化的经济评价奠定基础。

第三篇　作物营养强化改善人口健康的经济评价及发展优先序

　　通过第二篇的分析可以知道，作物营养强化能够有效改善人口健康状况，具有显著的健康效益。而健康效益的改善往往会带来可观的经济效益和成本效益，使得投资具有较高的回报率。以往在其他国家开展的关于作物营养强化的研究也表明作物营养强化农产品不仅具有健康效益，更具有巨大的经济效益和社会效益。但中国由于作物营养强化项目开展较晚，经济效益和成本效益的研究相对较少，因此，我们想要对其进行经济评价以便确定其经济效益，同时还要考虑其成本（高旭阔和刘奇，2019），从而进行成本-效果分析，这样不仅符合作物营养强化农产品的特点，也更契合中国的可持续发展理念。

　　经济评价有利于对各种健康改善措施进行评估，从而为政府的投资决策提供指导和依据。有关进行健康经济评价的规范理论却存在很大的争议，很多学者持有不同的观点，但对于成本-效果分析在健康评估中的重要作用却毋庸置疑。而健康领域中的成本-效果分析则是建立在一定的健康衡量标准基础上的，只有对健康进行标准化的衡量与分析，才能据此进行健康干预措施的经济评价。以往研究表明，在进行健康衡量时，健康经济学里的 DALY 是被广泛使用的方法和基础，并据此进行成本-效果分析。

　　已有的关于作物营养强化的研究进行了很多与各种农作物和微量营养素有关的成本-效果分析。这种用于测量作物营养强化经济有效性即最终衡量人类健康与福利的改善的方法是由很多机构包括国际农业研究磋商组织和合作研究机构的人员开发的。这种方法以 Zimmermann 和 Qaim（2004）的研究为基础，他们在研究中首次使用 DALY 方法来测算作物营养强化农产品的健康效益，并逐渐成为健康经济学中在进行营养健康干预措施成本-效果分析时，衡量健康标准的重要方法和基础。但由于其尚未进行大规模生产推广，因此只能采用事前分析的方法进行测算。通过 DALY 方法衡量作物营养强化改善人口健康的健康效益，并计算其所带来的经济效益，再结合在中国开展作物营养强化的成本，可以进行成本-效果分析，从而明确作物营养强化改善人口健康的经济评价。

基于此，本篇在第五章和第六章的基础上，通过事前分析的方法来进行作物营养强化改善人口健康的经济评价，由于是事前分析方法，所以主要是宏观层面的经济评价分析。此外，还分析了作物营养强化的发展优先序。因此，本篇主要包括四个方面，首先是构建作物营养强化改善人口健康的经济评价指标体系，主要包括经济效益评价指标、成本评价指标和成本-效果评价指标三类；其次是以叶酸强化水稻为例，运用构建的经济评价指标体系进行作物营养强化改善人口健康的经济评价；再次是分析作物营养强化改善人口健康的经济效益的影响因素，从而为提高作物营养强化农产品经济效益提供指导意义；最后是分析作物营养强化的发展优先序，以判别干预的优先顺序。下面将详细介绍这四个方面。

第九章　经济评价指标体系构建

　　作物营养强化改善人口健康的经济评价有利于对其经济效益和成本效益进行分析，从而明确投资回报率，是科学合理投资的前提，因此，开展经济评价势在必行。经济评价主要包括作物营养强化改善人口健康的健康效益、经济效益和成本效益。本书第二篇已经详细介绍过健康效益的评价指标及其实证分析，因此，本章主要关注其经济效益、成本和成本效益。在进行经济效益、成本和成本-效果分析之前，首先需了解经济效益、成本和成本-效果的评价指标，构建经济效益评价指标、成本效益评价指标和成本-效果评价指标体系。经济效益评价指标主要包括铁强化农产品的经济效益评价指标、锌强化农产品的经济效益评价指标、维生素 A 强化农产品的经济效益评价指标和叶酸强化农产品的经济效益评价指标。成本评价指标主要包括基础研发成本、适应性育种成本、推广成本和维护成本四类。成本-效果评价指标包括成本有效性和成本收益率两个指标。

第一节　经济效益评价指标

　　作物营养强化改善人口健康的经济效益指的是作物营养强化农产品对人口健康的改善所带来的经济价值。人口健康的改善是用 DALY 损失值的减少来衡量的，其所带来的经济价值也应该通过将 DALY 损失值货币化来实现。因此，经济效益评价指标就是指将作物营养强化健康效益进行货币化的指标。

　　为了使研究结果能在各国间进行比较，使用一个 DALY 损失的标准值似乎是最合适的方法。否则，从节省的总成本的角度来看，在较富裕的国家进行干预和忽视较贫穷的人总是比较可取的；但是在道德和公平的基础上，这是不合理的。另外，将货币价值附加到一个被减少的 DALY 损失值并不是为了将生命的价值放在其中，而是为了在熟悉的成本-效果分析的基础上，能够评估、比较和优先考虑涉及人的生命和健康的干预措施。因此，有必要采取一个标准值将 DALY 损失值进行货币化。

一、铁强化农产品的经济效益评价指标

　　以往研究表明，将 DALY 损失值货币化从而衡量作物营养强化农产品的经济

效益主要有三种方式：①世界银行使用标准值来货币化 DALY 损失值，即在保守情景下，1 个 DALY 损失值等于 500 美元；在乐观情景下，1 个 DALY 损失值等于 1000 美元；②采用固定值的方式来货币化 DALY 损失值，Stein 等（2005）的研究认为 1 个 DALY 损失值为 500 美元，而世界银行则认为 1 个 DALY 损失值为 1000 美元；③Zimmermann 和 Qaim（2004）则从人均国民总收入（gross national income，GNI）的角度出发，结合 1 个 DALY 损失值的含义，将 DALY 损失货币化为 1 个 DALY 损失值等于 1030 美元（菲律宾当年的人均国民总收入）。因此，作物营养铁强化农产品改善人口健康的经济效益评价指标就是 DALY 损失值货币化以后的价值。在本书中，采用的是世界银行的标准值来将 DALY 损失值进行货币化，即在保守情景下，1 个 DALY 损失值等于 500 美元；在乐观情景下，1 个 DALY 损失值等于 1000 美元。

二、锌强化农产品的经济效益评价指标

作物营养锌强化农产品改善人口健康的经济效益评价指标与铁强化农产品一样，也是采用世界银行的标准值来将 DALY 损失值进行货币化，即在保守情景下，1 个 DALY 损失值等于 500 美元；在乐观情景下，1 个 DALY 损失值等于 1000 美元。

三、维生素 A 强化农产品的经济效益评价指标

作物营养维生素 A 强化农产品的经济效益评价指标也与铁强化农产品一样，即采用世界银行的标准值来将 DALY 损失值进行货币化，这是在以往研究中采用较多的指标。

四、叶酸强化农产品的经济效益评价指标

作物营养叶酸强化农产品的经济效益评价指标也与铁强化农产品一样，即采用世界银行的标准值来将 DALY 损失值进行货币化，在保守情景下，1 个 DALY 损失值等于 500 美元；在乐观情景下，1 个 DALY 损失值等于 1000 美元，这是与在中国开展的铁强化农产品成本收益和成本有效性分析的研究中所使用的货币化指标一致的，因此，在本书的作物营养强化农产品改善人口健康的经济评价分析中也采用了此指标。

以往的研究运用此评价指标分析了作物营养强化经济效益。结果表明，从经济效益上讲，营养强化的社会回报远比投资生产率提高等农业技术更加高额

而且具有竞争力（Qaim et al., 2007）。在印度进行的关于锌强化的大米和小麦及维生素 A 强化的大米的研究结果表明，综合考虑作物营养强化所带来的健康福利及其要花费的总成本，作物营养强化非常划算，具有成本效益（Stein et al., 2008）。在中国开展的研究也得出了相似的结论，作物营养强化具有可观的经济效益。这说明，用经济效益的评价指标可以准确地进行作物营养强化的事前经济效益分析。

第二节　成本评价指标

在对作物营养强化农产品改善人口健康进行经济评价时，除了知道作物营养强化农产品对人口健康的改善效果、经济效益以外，还需要知道开展作物营养强化农产品的经济成本，以便进行成本-效果分析。鉴于为公共卫生干预措施分配资源的预算限制，对作物营养强化农产品经济评价的综合评估也需要纳入这一特定卫生战略的成本。

因此，本节主要分析作物营养强化农产品的成本，作物营养强化农产品一般包括育种、推广和维护三个阶段，开展作物营养强化农产品的投入也主要包括基础研发投入、适应性育种投入、推广投入和维护投入这四类，因此，衡量作物营养强化农产品改善人口健康的成本的指标主要有基础研发成本、适应性育种成本、推广成本和维护成本四类。基础研发成本是一次性投入。适应性育种成本是使作物营养强化农产品更适宜当地而进行的成本投入。推广成本则是必须包含在内的，因为如果没有进行具体的宣传活动，作物营养强化就不可能被广泛地接受，从而起到改善人口健康的目的。尤其是对于叶酸和维生素 A 强化农产品而言，因为它们可能会改变农产品的颜色，从而造成消费者的疑惑。在技术发布和采用后，还需进行一些维持性育种，以保持作物营养强化品种和种子的纯度。由于作物营养强化的周期一般为 30 年，因此进行成本分析时，也采用 30 年作为时间范围。

第三节　成本-效果评价指标

在了解作物营养强化农产品对人口健康的改善效果、经济效益、经济成本的基础上进行成本-效果分析，从而更好地明确作物营养强化农产品改善人口健康所带来的经济利益和社会利益，也可以便于与其他国家的作物营养强化农产品及其他的营养强化方式进行比较。因此，作物营养强化农产品改善人口健康的成本—效果评价指标主要包括成本有效性和成本收益率两个指标。

在以往的研究中，学者也多采用这两个指标进行作物营养强化的成本-效果分析。例如，Nestel 等（2006）应用成本效益框架分析作物营养强化的作用，结果表明收益远远大于成本，即作物营养强化是一项有价值的投资，如当覆盖率在 25%~50%时，在乌干达传播 β-胡萝卜素强化的橙肉甘薯的每个 DALY 节省的费用可能会低于 5 美元，而当覆盖率为 75%时，补充维生素 A 的每个 DALY 节省的费用为 12 美元（Jamison et al.，2006）。在乌干达，目前可获得的作物营养强化的事后成本效益数据表明，每一个 DALY 节省的费用是 15~20 美元，这表明作物营养强化是高成本效益的。张金磊和李路平（2014）通过对作物营养强化富铁小麦进行事前成本-效果分析发现，富铁小麦能够有效改善消费者贫血疾病的负担并且具有经济有效性。

此外，大量学者均采用 DALY 方法来衡量不同作物（如小麦、玉米、甘薯）、不同地区（如乌干达、印度、赞比亚、菲律宾等）、不同微量营养素（铁、锌、维生素 A）的成本效益，研究结果表明，使用世界银行的标准，基于每个 DALY 节省的费用及每个国家、作物、微量营养素组合的考虑，作物营养强化是一个成本有效的干预。此外，哥本哈根共识将包括作物营养强化在内的减少微量营养素缺乏的干预措施列为经济发展的最高价值货币投资。作物营养强化每投资 1 美元，就可能获得 17 美元的收益（Hoddinott，2011）。我国学者李路平和张金磊（2016）也以作物营养强化富铁小麦为例，采用 DALY 方法，在与其他国家进行比较的前提下，分析了我国作物营养强化项目的成本效益和成本有效性，结果表明，我国作物营养强化富铁小麦成本收益率和成本有效性均相对较高。

根据以往研究结果可看出，作物营养强化的成本-效果分析主要包括成本有效性和成本收益率两个指标。因此，我们在进行分析时，也主要考虑这两个指标。下面详细介绍这两个指标。

一、成本有效性

成本有效性是判断营养干预手段所投入的成本是否有效的重要手段。以往研究表明，营养干预手段使每一个 DALY 损失值的减少所需要的成本低于 260 美元就是高成本有效的（李路平和张金磊，2016）。WHO 则认为如果营养干预手段使每一个 DALY 损失值的减少所需要的成本低于 3 倍的人均国民总收入就被认为是成本有效的。如果低于人均国民总收入则被认为是高成本有效的（de Steur et al.，2012a）。根据李路平和张金磊（2016）的研究，成本有效性（cost effectiveness，CE）的计算公式为

$$CE = \frac{\sum\left[(C_t)(1+r)^{-t}\right]}{\sum\left[DALY_{lost}\left((1+r)^{-t}\right)\right]} \tag{9.1}$$

其中，t 表示时间，t 的范围从 1 年到 30 年，因为中国作物营养强化的项目期为 30 年；C_t 表示按 t 年计算的总成本；r 表示未来寿命年的折现率，即 3%；$DALY_{lost}$ 表示减少的 DALY 损失值。

二、成本收益率

成本收益率是通过比较预期成本和收益以评估是否"物有所值"的重要工具（de Steur et al., 2010；李路平和张金磊，2016）。作为评估健康干预是否值得进行的主要技术，成本收益率测量了每个 DALY 节省的成本。引入作物营养强化农产品的成本-效果分析可以通过将相关成本和潜在的健康益处并列来评估。每个 DALY 节省的成本是分析卫生计划特别是作物营养强化作物的成本效益的常用措施。这是通过比较总成本（以当前美元计）的 NPV 和节省的 DALY 所带来的经济效益的总额（两者的折扣率都为 3%）来实现的。根据总成本和收益的 NPV，按节省的 DALY 计算，成本效益可计算为

$$\frac{NPV_{costs}}{NPV_{DALY_{saved}}} = \frac{\sum\left[(C_t)(1+r)^{-t}\right]}{\sum\left[DALY_{saved}\left((1+r)^{-t}\right)\right]} \quad (9.2)$$

其中，t 表示时间，t 的范围从 1 年到 30 年，因为中国作物营养强化的项目期为 30 年；C_t 表示按 t 年计算的总成本；r 表示未来寿命年的折现率，即 3%；$DALY_{saved}$ 表示减少的 DALY 损失值所带来的经济效益。

第四节　本　章　小　结

本章主要结合研究内容，对宏观层面作物营养强化对人口健康的改善效果评价方法与指标进行回顾，并在此基础上构建了作物营养强化农产品改善人口健康的经济评价指标，主要包括经济效益评价指标、成本评价指标和成本-效果评价指标三个方面。经济效益是建立在健康效益基础上的，是指采用标准值将 DALY 损失值货币化，从而以衡量作物营养强化农产品改善人口健康的经济效益，主要包括铁强化农产品的经济效益评价指标、锌强化农产品的经济效益评价指标、维生素 A 强化农产品的经济效益评价指标和叶酸强化农产品的经济效益评价指标四类。作物营养强化的成本主要包括基础研发成本、适应性育种成本、推广成本和维护成本。成本-效果分析则是衡量作物营养强化农产品是否值得开展的指标，主要包括开展作物营养强化农产品的成本有效性和成本收益率两个指标。作物营养强化农产品改善人口健康经济评价指标的构建，为接下来

的经济评价实证分析提供了基础。以往在许多国家开展的研究结果表明，作物营养强化农产品改善人口健康经济评价指标是进行作物营养强化农产品经济评价的有效量化指标。因此，运用此指标体系开展中国的作物营养强化农产品经济评价实证分析是合理且有效的。

第十章 经济评价实证研究：以叶酸强化水稻为例①

中国作物营养强化项目开始于 2004 年，至今已培育出 10 多种富含铁、锌、维生素和叶酸的作物品种。通过第二篇的实证分析可知，作物营养强化对人口健康具有显著的改善效果。但对于由此带来的经济效益并不清楚，而分析其经济效益可以清楚了解作物营养强化改善人口健康所带来的经济价值，并且可以在此基础上进行作物营养强化项目的成本-效果分析。因此，在第六章叶酸强化水稻营养健康改善效果实证分析的基础上，本章同样以叶酸强化水稻为例，进一步分析其经济效益和成本效益，以便进行经济评价。

本章也使用 DALY 方法来评估中国有叶酸强化水稻和无叶酸强化水稻的情况之间的健康差距及其经济评价。中国作物营养强化项目（以叶酸强化水稻为例）的经济评价分析具体过程是：①分析和确定中国居民由叶酸缺乏所引起的疾病负担；②分析叶酸强化水稻干预下由叶酸缺乏所引起的新的疾病负担；③在前两个分析结果的基础上，得出了叶酸强化水稻营养干预的健康效益，并进行了资金投入；④对叶酸强化水稻的开发、推广和维护的成本进行分析；⑤对叶酸强化水稻的成本和收益进行计算和分析，获得了潜在的经济评价（李路平和张金磊，2016）。第八章已经计算了叶酸强化水稻营养干预的健康效益，因此本章主要进行经济效益和成本-效果分析。

第一节 叶酸强化水稻的经济效益分析

第六章的分析表明了叶酸强化水稻的健康效益，但对于由此带来的经济效益并不清楚，而分析其经济效益可以清楚了解叶酸强化水稻改善人口健康所带来的经济价值，并且对于进行叶酸强化水稻项目的成本-效果分析也至关重要，因此，根据 Zimmermann 和 Qaim（2004）的研究进行经济效益的分析，将叶酸强化水稻干预后所带来的疾病负担的减少进行货币化就是其经济效益。

世界银行使用标准值来货币化 DALY 损失值，即在保守情景下，1 个 DALY 损失值等于 500 美元；在乐观情景下，1 个 DALY 损失值等于 1000 美元。Stein 等（2007）的研究认为 1 个 DALY 损失值为 500 美元，而世界银行认为 1 个 DALY

---

① 本章部分研究内容发表于《农业技术经济》2021 年第 12 期。

损失值为 1000 美元。Zimmermann 和 Qaim（2004）则从人均国民总收入的角度出发，结合 1 个 DALY 损失值的含义，将 DALY 损失货币化为 1 个 DALY 损失值等于 1030 美元（基于菲律宾 2004 年的人均国民总收入）。考虑到 DALY 损失值的意义，并且为了便于与其他国家开展作物营养强化项目的经济效益进行比较，本书采用世界银行的标准将 DALY 损失值进行货币化，因此，在保守情景下，1 个 DALY 损失值为 500 美元，而在乐观情景下，1 个 DALY 损失值为 1000 美元。运用 DALY 损失值货币化以后的价值将中国叶酸强化水稻所带来的健康效益进行货币化，结果发现，在保守情景下，货币化以后健康效益带来的经济效益为 624.33 万美元，即 0.43 亿元，而在乐观情景下，货币化以后健康效益带来的经济效益为 3120.86 万美元，即 2.13 亿元（表 10.1）。

表 10.1　作物营养强化叶酸强化水稻干预前后由叶酸缺乏所引起的疾病负担变化及经济效益

类别	2010 年由叶酸缺乏所导致的疾病负担	叶酸强化水稻干预后由叶酸缺乏所导致的疾病负担		减少的疾病负担	
		保守情景	乐观情景	保守情景	乐观情景
YLL	78 770.13	69 784.60	56 238.18	8 985.53	22 531.95
YLD	30 109.14	26 608.04	21 432.49	3 501.10	8 676.65
$DALY_{lost}$	108 879.27	96 392.64	77 670.67	12 486.63	31 208.60
经济效益/万美元				624.33	3 120.86
经济效益/亿元				0.43	2.13

注：2010 年美元与人民币的汇率是 6.83∶1.00

第二节　叶酸强化水稻的成本分析

计算叶酸强化水稻改善人口健康所带来的经济效益后，还需要计算推广叶酸强化水稻项目所需要的成本，以便进行成本-效果分析，从而判断叶酸强化水稻是否是一项有价值的干预措施。因此接下来进行成本分析。

考虑到公共卫生干预资源分配的预算限制，对作物营养强化叶酸强化水稻的综合评估还需要纳入这一特定卫生战略的成本。根据国际作物营养强化项目的经验，叶酸强化水稻的育种、推广和维护的时间跨度一般约为 30 年。在这一时间段内的成本主要包括：①基础研发成本，一般会持续 8 年左右；②适应性育种成本，持续时间为 5～10 年；③推广成本，在对大米品种进行检验的基础上，开始大规模地推广叶酸强化水稻，这一阶段的时间跨度一般是 11～18 年；④叶酸强化水稻的维护成本，一旦叶酸强化水稻进入大规模的推广阶段，为了保持叶酸强化水稻的特性就需要同时进行维护，并且防止和减少品种退化，维护工作要一直持续整个项目过程，所以这一阶段的时间跨度一般是 11～30 年（李路平和张金磊，2016）。

中国作物营养强化项目开始于 2004 年。因此，根据国际作物营养强化项目的经验，中国作物营养强化项目的时间跨度为 2004～2033 年。下面对中国开展作物营养强化叶酸强化水稻的成本进行具体分析。

根据中国农业科学院的专家和其他参与叶酸作物营养强化的科学家的估计及前人的研究（de Steur et al.，2012b），中国开展叶酸作物营养强化项目的基础研发成本为 570 万美元；进行作物营养强化叶酸强化水稻的适应性育种的相关成本为 950 万美元；为了大面积种植叶酸强化水稻所需要的推广成本为 1500 万美元；作物营养强化叶酸强化水稻项目的维护期与推广期同时开始，但维护期将一直持续到最后一年，因此整个维护期所需要的成本为 210 万美元。所以中国开展叶酸作物营养强化项目的总成本为 3230 万美元（表 10.2），其中推广成本占总成本的比例最大。

表 10.2　作物营养叶酸强化水稻的成本

类别	叶酸强化水稻/万美元	比率
基础研发成本	570	17.65%
适应性育种成本	950	29.41%
推广成本	1500	46.44%
维护成本	210	6.50%
总成本（30 年）	3230	100%

第三节　叶酸强化水稻的成本-效果分析

根据本章第一节的数据分析可知，叶酸强化水稻的营养干预使 DALY 损失值减少了 12 486.63（保守情景）～31 208.60（乐观情景），货币化以后相当于将疾病负担损失减少了 624.33 万美元（保守情景）至 3120.86 万美元（乐观情景）。换言之，作物营养强化叶酸强化水稻项目可以带来约 0.43 亿元（保守情景）至 2.13 亿元（乐观情景）的经济效益（表 10.1）。国际作物营养强化成本分析的时间跨度为 30 年。为了进行科学合理的成本-效果分析，中国作物营养强化成本收益分析的时间跨度也是 30 年，即计算和衡量中国叶酸强化水稻项目在 30 年内的成本与效益。这也是其他研究文献对各种公共营养干预的成本-效果分析的实践（de Steur et al.，2012a；李路平和张金磊，2016）。因此，为了对中国作物营养强化叶酸强化水稻项目进行成本-效果分析，经济效益的计算应该从第 1 年（2010 年）扩大到第 30 年，与计算成本的时间跨度一致，具体结果如表 10.3 所示。

表 10.3　中国作物营养强化叶酸强化水稻的成本效益

类别	保守情景	乐观情景
DALY 损失值的减少（1 年）	12 486.63	31 208.60
DALY 损失值货币化现值/（万美元/年）	624.33	3 120.86
DALY 损失值货币化现值/（亿元/年）	0.43	2.13
成本/（万美元/30 年）	3 230.00	3 230.00
成本有效性［30 年的成本（美元）/30 年 DALY 损失值的减少］	86.23	34.50
成本收益率（30 年的收益/30 年的成本）	5.80	28.99
成本收益率（30 年的收益/30 年的成本）	39.61	198.00

注：2010 年美元与人民币的汇率是 6.83∶1.00

　　分析结果表明，中国叶酸强化水稻项目的成本有效性为 34.50（乐观情景）至 86.23（保守情景），即叶酸强化水稻营养干预每减少 1 个 DALY 损失值，需要支出 34.50 美元（乐观情景）至 86.23 美元（保守情景）的成本。在 2010 年，中国的人均国民总收入是 1826.06 美元，因此，无论是按照低于 260 美元还是低于人均国民总收入的标准来看，中国叶酸强化水稻项目都是高成本有效的。而中国成本收益率为 5.80（保守情景）至 28.99（乐观情景），即每投资 1 美元的成本可以带来 5.80 美元（保守情景）至 28.99 美元（乐观情景）的产出，换算成人民币就是每投资 1 元的成本可以带来 39.61 元（保守情景）至 198.00 元（乐观情景）的产出。

第四节　与其他国家、其他营养干预措施的成本效益比较

　　将中国叶酸强化水稻的成本效益与其他国家的作物营养强化农产品的成本效益进行比较分析可知（表 10.4），中国的叶酸强化水稻对营养健康的改善效果较好，能够有效地降低疾病负担，同时，中国叶酸强化水稻的成本收益率也相对较高，这说明中国对叶酸强化水稻的投资可以产生较高的收益。此外，中国叶酸强化水稻的成本有效性也很高，即每减少 1 个 DALY 损失值，需要支出的成本相对较低，这说明中国开展作物营养叶酸强化水稻是高成本有效的。

表 10.4 中国与其他国家的作物营养强化项目的成本效益的比较

国家	微量营养素	作物	健康效益		成本收益率		成本有效性			
							保守情景		乐观情景	
			保守情景	乐观情景	保守情景	乐观情景	有效性	与阈值比较	有效性	与阈值比较
中国	叶酸	水稻	11.47%	28.66%	5.80	28.99	86.23	低于	34.50	低于
洪都拉斯	铁	大豆	4.00%	22.00%			478.20	高于	78.00	低于
尼加拉瓜	铁	大豆	3.00%	16.00%			522.90	高于	76.80	低于
巴西	铁	大豆	9.00%	36.00%			159.50	低于	23.80	低于
洪都拉斯	锌	大豆	3.00%	15.00%			1779.40	高于	190.80	低于
尼加拉瓜	锌	大豆	2.00%	11.00%			7072.80	高于	686.40	高于
巴西	锌	大豆	5.00%	20.00%			2250.20	高于	181.70	低于
刚果	维生素 A	木薯根	3.00%	32.00%			147.40	低于	9.10	低于
肯尼亚	维生素 A	木薯根	—	2.90%			123.80	低于	77.00	低于
尼日利亚	维生素 A	木薯根	—	6.00%			—	—	5.00	低于
埃塞俄比亚	维生素 A	水稻	1.00%	17.00%			344.10	高于	12.70	低于
肯尼亚	维生素 A	水稻	8.00%	32.00%			134.20	低于	21.90	低于
孟加拉国	铁	水稻	8.00%	21.00%			21.30	低于	5.70	低于
印度	铁	水稻	5.00%	15.00%			19.90	低于	4.10	低于
菲律宾	铁	水稻	4.00%	14.70%	153.00	187.00	279.10	高于	64.90	低于
乌干达	维生素 A	甘薯	38.00%	64.00%			31.10	低于	10.20	低于
印度	铁	小麦	7.50%	39.00%			11.70	低于	1.30	低于
巴基斯坦	铁	小麦	6.00%	28.00%			15.50	低于	3.70	低于
印度	锌	小麦	9.00%	48.00%	71.00	4738.00	12.60	低于	1.60	低于
巴基斯坦	锌	小麦	5.00%	33.00%			219.10	低于	28.60	低于
中国	铁	小麦	9.13%	23.62%	164.38	285.35	2.75	低于	1.58	低于

为了进一步说明作物营养强化项目的有效性，将作物营养强化项目与其他营养干预措施如营养素补充剂和食物强化的成本有效性（霍军生等，2008，2018；Ma et al.，2008；Fiedler and Macdonald，2012；李路平和张金磊，2016）进行比较分析可知（表 10.5），无论是中国还是其他国家，作物营养强化项目的成本有效性都是优于其他两种营养干预措施的。这说明，在获得相同的效果的情况下，即

都是减少 1 个 DALY 损失的情况下，作物营养强化的干预效果和成本投入明显比营养素补充剂和食物强化要好，作物营养强化是改善微量营养素缺乏较为经济有效的措施。

表 10.5　作物营养强化项目与其他营养干预措施的成本有效性比较

国家	微量营养素	作物营养强化每减少 1 个 DALY 损失值所需要的成本投入/美元	营养素补充剂每减少 1 个 DALY 损失值所需要的成本投入/美元	食物强化每减少 1 个 DALY 损失值所需要的成本投入/美元
中国	叶酸	水稻：34.50～86.23	180.00	营养包：190.6
中国	铁	小麦：1.58～2.75	176.50	面粉：50.00
中国	锌	水稻：1.20～4.80	301.00	面粉：115.50
印度	锌	水稻：0.60～2.00	7.00	面粉：16.00
印度	锌	小麦：1.00～4.00	7.00	面粉：16.00
巴基斯坦	锌	小麦：3.00～18.00	58.00	面粉：27.00
孟加拉国	锌	水稻：11.00～32.00	7.00	面粉：19.00
尼日利亚	维生素 A	木薯：0.30～0.50	52.00	糖：50.00
刚果（金）	维生素 A	木薯：0.40～1.00	52.00	糖：37.00
埃塞俄比亚	维生素 A	玉米：2.00～6.00	52.00	植物油：43.00
乌干达	维生素 A	甘薯：4.00～7.00	52.00	糖：56.00
赞比亚	维生素 A	玉米：9.00～30.00	52.00	面粉：12.00

第五节　结论、讨论与启示

一、研究结论

作物营养强化作为解决隐性饥饿的一种新的营养干预措施，能够有效改善人口健康并带来可观的经济效益，但对于其具体的改善程度及所带来的经济效益在国内研究中少有涉及。本章在前期研究的基础上，结合中国的实际情况，评估和测算了中国叶酸强化水稻项目对人口健康的改善所带来的经济效益，并进行了成本-效果分析，得出了以下结论。

（1）中国叶酸强化水稻在整个项目期间（30 年）的总成本为 3230 万美元，其中，推广成本所占的比率最大，约占总成本的 46.44%。

（2）中国叶酸强化水稻项目的成本有效性为 34.50 至 86.23，即叶酸强化水稻营养干预每减少 1 个 DALY 损失值，需要支出 34.50 美元至 86.23 美元的成本。无论是按照世界银行的标准还是按照 WHO 的标准，中国叶酸强化水稻都是高成本有效的。

（3）中国叶酸强化水稻项目的成本收益率为 5.80 至 28.99，即每投资 1 美元的成本可以带来 5.80 美元至 28.99 美元的产出，可以发现，中国叶酸强化水稻项目具有较高的成本收益率。

（4）将中国的作物营养叶酸强化水稻的成本有效性和成本收益率与其他国家的作物营养强化农产品进行比较，发现中国的成本收益率较高，并且是非常高成本有效的，是成本较低的国家之一。

（5）将作物营养强化农产品与其他营养干预措施进行比较，发现无论是中国还是其他国家，作物营养强化农产品的成本有效性都是优于其他两种营养干预措施的。这说明，在获得相同效果的情况下，即都是减少 1 个 DALY 损失的情况下，作物营养强化的干预效果和成本投入明显比营养素补充剂与食物强化更优。

上述结论说明，在中国进行水稻的作物营养强化，提高其叶酸含量是具有成本效益的，而且无论其他的微量营养素水平是否有改善，叶酸强化水稻均能够显著改善人口健康状况，减轻由叶酸缺乏所带来的疾病负担，从而产生较高的经济效益，并且叶酸的作物营养强化的干预措施明显优于营养素补充剂和食物强化。

二、讨论与启示

尽管相较于其他营养干预措施具有显著优势，但叶酸强化水稻在我国的推广进程仍然相对缓慢，主要原因有以下几点：①由于叶酸强化水稻处于初期推广阶段，社会各界对叶酸缺乏和叶酸强化水稻的重要性认识不足与信息了解不足（青平等，2018）；②政府对发起、实施、监督和维持叶酸强化水稻项目所需要的成本及其所能带来的经济效益的信息了解不足和表示担忧；③农户和企业对消费者接受叶酸强化水稻的担忧；④叶酸强化水稻对同一产品市场和叶酸补充剂等替代产品所产生的不确定影响；⑤缺乏叶酸强化水稻对叶酸缺乏的影响和潜在益处的了解。本章通过对叶酸强化水稻的健康效益和经济效益进行了分析，可以增加社会各界对叶酸强化水稻的认识与了解，并证实了其可观的健康效益和经济效益，增强了政府、农户和消费者推广、种植与消费叶酸强化水稻的信心。此外，通过与其他营养干预措施的比较，可以发现叶酸强化水稻的成本有效性较高，是值得生产推广的，因此，本章的研究有利于增强人们对叶酸强化水稻健康效益和经济效益的认识与了解，从而为决策者提供客观的依据和有益的借鉴参考，具体而言包括以下启示与建议。

（1）全方位推广叶酸强化水稻。叶酸强化水稻能够有效改善人口健康状况，从而减轻由此带来的疾病负担，而疾病负担的减少可以减少医疗成本、增加劳动力收入，从而带来经济效益，因此，各主体应全方位推广叶酸强化水稻，如政府和企业加强宣传推广、扩大农户种植面积、提高消费者接受度等，使得叶酸强化水稻能够被更广泛的人群接受，从而扩大其健康效益和经济效益。

（2）全渠道投资叶酸强化水稻。在中国开展叶酸强化水稻是高成本有效的，即进行叶酸强化水稻干预，每减少 1 个 DALY 损失值所需要的成本是相对较低的，并且其成本收益率也相对较高，其投入的成本可以带来较高的收益，因此，叶酸强化水稻值得投资。政府主管部门应增加科研投入，开发叶酸含量更高的水稻和富含其他微量营养素的农产品；企业也应该增加资金投入，生产更多叶酸强化水稻及其加工品使更多人群受益，从而改善叶酸缺乏状况；消费者应该购买叶酸强化水稻，从而改善自身健康状况，同时，市场需求又会进一步刺激农户种植和企业生产，从而扩大叶酸强化水稻的覆盖范围。

第十一章 经济效益的影响因素分析

　　微量营养素缺乏是许多发展中国家普遍存在的公共卫生问题。据统计，2004年发展中国家有超过 1/3 的人口受微量营养素缺乏的影响，其中有超过 20 亿人存在铁缺乏，20 亿人碘摄入量不足，并且还有 2.54 亿名学龄前儿童存在 VAD 的问题（Bansode and Kumar，2015）。中国的营养不良人口在 2009 年也达到了 3 亿人，其中微量营养素缺乏的人群多达 6400 万人（廖芬等，2019）。微量营养素缺乏不仅会对身体健康产生影响，如增加发病率和死亡率，从而导致巨大的健康负担，还会带来巨大的经济损失，如增加医疗成本，减少劳动力和经济产出（Qaim et al.，2007），中国由缺铁所带来的经济损失占 GDP 的 3.6%（刘贝贝等，2019），柬埔寨由微量营养素缺乏所导致的经济损失也高达 2 亿美元（Bagriansky et al.，2014）。微量营养素的缺乏也会影响发展中国家扶贫工作的顺利开展，微量营养素缺乏对贫困人口的影响更大，因为他们的饮食通常以相对便宜的主食作物为主，缺乏足够数量的高价值营养食品。因此，控制微量营养素缺乏已经成为发展中国家的重要发展优先事项。

　　为了有效减少微量营养素缺乏，各国政府和学者均开展了大量营养干预实践和研究，主要干预措施包括饮食多样化、营养素补充剂、食物强化和作物营养强化四种（Allen，2003）。但前三种由于各自的局限性，总体覆盖范围相对有限。作物营养强化是一种以农业为基础的干预战略，主要通过培育具有较高微量元素含量的主食作物实现，可以大面积有效地改善贫困人口的健康状况（Saltzman et al.，2013）。到目前为止，利用常规育种的方法培育出来的作物主要有富含维生素 A 的玉米、木薯和甘薯，富含铁的大豆和珍珠粟，以及富含锌的水稻和小麦 7 种（Birol et al.，2015）。这些作物在过去的几年中已经在赞比亚、乌干达、印度及中国等发展中国家进行了投放和生产并促使了一系列相关研究的产生。

　　现有研究结果表明，作物营养强化是减轻发展中国家农村地区广泛存在的微量营养素缺乏的最为经济有效的方式（Osendarp et al.，2018）。在不同国家开展的事前成本效益研究表明，作物营养强化干预每减少 1 个 DALY 损失值需要的成本大约为 15～20 美元，按照世界银行的标准，这具有很高的成本效益（World Bank，1993；HarvestPlus，2012），因此，作物营养强化是解决隐性饥饿成本效益高的公共卫生干预措施（Stein et al.，2007，2008；Meenakshi et al.，2010；de Steur et al.，2012a）。也有相当多的研究采用 RCT 等事后方法证实了作物营养强化对人口健康的有效性。这些研究都表明作物营养强化是一项健康有效且经济效益高的营养干预措施。

随着揭示作物营养强化对营养健康和成本效益有利影响的研究逐渐增多，我们发现同一种作物、同一种微量营养素的经济效益和成本有效性之间会存在显著差异。例如，在菲律宾推广维生素 A 强化大米的经济效益每年在 1600 万美元至 8800 万美元（Zimmermann and Qaim，2004），在中国推广维生素 A 强化大米的经济效益为 1.65 亿美元至 11.95 亿美元（de Steur et al.，2012a）；李路平和张金磊（2016）的研究也表明，中国作物营养强化富铁小麦的经济收益为 3.46 亿美元至 8.96 亿美元，每节约 1 个 DALY 所需要的成本为 1.75～2.78 美元，而在印度进行小麦的铁强化每节约 1 个 DALY 所需要的成本为 1.00～11.00 美元（Meenakshi et al.，2010）。同一个国家不同元素的强化也会产生类似的发现，如 Jamison 等（2006）通过研究发现在乌干达推广 β-胡萝卜素强化的橙肉甘薯每节约 1 个 DALY 所需要的成本低于 5 美元，但同样是在乌干达推广维生素 A 强化每节约 1 个 DALY 所需要的成本却需要 12 美元。前人研究结果的不一致说明作物营养强化的健康效益、经济效益和成本效益存在很大差异，这就导致了两个新问题的产生：①为什么经济效益间会有如此大的差异，即影响作物营养强化经济效益的因素有哪些？②最大化作物营养强化经济效益的机制是什么？为了回答这些问题，政府和学者进行了一系列跨学科的研究，将食品科学、生物科学及经济学的方法结合起来，探讨影响作物营养强化健康效益和经济效益的因素及相关对策。可以发现，由于中国作物营养强化起步较晚，这两方面研究相对较少，因此，本章在对国内外作物营养强化经济效益相关文献进行梳理的基础上，分析探讨作物营养强化经济效益的影响因素，从而为提高作物营养强化经济效益提供有效对策建议。

第一节　经济效益的发展研究动态

作物营养强化已经在超过 30 个国家进行了释放和推广，在进行作物营养强化的释放和推广前，应该对其所产生的健康效益和经济效益进行评估，从而可以进行成本效益评估，进而确定其是否值得推广以及推广的优先序。为此，学者开展了大量的相关研究。

一、作物营养强化经济效益的内涵

作物营养强化经济效益是指作物营养强化农产品对人口健康的改善所带来的经济价值。在农业经济学中，评估新作物技术影响的通常方法是量化由农民采用技术而提高生产力所带来的经济效益。这种生产力通过产量增加或生产成本节省而提高，导致作物供给曲线向下移动，据此可得出总的经济盈余和盈余分配效应（Alston and James，2002）。然而，作物营养强化的重点是通过提高作物的微量营养素含量进而改善消费者的营养状况。微量营养素含量的提高通常会导致消费者获得的边际效益增加，有些学者认为这会导致作物需求函数的向上转移（Unnevehr，1986）。然而，由于贫困人口的意识和购买力限制，作物营养强化不太可能导致需求向上转移。在这种情况下，对于患有微量营养素缺乏的个体和整个社会的相关外部性，作物营养强化的益处应被视为积极的营养和健康结果，这就导致作物营养强化的经济效益更难评估。

因此，为了衡量作物营养强化的经济效益，最重要的是如何测量健康效益。Zimmermann 和 Qaim（2004）在分析菲律宾黄金大米的潜在健康效益时提出了一种更全面的方法：微量营养素缺乏会导致巨大的健康成本，可通过作物营养强化降低健康成本。因此，他们量化了 VAD 症患者服用和不服用黄金大米的健康成本，并将其差异（即节省的健康成本）解释为健康效益。这种方法被称为 DALY 方法，并成为衡量作物营养强化带来的健康效益的主要方法，而将其健康效益进行货币化就可以得到作物营养强化的经济价值，并可以进行成本-效果分析，获得作物营养强化的成本有效性和成本收益率，从而明确作物营养强化的经济效益。因此，作物营养强化经济效益是指作物营养强化农产品对人口健康的改善所带来的经济价值。人口健康的改善是用 DALY 损失值的减少来衡量的，因此，其所带来的经济价值也应该是通过将 DALY 损失值货币化来实现，并根据开展作物营养强化的成本来进行成本-效果分析，从而进一步明确作物营养强化的经济效益。

二、作物营养强化经济效益的评价方法

作物营养强化经济效益主要是指作物营养强化所带来的健康效益的经济价值，而健康效益的衡量主要是通过 DALY 方法来衡量的，分析过程如图 11.1 所示。将 DALY 损失值货币化就可以得到作物营养强化的经济效益，因此，衡量作物营养强化经济效益的方法主要也是 DALY 方法及将其货币化的方法。

（一）健康效益分析方法

DALY 方法是衡量作物营养强化作物潜在健康效益的最普遍的方法（de Steur et al.，2010）。DALY 方法提供了一种单一的指标来衡量与一个特定的疾病有关的发病率和死亡率，从而衡量疾病的负担。因此，DALY 损失包括 YLL 和 YLD。

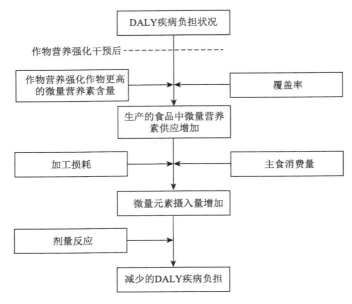

图 11.1 作物营养强化健康效益分析示意图

为了能够充分考虑残疾和死亡分别造成的负担，特别是残疾生活的年数与"严重"程度或"残疾"的权重有关，因此要考虑疾病的严重程度。这些权重范围从 0 到 1，0 代表完全健康，1 代表死亡。因此，DALY 中由疾病所导致的损失为 $DALY_{lost} = YLL + YLD$，每种疾病的 DALY 总和表明了疾病的总负担。考虑到严重性的不同程度和不同人群中疾病的不同程度，根据 Zimmerman 和 Qaim（2004）的研究，完整的公式见式（5.1）～式（5.3）。

（二）经济效益分析方法

经济效益分析是衡量健康效益所带来的经济价值，主要通过将健康效益所带来的 DALY 损失值货币化实现。以往研究表明，将 DALY 损失值货币化从而来衡量作物营养强化项目的经济效益主要有三种方式：①世界银行使用标准值来货币化 DALY 损失值，即在保守情景下，1 个 DALY 损失值等于 500 美元；在乐观情景下，1 个 DALY 损失值等于 1000 美元；②Stein 等（2005）的研究认为 1 个 DALIs 损失值为 500 美元，而世界银行则认为 1 个 DALIs 损失值为 1000 美元；③Zimmermann 和 Qaim（2004）则从人均国民总收入的角度出发，结合 1 个 DALY 损失值的含义，将 DALY 损失货币化为 1 个 DALY 损失值等于 1030 美元（菲律宾当年的人均国民总收入）。

（三）成本-效果分析方法

　　成本-效果分析是比较预期成本和收益以评估是否"物有所值"的重要工具（de Steur et al.，2010；李路平和张金磊，2016）。作为评估健康干预是否值得进行的主要技术，成本-效果分析测量了每个 DALY 节省的成本。每个 DALY 节省的成本是分析卫生计划特别是作物营养强化作物成本效益的常用措施。这是通过比较总成本（以当前美元计）的 NPV 和节省的 DALY 所带来的经济效益的总额（两者的折扣率都为 3%）来实现的。成本效益的具体计算公式详见式（9.2）。

三、作物营养强化经济效益的相关研究

　　以往研究结果表明，作物营养强化具有高额的社会回报和成本效益（Stein et al.，2008）。Zimmermann 和 Qaim（2004）首先运用 DALY 方法计算作物营养强化的健康效益、经济效益和成本效益，其结果表明，在菲律宾推广维生素 A 强化大米的经济效益每年在 1600 万～8800 万美元。随后有大量学者开展了类似研究，均揭示了作物营养强化的经济效益和成本效益，如 Meenakshi 等（2010）在印度进行的研究表明，印度推广富铁小麦的成本有效性为 1～11，即每减少 1 个 DALY 损失需要的成本为 1～11 美元。而 Jamison 等（2006）通过研究发现在乌干达推广 β-胡萝卜素强化的橙肉甘薯的成本有效性低于 5，但在乌干达推广维生素 A 强化的成本有效性为 12。更进一步地发现，作物营养强化不仅经济效益高，并且相较于其他强化方式而言成本有效性更高。Nguema 等（2011）计算了尼日利亚和肯尼亚为减少维生素 A 与铁缺乏而开发的木薯品种的 DALY 及经济盈余，以分析其潜在的健康和经济效益，结果发现，尼日利亚维生素 A 作物营养强化的潜在经济效益为 11 亿～14 亿美元，肯尼亚维生素 A 强化的经济效益为 6700 万～8100 万美元。同时，由强化维生素 A 和铁的木薯品种所导致的经济效益在尼日利亚为 12 亿～16 亿美元，肯尼亚的经济效益为 1.05 亿～1.1 亿美元。并且发现，尼日利亚的成本有效性为 4～6，即每减少 1 个 DALY，需要的成本为 4～6 美元，肯尼亚的成本有效性为 56～87，即每减少 1 个 DALY，需要的成本为 56～87 美元。与食物强化和营养素补充剂相比，作物营养强化的成本有效性更高。

　　在中国开展的研究也得出了类似的结论。de Steur 等（2012a）首先通过 DALY 方法来探讨中国开展作物营养强化的成本效益，结果表明，中国开展作物营养强化的成本有效性为 2～10，具有经济有效性。随后，李路平和张金磊（2016）探讨了在中国开展作物营养强化富铁小麦的健康效益、经济效益和成本效益，结果表明，在乐观的情况下，作物营养强化富铁小麦所带来的 DALY 损失为 2008 年的

23.62%，即使在悲观的情况下，作物营养强化富铁小麦所带来的 DALY 损失也是 2008 年的 9.13%，这说明中国作物营养强化富铁小麦具有极大的健康效益。进一步的分析表明，中国作物营养强化富铁小麦的经济收益为 3.46 亿美元至 8.96 亿美元，成本有效性为 1.75～2.78，即每节约 1 个 DALY 所需要的成本为 1.75～2.78 美元，这说明中国开展作物营养强化富铁小麦的经济效益和成本有效性也较高。

关于作物营养强化经济效益的相关研究表明，作物营养强化营养干预是解决微量营养素缺乏经济有效的方式。首先，作物营养强化具有巨大的健康效益，能够有效改善目标人群营养健康状况；其次，作物营养强化经济效益巨大，并且相较于其他营养干预措施如食物强化和营养素补充剂，作物营养强化的成本有效性较高，优于其他营养干预措施。这为作物营养强化的发展和推广提供了有力依据。

第二节　经济效益影响因素

虽然国内外研究均表明作物营养强化的经济效益和成本效益较高，但可以发现同一种微量营养素在不同国家的成本有效性不同，同一国家的不同微量营养素强化的经济效益也不同，存在较大的差异，为了最大化作物营养强化的经济效益，就需要了解这些差异产生的原因，即影响作物营养强化经济效益的因素。而作物营养强化的经济效益是指作物营养强化所带来的健康效益的经济价值，进一步进行成本-效果分析，从而确定作物营养强化是否值得开展与推广。因此，影响作物营养强化经济效益的因素主要包括影响作物营养强化健康效益的因素和开展作物营养强化的成本。

作物营养强化健康效益的衡量主要是基于 DALY 公式，采用事前分析方法进行，如图 11.1 所示，为了衡量作物营养强化的健康效益，进而衡量其经济价值，从而计算其成本效益，就需要知道由微量营养素缺乏所导致的不良的功能后果（疾病）、每种不良后果的发病率、平均发病年龄、死亡率、在不同人群中的严重程度、目标人群、剩余期望寿命、未来健康损失的贴现率、作物营养强化干预后新的不良后果的发病率、死亡率。而干预后新的发病率和死亡率又取决于三个因素：①消费作物营养强化农产品的人群总数，即覆盖率。这取决于生产者和消费者对新技术的接受程度。②由作物营养强化农产品消费者的消费所导致的微量营养素的增量，即生物功效。这取决于所消耗农产品的数量，作物中微量营养素的附加量及微量营养素的留存量。③附加微量营养素对功能或健康结果的影响大小，即剂量效应。这取决于人体吸收微量营养素的效率。知道了作物营养强化项目的健康效益以后，就可以计算其经济价值。如果知道作物营养强化的成本，就可以进行成本-效果分析，计算其成本有效和成本收益率，从而可以进行比较，进一步明确其经济效益。因此，影响作物营养强化经济效益的因素主要包括覆盖率、生物功效、剂量效应及成本等四个方面。覆盖率取决于农户采用率和消费者接受度；生物功效取决于消费的总量、微量营养素的增量及微量营养素的留存量；剂量效应则取决于人体的吸收效率，即生物利用率；成本则是包括基础研发成本、适应性育种成本、推广成本和维护成本四类。消费总量又进一步取决于现有的膳食结构，而微量营养素的增量、留存量和生物利用率则取决于技术功效。综上，可以将影响作物营养强化经济效益的因素分为四类，一是技术功效，主要包括微量营养素增量、微量营养素留存量和生物利用率三方面；二是覆盖率，主要包括农户采用率和消费者接受度；三是膳食结构，主要是指消费的作物营养强化主食的总量；四是开展作物营养强化的成本，主要包括基础研发成本、适应性育种成本、推广成本和维护成本四方面（图11.2）。

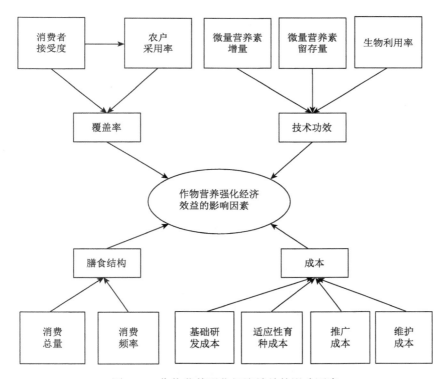

图 11.2　作物营养强化经济效益的影响因素

一、技术功效对经济效益的影响

（一）微量营养素含量对经济效益的影响

作物中微量营养素的含量及强化后作物中微量营养素的增加量会对作物营养

强化的健康效益产生影响，进而影响其经济效益。虽然现有的许多主要粮食作物品种已经含有一定量的微量营养素，如高产小麦品种含铁约为 38/1 000 000，锌约为 31/1 000 000。受欢迎的水稻品种含有 3 毫克/升的铁和 13 毫克/升的锌，但有一些作物中却缺少微量营养素，如目前广泛食用的木薯、玉米和甘薯中 β-胡萝卜素的含量为零。维生素和矿物质对营养健康十分重要，二者缺一不可。因此，为了有效改善微量营养素缺乏状况，作物营养强化应运而生。通过常规育种方式进一步增加主食作物中微量营养素含量的发展潜力巨大，如作物营养强化后的橙肉甘薯的 β-胡萝卜素含量可以超过 100 毫克/升。而微量营养素含量的增加可以有效增加消费者摄入的微量营养素含量，进而改善其营养健康状况。并且，富含微量营养素的作物品种也会增加农户的采用率，进而使得其覆盖面积增加。因此，作物中现有的微量营养素含量及强化后微量营养素的增加量对作物营养强化的经济效益产生重要影响。

（二）加工方式对经济效益的影响

实际食用的主食中所含有的微量营养素含量可能低于作物中的含量，因为在收获和加工过程中可能会发生损失，因此，加工方式会对作物营养强化的经济效益产生影响。加工方式对富含维生素 A 的作物影响更大，如甘薯和木薯等作物在收获后通常要经阳光暴晒，这会导致维生素 A 完全降解。其他加工技术如烹饪等也会影响主食中维生素的含量。β-胡萝卜素尤其对明亮的阳光和极热敏感。对于橙肉甘薯而言，煮沸后 β-胡萝卜素的保留率约为 80%（Nestel et al., 2006），但如果贮藏和烹饪技术不当，损失可能会更大。在非洲，木薯由加工方式所导致的损失是最大的，在烹饪过程中会损失 70% 到 90% 的维生素 A。在巴西东北部，由加工方式所导致的维生素 A 的损失也很大，达到 54% 到 64%。除了维生素以外，加工方式对富含矿物质的主食作物也会产生损失，尽管它们通常比维生素和类胡萝卜素更不敏感。例如，铁、锌通常存在于小麦的籽粒中，其中糊粉层和胚芽的铁、锌含量较高，淀粉和胚乳中的铁、锌含量较低，而小麦籽粒在加工过程中通常会去除糊粉层和胚芽，保留胚乳，这就导致其微量营养素含量大幅下降。因此，加工方式影响作物最终所富含的微量营养素增加量，而微量营养素增加量对改善健康、增加经济效益至关重要。不同国家由加工方式所导致的损失程度不一样，从而导致其经济效益也有所不同。

（三）生物利用率对经济效益的影响

任何以食物为基础的干预措施的影响均取决于对营养素摄入量增加的剂量反

应，也就是人体最终能吸收多少特定的微量营养素并用于维持身体健康。因此，生物利用率和剂量反应会对作物营养强化的经济效益产生重要影响。作物营养强化的生物利用率和剂量反应取决于许多因素，如微量营养素的确切化学成分很重要，以及这种化合物是如何储存在植物细胞内的。此外，人们饮食中的增强和抑制因素也会产生重要影响。例如，β-胡萝卜素的吸收取决于最低脂肪摄入量，而酒精会降低生物利用度。维生素 C 的摄入量对铁的生物利用度有积极影响，而植酸盐和单宁则起到抑制作用。Haas 等（2005）的研究已经表明，高铁大米确实可以改善妇女血液中的铁含量状况。同样，van Jaarsveld 等（2005）也已经证实，食用橙肉甘薯确实可以改善儿童的维生素 A 状况，食用 100 毫克/升的 β-胡萝卜素，煮沸后保留 80%，即使食用 50 克这种作物，也足以满足儿童每日维生素 A 建议摄入量的 75%。因此，在推广作物营养强化过程中，应该注意生物利用率及剂量反应等对健康效益和经济效益的影响，从而最大化作物营养强化的作用。

二、膳食结构对经济效益的影响

营养干预措施的有效性在一定程度上会受到目标人群膳食结构的影响，在一般情况下，特定主食作物的消费总量和消费频率越高，微量营养素的增加对其影响就越大。在每天摄入 400 克特定食物的情况下，微量营养素含量增加 10 毫克/升将转化为每天增加 4 毫克的微量营养素摄入量，而 200 克的摄入量仅转化为增加 2 毫克的微量营养素摄入量。因此，目标人群的膳食结构会对其产生一定程度的影响。消费总量越大，消费频率越高，目标人群越有可能从由作物营养强化所产生的微量营养素含量增加中获益。因此，在进行作物营养强化时应该考虑到该地区的膳食结构，根据膳食结构开展相应的微量营养素强化。例如，在非洲，大部分人的主食是甘薯，考虑到最大化作物营养强化的效益，应该首先进行甘薯的营养强化；在中国，大部分人以小麦和水稻作为主食，消费量和消费频率居于前列，应首先开展小麦和水稻的营养强化。如果没有根据膳食结构的实际情况开展微量营养素的强化，就会导致其经济效益受损。受膳食结构的影响，在释放作物营养强化主食作物以后，为了最大化其效益，应该鼓励消费者增加相应强化作物的食用量和食用频率，从而使作物营养强化的健康效益、经济效益和成本效益最大化。

三、覆盖率对经济效益的影响

覆盖率，或作物营养强化主食在生产和消费中的比例，是影响其健康改善程度和经济效益的关键决定因素，主要包括农户采用率和消费者接受度两方面。

（一）农户采用率对经济效益的影响

　　农民生产的作物营养强化主食越多，目标家庭消费的作物营养强化主食就越多，由摄入不足所导致的患病率就会降低得越多。因此，农户采用率对作物营养强化的经济效益至关重要。在以往研究中，由于作物营养强化并没有真的种植和生产，因此，在进行健康效益、经济效益和成本效益的分析时通常采用二手数据进行假设，如专家认为亚洲谷物种子系统发达，覆盖率可能更高，一般情况下，在保守情景下亚洲的最大覆盖率为30%，在乐观情景下亚洲的最大覆盖率为60%。而在没有如此发达的种子系统的非洲，学者使用的覆盖率要低得多，保守情景下的假设是20%，乐观情景下的假设是40%。在拉丁美洲，覆盖率假定在25%到30%。然而，在巴西东北部，新品种木薯的覆盖率一直很低，专家假设这一作物的覆盖率为10%到25%（Evenson and Gollin，2003）。这些不同覆盖率的假设，导致不同地区开展作物营养强化的经济效益差异较大。

（二）消费者接受度对经济效益的影响

　　人们对微量营养素的认知普遍缺乏，因此，作物营养强化的营养优势可能得不到消费者充分的认识，这会导致消费者对作物营养强化主食的接受度下降，并且受微量营养素缺乏影响最大的是贫困人口，他们愿意为作物营养强化主食支付更高价格的意愿和能力也十分有限。作物营养强化有可能会导致主食作物外观性状的改变，这会在一定程度上降低其接受程度。例如，β-胡萝卜素的强化会使作物颜色变为深黄色或橙色，而矿物质如铁、锌等的强化并不会导致作物颜色、外观等的变化。因此，消费者对铁、锌强化作物的接受度可能高于维生素强化的作物。因此，消费者的接受程度会对作物经济效益产生重要影响。消费者的接受程度越高，越愿意购买和食用作物营养强化主食，其从中摄入的微量营养素含量就越大，因此，消费者由微量营养素摄入不足所导致的疾病发生率就会下降，并且消费者的接受度也会对农户的采用率产生影响，消费者接受程度越高，越愿意为其支付溢价，农户种植意愿就会增加，进而进一步扩大作物营养强化的覆盖率，使其受益人群增加。因此，消费者接受程度不同，作物营养强化的经济效益也不同。

四、成本对经济效益的影响

　　作物营养强化的成本也会对其经济效益产生影响，作物营养强化的成本包括基础研发成本、适应性育种成本、推广成本和维护成本。由于国家间的经济发展水平等的差异，不同国家开展作物营养强化所需要的成本也是不同的，这就导致其经济效益有所不同，特别是在成本有效性方面，如木薯的育种工作主要集中在非洲和拉丁美洲国家，特别是在巴西东北部，木薯的基础研发成本占总成本的67%，而其余国家的基础研发成本则相对较低。适应性育种成本在每个国家也是不同的，如印度水稻的适应性育种成本为每年160万美元，而孟加拉国水稻的适应性育种成本每年仅需20万美元。同样，推广成本和维护成本也是针对具体国家的，在每个国家都有所不同，这些成本的差异会导致在衡量作物营养强化经济效益时产生差异，从而导致同一种作物、同一种微量营养素的经济效益参差不齐。

第三节　经济效益研究中存在的问题

作物营养强化能够有效改善贫困地区人口微量营养素缺乏状况，是解决隐性饥饿最为经济有效的方式。虽然作物营养强化的重要性得到了政府和学者的广泛认同，相关科学研究和常规实践逐渐增加，但是作物营养强化仍然没有大规模种植和生产，导致作物营养强化经济效益的相关研究仍然存在一些问题，主要表现在以下几个方面。

首先，缺乏经济效益的次一级分析。微量营养素缺乏是发展中国家面临的普遍公共卫生问题，且各国的微量营养素缺乏率各有不同，印度的营养不良人口数在世界上是最高的，2016年就达到1.96亿人。中国2019年就拥有高达3亿的隐性饥饿人口，而尼日利亚、巴基斯坦等也有超过15%的人口面临隐性饥饿的风险，因此，以往研究大多围绕这些国家进行作物营养强化的健康效益和经济效益分析，以便进行比较分析。但不容忽视的是，即使是在同一个国家不同地区间的营养不良率差异也较大，如中国的西部偏远地区的营养不良率显著高于中部地区和东部地区（董彦会等，2017），巴西东北部的营养不良人口也显著多于其他地区，因此，明确不同地区间作物营养强化健康效益和经济效益的差异是确定作物营养强化推广优先序的重要依据，有利于最大化作物营养强化的经济效益。但以往的研究仅关注于国家级的分析，却忽视了次一级的分析，缺少不同地区间开展作物营养强化健康效益和经济效益的分析。

其次，缺乏经济效益的事后分析。由于作物营养强化产品尚未大规模种植和推广，这就导致现有的关于作物营养强化健康效益和经济效益的分析大多采用DALY方法来对其干预效果进行评价。DALY方法是衡量其干预效果的有效方法，但这只是在农业技术影响评估中明确考虑营养和健康方面的第一步，还需要更多的基础研究以便进一步衡量其影响并且制定包括提高居民健康和生活质量在内的福利措施。此外，DALY方法采用事前分析方法来衡量作物营养强化的健康效益和经济效益，所需的数据依赖于专家的估计和前人的研究，这就导致其可能存在一定的偏差。因此，应该增加营养强化作物被传播后建立在可观测数据上的事后分析，以便明确作物营养强化对消费者营养健康的真实影响及经济效益，从而准确衡量微量营养素含量、加工方式和生物利用率等对作物营养强化经济效益的真实影响。但以往的研究绝大多数都是采用事前分析的 DALY 方法，而缺少经济效益的事后分析。

再次，缺乏农户采用率的研究。农户采用率是影响作物营养强化健康效益和经济效益的关键决定因素之一。农户的采用率越高，农民种植和生产的作物营养强化主食越多，目标家庭消费的作物营养强化主食就越多，由摄入不足所导致的患病率就会降低得越多。相反，如果农户的采用率较低，那么种植和生产的作物营养强化主食就少，消费者可食用的也少，再加上加工方式等导致的损失，其对营养健康的改善作用就会大打折扣。而缺乏健康效益的作物，消费者对其支付意愿也会相对较低，农户的经济利益就会减少，这又会进一步降低其采用率，从而形成恶性循环，导致营养不良状况无法改善。因此，农户的采用率对提高作物营养强化的健康效益和经济效益具有重要意义。但以往的研究大多关注于采用事前分析方法衡量作物营养强化的健康效益和经济效益，对于覆盖率仅采用假设数据，忽视了农户的采用率相关研究，尤其是影响其采用的因素。

最后，缺乏消费者真实接受度的研究。作物营养强化能够有效改善营养健康状况，虽然这在一定程度上会增加消费者的接受度和支付意愿（Oparinde et al.，2016a；Banerji et al.，2016），但由于有的作物营养强化农产品如维生素 A 强化的农产品会发生颜色、外观等的改变，这会导致消费者对其产生恐惧心理从而降低其接受度和支付意愿（de Steur et al.，2012b；郑志浩，2015）。因此，了解为什么会产生不一致的研究结果及影响消费者支付意愿的因素对作物营养强化的有效推广、提高其经济效益至关重要。但现有的研究大多关注于消费者支付意愿，而对其影响因素关注较少。以往关于作物营养强化支付意愿的研究大多是采用问卷或者拍卖的形式测量的，消费者并没有真实地进行支付，这会导致其高估支付意愿。因此，采用二手数据或者模拟真实交易，从而测量消费者的真实支付意愿对衡量作物营养强化的市场潜力和经济利润，进而增加农户的采用率和改善消费者健康状况必不可少，但现有的研究重点关注消费者对作物营养强化的感官评价和支付意愿，缺少真实支付意愿的相关研究。

第四节　作物营养强化经济效益的研究展望

作物营养强化经济效益研究中存在的问题阻碍了作物营养强化的开展与推广，进而降低了其对营养不良的改善作用和经济效益。作物营养强化作为改善隐性饥饿最为经济有效的方式，不仅需要大量的资金、技术等的支持，也需要政府、农户、消费者的共同努力，形成协调统一的联动机制，才能最大化作物营养强化的经济效益。因此，针对上述问题，本章提出以下几方面的建议。

第一，加强经济效益次一级分析的相关研究。作物营养强化经济效益的次一级分析有利于在国家内部确定作物营养强化开展的优先序，从而保证最大限度地改善人群营养健康状况，因此，开展经济效益的次一级分析十分必要。但目前不同国家间开展作物营养强化的经济效益存在较大差异这一研究结论被普遍认可和接受，同一国家不同地区间的健康效益和经济效益相关研究相对较少，接下来应加强对作物营养强化经济效益次一级的相关研究。具体可以从以下几个角度出发：①调查不同地区微量营养素缺乏状况及由此导致的疾病负担，以了解不同地区人口各种微量营养素如铁、锌、维生素等的缺乏情况及由此造成的疾病负担和经济损失以便进行对比研究；②构建作物营养强化经济效益的评价指标体系，应根据各国实际情况构建适合本国国情的经济评价指标体系，以此为基础进行经济效益测算，并且测算时对成本和效益的转换应遵循一致的方法，以增加结果的可比性；③测算不同地区开展作物营养强化的健康效益和经济效益，以了解作物营养强化对不同地区健康状况的改善作用和带来的经济效益，以便构建作物营养强化推广优先序指数。只有充分开展作物营养强化经济效益的次一级分析，才能明确推广作物营养强化的优先级，从而提高作物营养强化的经济效益。

第二，加强经济效益事后分析的相关研究。作物营养强化对人口健康的事后分析能够帮助我们明确作物营养强化的真正影响，并进而衡量其传播后的经济效益和成本效益，对作物营养强化的进一步发展起着举足轻重的作用。但现有的研究大多是采用事前分析的方法进行，分析是建立在合理估计的基础上，因此，未来应加强对作物营养强化经济效益事后分析的相关研究。具体可以从以下几个角度出发：①采用 RCT 方法开展作物营养强化改善人口健康的实证研究，从而了解作物营养强化作物对具体某种或者某几种微量营养素缺乏导致的疾病负担的减少程度，以便从事后分析的角度明确作物营养强化对人口健康的改善程度；②开展作物营养强化经济效益和成本效益的事后分析，在了解作物营养强化对健康的真正影响的基础上，结合其对健康的改善程度及开展作物营养强化的成本分析相关数据，进行事后经济效益和成本-效果分析，以便获得建立在可观测数据基础上的经济效益；③开展事后经济效益对比研究，将中国与其他国家的事后经济效益和成本有效性进行对比，并将中国不同地区间开展作物营养强化的经济效益和成本有效性进行对比，从而为国际作物营养强化和中国作物营养强化的政策制定提供依据。健康效益和经济效益的事后分析能够增强农户和消费者对作物营养强化的接受度，从而为作物营养强化的宣传和推广提供有力依据。

第三，加强农户采用率的相关研究。由于农户采用率是关系作物营养强化能否成功推广的关键因素，因此，如何提高农户对作物营养强化种子的种植意愿直接决定着作物营养强化的影响范围。但由于作物营养强化还处于发展之中，大部分研究关注其对营养健康的改善作用及由此带来的经济效益，关于农户采用率的研究相对欠缺。因此，未来研究应加强农户采用率的相关研究。具体可以从以下几个角度出发：①开展农户采用率状况调查，通过对农户采用率状况进行调查以了解不同国家不同地区间农户对作物营养强化作物的采用情况，从而进行农户采用率对比研究；②开展农户采用率影响因素研究，通过对影响农户采用率的人口特征变量、心理机制等进行研究以了解影响农户采用作物营养强化作物的关键因素，从而为有效提高农户的采用率提供政策指导。通过对农户采用率的现实情况和影响农户采用率的因素进行研究与分析，可以了解阻碍农户采用作物营养强化作物的关键因素，从而有针对性地开展具体措施以提高其采用率。

　　第四，加强消费者接受度的相关研究。消费者是开展作物营养强化项目的最终受益者，消费者的接受度关系着作物营养强化对人口健康的最终改善程度，也会间接影响农户的采用率，因此，消费者接受度对作物营养强化的开展与推广至关重要。但由于消费者对作物营养强化的不了解，以及作物营养强化可能会导致颜色、外观等的改变，从而引起消费者的恐惧和排斥心理，因此，加强消费者接受度相关研究十分有必要。具体可以从以下几个角度出发：①开展真实支付意愿研究，通过模拟真实的交易场景或者直接采用可观测的一手和二手数据分析了解消费者对作物营养强化农产品的真实支付意愿，对客观描述消费者的接受度十分有必要；②开展消费者接受度的影响因素研究，通过分析影响消费者对作物营养强化农产品接受度的主要因素，可以帮助我们更好地开展推广工作，从而有效地消除妨碍消费者接受度的因素，提高消费者接受度，进而增加作物营养强化的影响范围和经济效益；③开展消费者接受度和支付意愿的对比研究，以便了解不同国家和地区间消费者对作物营养强化的接受程度，从而因地制宜地开展推广工作。只有充分了解并增强消费者对作物营养强化农产品的接受程度才能有效扩大其覆盖范围，进而改善健康状况和经济效益。

第十二章　基于区域级 BPI 的中国作物营养强化优先序[①]

2017 年，全球有近 25 亿人口存在因微量营养素缺乏带来的隐性饥饿问题（Saltzman et al.，2017）。微量营养素缺乏不仅给人类健康水平带来了直接负面影响（Alderman et al.，2006），还对人类社会经济发展造成潜在巨大损失（Alderman et al.，2006；傅罡等，2006）。作物营养强化通过育种手段提高现有农作物中可以被人体吸收利用的微量营养素的含量，减少和预防全球性的尤其是发展中国家（贫困人口）普遍存在的人体营养不良和微量营养素缺乏问题（范云六，2007；White and Broadley，2009；张春义和王磊，2009），是近年来应对全球营养挑战的农业干预形式（Asare-Marfo et al.，2013）。相较于其他缓解微量营养素缺乏的途径，作物营养强化具有低成本、高效益、可持续性强等优势，有助于改善人口健康状况及推动经济社会高质量发展（张春义和王磊，2009；Asare-Marfo et al.，2013；青平等，2018；廖芬等，2019）。

随着作物营养强化项目的发展，越来越多的利益相关方如企业、种植者、政府等有志于投资干预作物营养强化，需要支撑性信息来指导其对作物营养强化的投资（Asare-Marfo et al.，2013），如确定作物营养强化可能产生重大影响的区域及如何根据优先序有效干预（Herrington et al.，2019）。为了填补这一信息盲区，Asare-Marfo 等（2013）构建了 BPI，为在何地进行何种营养强化作物的干预提供了理论上的指导。然而，该指数运用的是国家层面的数据，忽视了国家内部的重要信息，对于农业生态和气候差异大及收入分配不平等的国家而言，全国平均水平可能掩盖了区域的消费、生产及微量营养素缺乏水平的实际情况（Asare-Marfo et al.，2013）。因此，计算区域级 BPI 可从理论上进一步完善 BPI。

2009 年，中国有近 3 亿人处于隐性饥饿状态（文琴和张春义，2015）。2005 年仅因 IDA 导致的国民经济损失就占当年 GDP 的 3.6%（范云六，2007；张春义和王磊，2009）。中国作物营养强化的发展为改善我国国民营养健康、减少因微量营养素缺乏带来的经济损失提供了有效手段。然而，我国作物营养强化的发展仍处于初期阶段（李路平和张金磊，2016），优先在何地对何种作物进行投资干预等问题尚未解决，无法为我国的政府、种子企业等利益相关方提供行之有效的指导

① 本章部分研究内容发表于《农业技术经济》2020 年第 10 期。

性建议。再者，由于自然条件、政策举措、资源禀赋及经济社会发展水平等存在动态变化（郭耀辉等，2018），我国在作物的生产和消费模式、收入水平及微量营养素缺乏水平等方面存在显著的区域差异（Asare-Marfo et al.，2013）。因此，构建中国区域级 BPI，判别我国作物营养强化投资干预的适宜程度，是指导我国作物营养强化有效发展、推进"健康中国"建设的有力手段。

　　本章基于中国 31 个省级区域（不含港澳台地区）的数据，以富含铁微量营养素的营养强化大米（简称富铁大米）为例，综合考量了人口、种植面积和经济发展水平等因素，构建了包含生产指数、消费指数、铁微量营养素缺乏指数在内的中国区域级 BPI，基于此进行我国区域级作物营养强化干预顺序的排名。进一步探讨中国作物营养强化优先顺序的空间分异特征和不同省份富铁大米干预的差异化措施。为中国作物营养强化的发展与推广、改善人口健康、提高农业附加值及推动我国经济社会高质量发展提供一定的参考建议。

　　本章的贡献主要体现在以下两个方面：第一，首次构建了中国区域级 BPI；第二，综合考量了人口数量、大米的种植面积和经济发展水平的影响，将干预主体的干预能力和负担能力纳入考量范畴，进一步深化了 BPI 的研究。

第一节　中国区域级 BPI 的概念

　　研究发现，食用作物营养强化农产品能有效改善人体微量营养素缺乏的状况（孙山等，2018；Finkelstein et al.，2015；Haas et al.，2016；Gannon et al.，2014；Low et al.，2007；Talsma et al.，2016），已有学者运用 DALY 模型分析了作物营养强化产品的健康效益与经济有效性（de Steur et al.，2012a；Nestel et al.，2006；Zimmermann and Qaim，2004；李路平和张金磊，2016），证明作物营养强化是一项具有成本效益的公共卫生干预措施（Stein et al.，2007；Meenakshi et al.，2010；de Steur et al.，2012a）。对于铁微量营养素缺乏的改善途径而言，富铁大米从作物品种上提高了铁微量营养素的含量以改善营养素缺乏状况（张春义和王磊，2009），de Steur 等（2012a）对中国富含铁、维生素 A、锌及叶酸等微量营养素的营养强化大米进行成本-效果分析，发现引入作物营养强化后每年至多可降低 46%的健康负担，验证了这种大米对营养缺乏的改善作用。

　　为了确定作物营养强化具有高影响的区域并对其进行优先序的判别，促进作物营养强化的发展以缓解全球隐性饥饿问题，国际作物营养强化项目开发了 BPI（Herrington et al.，2019）。BPI 通过考虑相关国家/地区关于某特定作物的生产和消费水平及微量营养素缺乏水平等条件，根据这些国家/地区进行作物营养强化干预投资的适宜性对其进行优先序排列。Asare-Marfo 等（2013）首次测算并实施了一项基于国家层面的 BPI，对亚洲、非洲、拉丁美洲等 127 个国家进行了作物营养强化干预适宜性的排名。研究结果显示，非洲国家引入富含维生素 A 的营养强化玉米的适宜程度较高，而富含锌微量营养素的营养强化小麦则被认为适合在亚洲国家引入。

然而，Asare-Marfo 等（2013）构建的 BPI 存在一定的局限性，如基于国家层面的数据可能忽视了国家内部的差异，尤其是对于农业生态、收入、饮食习惯及生产和消费模式等地区差异显著的国家而言，国家层面的数据无法准确反映各地区的水平（Asare-Marfo et al.，2013）。中国作为人多地广的农业大国，在粮食作物生产种植、经济发展水平、饮食习惯等方面存在显著的差异。鉴于此，为了进一步推进作物营养强化在中国的实施进程，为各利益相关方提供投资干预的支撑性信息，有必要对中国进行区域级 BPI 的测算与分析，以确定特定作物在中国适合干预投资的地区。

因此，本章基于 Asare-Marfo 等（2013）的研究，以富铁大米为例，运用省级区域数据构建了中国区域级 BPI，将中国区域级 BPI 界定为通过测量某种特定作物在特定省级区域的生产、消费强度与水平以及与该作物相关的铁微量营养素的缺乏程度，进而确定该作物在某省进行作物营养强化的优先程度。对于富铁大米而言，中国区域级 BPI 数值越高，说明该省应考虑优先对富铁大米进行干预。值得注意的是，本书探讨的是铁微量营养素在大米中的运用，未考虑富含其他微量营养素的作物及除大米以外的其他富含铁微量营养素的粮食作物。

第二节　中国区域级 BPI 的测算方法

基于 Asare-Marfo 等（2013）学者的研究，适合进行作物营养强化干预的省份需满足三个基本条件。第一，该省必须有某作物的生产者。该作物生产者是指大米[①]的生产者。表明在其他条件相同的情况下，该省大米的播种面积越大，越有可能引进富铁大米的种植，进而越有可能降低该省人口微量营养素缺乏率。第二，该省人口必须对该作物有消费。该作物消费者是指大米[②]的消费者。表明在其他条件相同的情况下，该省大米的人均消费量越高，则引进富铁大米的可能性就越高。第三，该省人口存在某微量营养素缺乏状况。本章为铁微量营养素缺乏状况。表明如满足条件一或二，某省的人口铁微量营养素缺乏率越大，富铁大米的影响就越大。

除生产、消费和微量营养素缺乏水平这三个影响因素外，其他因素如饥饿与生活困难状况、卫生条件、该区域进行营养干预的措施及其管理等均会对作物营

---

① 本章在计算生产指数时，以水稻的数据表征大米数据。
② 本章在计算消费指数时，以稻谷（口粮）数据表征大米数据。

养强化干预的优先顺序产生影响（Asare-Marfo et al.，2013）。考虑到上述因素可稀释中国区域级 BPI 且一些测量指标的省级层面数据不易获取，本章基于 Asare-Marfo 等（2013）的研究，在构建中国区域级 BPI 时主要考虑生产、消费和铁微量营养素缺乏水平这三个影响因素。

一、中国区域级 BPI 的子指数界定

基于上述三个维度和条件，中国区域级 BPI 可以用以下三个子指数来描述。

（一）生产指数

生产指数是衡量某一地区特定作物生产强度的指标。本章中的生产指数衡量的是某省大米的生产强度。该指数由某省大米的人均种植面积（PA_{pc}）和大米在该省的种植面积与该省粮食作物种植面积的比值（PA_p/PA_g）组成。其中，PA_{pc} 衡量的是相较于其他省，大米在该省的重要性，在其他条件相同的情况下，PA_{pc} 越大表明该省引进富铁大米的适宜程度越高。PA_p/PA_g 衡量的是大米在该省相较于其他粮食作物的相对重要性。在其他条件相同的情况下，PA_p/PA_g 越大，该省越有可能引进富铁大米。

（二）消费指数

消费指数衡量的是某一地区人口对某一特定作物的消费强度。本章中的消费指数衡量的是某省人口对大米的消费强度，由某省对大米的人均消费量（C_{pc}）组成。大米的人均消费量越高，该省越容易引入富铁大米以缓解人口的微量营养素缺乏水平。考虑到当前中国消费者关于大米的消费基本保持自给（张云华，2018），这种基本自给的状态将延续至未来 15 年（黄季焜，2018），再者，本章所指的富铁大米主要是通过育种手段培育富含铁微量营养素的作物营养强化品种，有别于后期在大米的制作过程中增添铁微量营养素的食物强化大米。初期发展阶段的作物营养强化主要以缓解当地微量营养素缺乏引起的隐性饥饿为目的，本章认为就当前而言各国之间营养强化富铁大米贸易相对较少。此外，我国各省之间大米的交易情况复杂，各省之间大米交易量的完整数据难以获取。因此，本章考虑的是各省大米的最终消费量，认为这种消费量是各省自产大米量、外省大米流入量甚至大米进口量与本省大米流出量等因素共同作用的结果。在其他条件相同的情况下，某省大米的人均消费量越高，即对大米的消费强度越大，该省越有可能引进富铁大米。

（三）微量营养素缺乏指数

微量营养素缺乏指数衡量的是某一地区某种微量营养素缺乏的程度。本章只考虑铁元素缺乏程度。因此，该指数也称为铁微量营养素缺乏指数（MI_{iron}）。基于 Asare-Marfo 等（2013）的研究，本章中的铁微量营养素缺乏指数（MI_{iron}）由各省贫血人口数比值（P_{anemia}/P_{region}）组成。其中，贫血是基于《中国居民营养与健康状况监测 2010—2013 年综合报告》中关于贫血的测量，采用氰化高铁法测定血红蛋白含量，经海拔高度调整后计算贫血患病率。在其他条件相同的情况下，某省铁微量营养素缺乏率越高，该省越需要引进富铁大米。

二、中国区域级 BPI 的计算：未加权 BPI 与加权 BPI

由于三个子指数包含了不同的测量单位，本章首先采用 min-max 标准化方法对各变量进行标准化处理[①]并以*对其进行标记。借鉴国家层面 BPI（Asare-Marfo et al.，2013）的计算步骤，本章使用几何平均数计算中国区域级 BPI。这一 BPI 未考虑到某省的人口、种植面积及经济发展水平等因素，我们称之为未加权的中国区域级 BPI（以下简称未加权 BPI）。标准化、生产指数、消费指数、微量营养素缺乏指数及未加权 BPI 的计算公式如式（12.1）～式（12.5）所示。

$$X^* = \frac{X - \text{Min}}{\text{Max-Min}} \tag{12.1}$$

$$\text{PI} = \frac{\text{PA}_{pc}^* + (\text{PA}_p/\text{PA}_g)^*}{2} \tag{12.2}$$

$$\text{CI} = C_{pc}^* \tag{12.3}$$

$$\text{MI}_{iron} = \left(P_{anemia}/P_{region} \right)^* \tag{12.4}$$

$$\text{BPI}_{不加权} = 100 \times \sqrt{\sqrt{\text{PI} \times \text{CI}} \times \text{MI}_{iron}} \tag{12.5}$$

然而，中国作物营养强化项目是一项营养干预的公共政策，目的是服务于更多的人群以达到营养改善的目的。因此，我们认为服务于人口数量的多少是该项目公共效果能否规模化的基础。一个地区的人口越多，富铁大米干预的益处就越大。基于此，我们使用各省的人口（P_{region}）占全国人口总数（P_c）的比值作为权重（W_1）计算各省人口加权的中国区域级 BPI（以下简称人口加权 BPI）。假定在

---

① 为了便于计算，本章采用增加一个标准差（＋1SD）的方式生成新的变量，其取值范围在 1 到 2。

其他条件不变的情况下，人口数量越多，W_1 越大，则富铁大米改善人群营养健康状况的规模效应越明显。因此，人口加权 BPI 更可能吸引政府、援助组织等利益相关者的注意，以寻求有限预算内作物营养强化干预成效规模最大化。人口加权 BPI 计算公式见式（12.6），其中 $W_1 = P_{region}/P_c$。

$$BPI_{人口加权} = 100 \times W_1^* \times BPI^* \qquad (12.6)$$

种植者和消费者的接受程度是作物营养强化项目得以成功实施的关键（郝元峰等，2015；Bouis and Welch，2010）。我们认为，大米种植面积的比重直接影响了富铁大米的种植，也是该品种种植和营销的主要参考因素。因此，我们使用某省的大米种植面积（PA_p）占全国大米种植面积（PA_c）的比值作为权重（W_2），计算各省面积加权的中国区域级 BPI（以下简称面积加权 BPI）。假定在其他条件不变的情况下，W_2 越高，该省大米种植面积越大，则种植富铁大米的可能性越大，进而更可能实现干预目标。由于一些大国往往具有多样化的农业生态和农业气候条件，需培育和发展合适的品种，制定相应的营销策略推动作物营养强化的发展（Asare-Marfo et al.，2013）。因此，面积加权 BPI 可能更能吸引种子种植和营销等利益相关者的注意。面积加权 BPI 计算公式见式（12.7），其中 $W_2 = PA_p/PA_c$。

$$BPI_{面积加权} = 100 \times W_2^* \times BPI^* \qquad (12.7)$$

经济发展水平是影响干预能力、负担能力和消费者购买力及预测市场潜力的重要因素。实施作物营养强化项目及推广富铁大米需要一定的成本，经济发展水平是保障中国作物营养强化得以成功的重要条件，直接影响政府等干预主体进行投资干预的强度与深度。因此，本章将各省的经济发展水平程度作为权重计算经济加权的中国区域级 BPI（以下简称经济加权 BPI），使用某省的地区生产总值（GDP_{region}）占 GDP 的比重（W_3），以衡量该省相较于全国其他地区的经济发展水平。假定在其他条件不变的情况下，W_3 越大，政府等干预主体对富铁大米的干预能力和负担能力越强，富铁大米的消费者购买力及市场潜力越大，越有利于作物营养强化的发展，进而达到改善人口微量营养素缺乏水平的目的。经济加权 BPI 计算公式见式（12.8），其中 $W_3 = GDP_{region}/GDP$。

$$BPI_{经济加权} = 100 \times W_3^* \times BPI^* \qquad (12.8)$$

基于上述分析，本章借鉴匡远配和罗荷花（2010）等学者的研究，结合专家咨询结果分别对人口加权 BPI、面积加权 BPI 和经济加权 BPI 赋予 40%、40% 和 20% 的权重，计算得出加权 BPI。这一 BPI 综合考量了人口、种植面积及经济水平等因素的作用。因此，本章把加权 BPI 作为富铁大米干预优先序的综合指数，其计算公式见式（12.9）。

$$BPI_{加权} = 0.4 \times BPI_{人口加权} + 0.4 \times BPI_{面积加权} + 0.2 \times BPI_{经济加权} \qquad (12.9)$$

第三节　中国区域级 BPI 的数据来源

考虑到中国区域级 BPI 涉及的生产、消费及铁微量营养素缺乏水平是对当前国内各省状况的反映。因此，本章采用了《中国统计年鉴 2018》的数据作为人口规模和生产指数计算变量的主要数据来源。由于近年各省大米完整的消费数据较难获取，本章采用布瑞克农业数据库中 2012 年大米的人均消费量作为消费指数的主要数据来源。各省贫血人口数量来源于中国疾病预防控制中心。加权的中国区域级 BPI 各权重指标数据均来源于《中国统计年鉴 2018》。表 12.1 提供了用于计算 3 个子指数的变量和数据源的汇总。

表 12.1　中国区域级 BPI 变量汇总

子指数	变量	变量说明	数据来源
消费指数	人均消费量	某省稻谷口粮的消费量（千克）/该省人口数（人）	布瑞克农业数据库；《中国统计年鉴 2018》
生产指数	人均种植面积	某省水稻播种面积（公顷）/该省人口数（人）	《中国统计年鉴 2018》
	种植面积	某省水稻播种面积（千公顷）	
	粮食作物种植面积	某省粮食作物播种面积（千公顷）	
微量营养素缺乏指数	贫血人口数	某省贫血人口数（人）/该省人口数（人）	中国疾病预防控制中心

注：本章使用稻谷或水稻表征大米

第四节　中国区域级 BPI 的评价

一、子指数分析

大米消费指数排名全国前 10 位的省区市依次是湖南、广西、江西、重庆、福建、浙江、江苏、四川、湖北、吉林，表明这 10 个省区市关于大米的消费强度较大，主要集中在南方地区，这与实际情况相符。江西、湖南、黑龙江、海南、广东、广西、福建、湖北等省份对大米的种植强度较大，主要集中在南方地区及东北地区，这与我国现有大米的种植区域分布相符。贵州、甘肃、海南、青海、辽宁、江西、吉林、安徽、山东等省份对铁微量营养素的缺乏程度相对较高。子指数结果分布如图 12.1 所示。

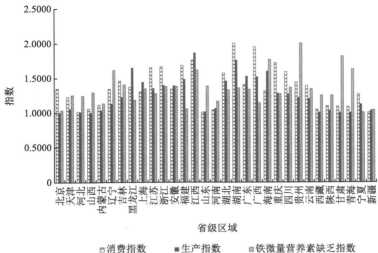

图 12.1　子指数结果分布

二、未加权 BPI 结果分析

　　根据未加权 BPI 排序，适宜优先投资富铁大米的前 5 个省份依次是江西、贵州、海南、湖南、浙江（表 12.2）。江西对大米的人均消费量位于 31 个省级区域的前 10%，大米的人均种植面积仅次于黑龙江（位居全国第二位），贫血人口数比值位居全国前 20%（19.35%）。这说明江西对大米的消费和种植强度大，存在引进富铁大米的必要，是最适宜进行富铁大米干预投资的省份。河南、内蒙古、北京、宁夏和新疆进行富铁大米干预的适宜程度低。虽然北京对大米的人均消费量处于全国中等水平，但整体而言，北京适宜投资富铁大米的优先顺序相对靠后。内蒙古的情况类似于北京。

表 12.2　富铁大米未加权结果

排序	未加权 BPI	
	省级区域	BPI 值
1	江西	170.9772
2	贵州	162.7263
3	海南	159.7819
4	湖南	159.2396
5	浙江	144.8081
6	湖北	141.5344

续表

排序	未加权 BPI	
	省级区域	BPI 值
7	辽宁	141.0526
8	广西	139.7191
9	广东	139.7101
10	四川	139.0780
11	江苏	137.8585
12	甘肃	137.3013
13	安徽	137.2145
14	重庆	137.0474
15	吉林	136.9520
16	上海	135.6948
17	黑龙江	132.9580
18	云南	131.3769
19	青海	129.9582
20	福建	128.8161
21	天津	119.1400
22	山东	117.9908
23	山西	115.1476
24	陕西	114.9613
25	西藏	112.7890
26	河北	111.9985
27	河南	110.4147
28	内蒙古	110.1586
29	北京	109.4623
30	宁夏	108.9647
31	新疆	102.5991

三、加权 BPI 结果分析

本节基于人口数量、种植面积和经济发展水平对未加权 BPI 进行加权计算。表 12.3 呈现了各省人口加权 BPI、面积加权 BPI 和经济加权 BPI 权重的计算结果。总的来说，无论是何种加权，西藏、宁夏、新疆、内蒙古等自治区的 BPI 得分相比于全国其他省区市较低，说明对这些地区进行富铁大米干预的适宜性较低。受不同权重的影响，黑龙江、江西、河南、湖南、广东等省份的人口加权 BPI、面积加权 BPI 和经济加权 BPI 存在差异，因面积权重凸显的省份主要有湖南、黑龙江和江西，因面积权重稀释未加权 BPI 的省份有河南和山东。

表 12.3　中国区域级 BPI 加权权重

序号	省级区域	人口数量权重		种植面积权重		经济发展水平权重	
		初始值	标准化值	初始值	标准化值	初始值	标准化值
1	北京	0.0156	1.1697	0	1.0000	0.0339	1.3019
2	天津	0.0112	1.1130	0.0010	1.0072	0.0224	1.1948
3	河北	0.0541	1.6636	0.0024	1.0177	0.0411	1.3697
4	山西	0.0266	1.3111	0	1.0002	0.0188	1.1607
5	内蒙古	0.0182	1.2027	0.0040	1.0288	0.0195	1.1671
6	辽宁	0.0314	1.3727	0.0160	1.1162	0.0283	1.2498
7	吉林	0.0195	1.2201	0.0267	1.1936	0.0181	1.1541
8	黑龙江	0.0273	1.3191	0.1284	1.9313	0.0192	1.1649
9	上海	0.0174	1.1925	0.0034	1.0246	0.0370	1.3315
10	江苏	0.0578	1.7106	0.0728	1.5278	0.1038	1.9562
11	浙江	0.0407	1.4916	0.0202	1.1464	0.0626	1.5705
12	安徽	0.0450	1.5468	0.0847	1.6144	0.0327	1.2906
13	福建	0.0281	1.3304	0.0204	1.1483	0.0389	1.3490
14	江西	0.0332	1.3960	0.1140	1.8266	0.0242	1.2113
15	山东	0.0720	1.8932	0.0035	1.0257	0.0878	1.8065
16	河南	0.0688	1.8519	0.0200	1.1450	0.0539	1.4889
17	湖北	0.0425	1.5142	0.0770	1.5585	0.0429	1.3863
18	湖南	0.0493	1.6027	0.1379	1.9997	0.0410	1.3685
19	广东	0.0803	2.0006	0.0587	1.4258	0.1085	1.9996
20	广西	0.0351	1.4203	0.0586	1.4249	0.0224	1.1945
21	海南	0.0067	1.0547	0.0080	1.0582	0.0054	1.0355
22	重庆	0.0221	1.2532	0.0214	1.1554	0.0235	1.2047
23	四川	0.0597	1.7359	0.0610	1.4422	0.0447	1.4033
24	贵州	0.0258	1.2998	0.0228	1.1652	0.0164	1.1382
25	云南	0.0345	1.4125	0.0283	1.2053	0.0198	1.1702

序号	省级区域	人口数量权重		种植面积权重		经济发展水平权重	
		初始值	标准化值	初始值	标准化值	初始值	标准化值
26	西藏	0.0024	1.0003	0	1.0002	0.0016	0.9999
27	陕西	0.0276	1.3233	0.0034	1.0249	0.0265	1.2327
28	甘肃	0.0189	1.2117	0.0001	1.0009	0.0090	1.0694
29	青海	0.0043	1.0244	0	1.0000	0.0032	1.0147
30	宁夏	0.0049	1.0322	0.0026	1.0191	0.0042	1.0240
31	新疆	0.0176	1.1950	0.0024	1.0175	0.0132	1.1081

如表 12.4 所示，根据人口加权 BPI，需要优先进行富铁大米干预投资的前 5 个省依次是广东、湖南、江西、四川、江苏；根据面积加权 BPI，优先干预的 5 个省依次是湖南、江西、黑龙江、湖北、安徽；经济加权 BPI 显示，进行富铁大米干预的省份优先顺序依次是广东、江苏、浙江、湖南、江西。虽然各省基于人口加权 BPI、面积加权 BPI 和经济加权 BPI 的结果稍有差异，如黑龙江的人口加权 BPI、经济加权 BPI 和面积加权 BPI 分别位于全国第 16 位、第 18 位和第 3 位，但是湖南、江西两省的干预优先序均位于全国前 5 位。根据加权 BPI 的结果，富铁大米干预优先序位于全国前列的省份依次是湖南、江西、广东、江苏、四川、湖北、安徽、贵州、浙江、黑龙江、广西等，其中，加权 BPI 得分位于 300 以上的为湖南和江西两省。青海、陕西、山西、天津、内蒙古、北京、西藏、宁夏和新疆 9 个省区市的加权 BPI 得分均位于 150 以下，进行富铁大米干预的适宜程度相对较低。综上，湖南和江西两省最适宜进行富铁大米的干预，宁夏、新疆进行富铁大米干预的适宜程度低。

表 12.4　富铁大米加权结果

排序	人口加权 BPI		面积加权 BPI		经济加权 BPI		加权 BPI	
	省级区域	BPI 值	省级区域	BPI 值	省级区域	BPI 值	省级区域	BPI 值
1	广东	308.6414	湖南	365.6120	广东	308.4811	湖南	313.4961
2	湖南	293.0270	江西	365.3156	江苏	296.4919	江西	306.2597
3	江西	279.2038	黑龙江	278.8829	浙江	253.9982	广东	273.1379
4	四川	266.1915	湖北	244.5949	湖南	250.2026	江苏	255.6303
5	江苏	259.2746	安徽	243.1679	江西	242.2598	四川	237.9779
6	贵州	244.2747	江苏	231.5552	山东	221.3147	湖北	236.4085

排序	人口加权 BPI		面积加权 BPI		经济加权 BPI		加权 BPI	
	省级区域	BPI 值	省级区域	BPI 值	省级区域	BPI 值	省级区域	BPI 值
7	浙江	241.2345	四川	221.1585	湖北	217.5646	安徽	229.3412
8	湖北	237.6440	广东	219.9629	四川	215.1898	贵州	228.0831
9	安徽	232.9877	广西	219.8471	贵州	213.9014	浙江	221.4553
10	山东	231.9373	贵州	218.9823	上海	197.5935	黑龙江	221.3849
11	广西	219.1340	海南	194.3115	辽宁	195.2622	广西	212.4523
12	辽宁	214.4590	浙江	185.4045	安徽	194.3946	辽宁	194.5927
13	河南	206.3611	吉林	179.3237	海南	190.1467	海南	193.2230
14	云南	200.7039	辽宁	174.3917	福建	186.6229	山东	187.3004
15	海南	193.6726	重庆	173.7481	广西	184.2992	云南	182.0411
16	黑龙江	190.4752	云南	171.2609	重庆	181.1650	重庆	181.1118
17	河北	189.2327	福建	158.8509	吉林	173.3843	吉林	179.7292
18	重庆	188.4489	上海	152.0445	黑龙江	168.2081	福建	174.4824
19	福建	184.0437	甘肃	150.8927	云南	166.2758	上海	171.1230
20	吉林	183.3071	青海	140.0115	河南	165.9096	河南	166.7633
21	甘肃	182.6635	河南	127.5925	甘肃	161.2129	甘肃	165.6651
22	上海	176.9661	山东	125.6563	河北	155.8037	河北	153.1571
23	陕西	156.2592	天津	125.0837	天津	148.3851	青海	141.7910
24	山西	155.1661	陕西	121.0201	陕西	145.5566	陕西	140.0230
25	青海	143.4299	山西	118.3740	北京	143.2545	山西	136.8892
26	天津	138.2208	河北	115.7582	青海	142.0723	天津	134.9988
27	内蒙古	133.5705	西藏	114.9266	山西	137.3655	内蒙古	125.0527
28	北京	128.7078	内蒙古	114.2562	内蒙古	129.6103	北京	124.1499
29	新疆	119.4980	宁夏	111.4002	西藏	114.8860	西藏	114.9231
30	西藏	114.9381	北京	110.0397	宁夏	111.9305	宁夏	112.0766
31	宁夏	112.8261	新疆	101.7500	新疆	110.8105	新疆	110.6613

第五节　中国区域级 BPI 的空间分异

为进一步深入探讨富铁大米干预的优先序，本节借鉴牛敏杰等（2016）的研究，以各省未加权 BPI、人口加权 BPI、面积加权 BPI、经济加权 BPI 的得分值为样本进行聚类分析。根据聚类分析的结果，将 31 个省级区域分为 5 类区域（表 12.5），其中，用Ⅰ～Ⅴ区表示富铁大米干预优先程度的强弱，即Ⅰ区最应优先进行富铁大米的干预，Ⅴ区最不适宜进行富铁大米的干预。就区域划分结果而言，富铁大米在我国各省干预优先序的空间分异趋势明显（表 12.5），基本遵循了我国现有大米种植分布状况。此外，这一空间分异特征基本符合加权 BPI 的研究结果，进一步检验了空间分异结果的稳健性。

表 12.5　富铁大米的"阶梯式"干预

区域	加权 BPI 值区间	省级区域个数	具体省级区域
Ⅰ区 （最优区）	≥300	2	湖南、江西
Ⅱ区 （次优先区）	［250，300）	2	广东、江苏
Ⅲ区 （中等优先区）	［200，250）	7	四川、湖北、安徽、贵州、浙江、黑龙江、广西
Ⅳ区 （低优先区）	［150，200）	11	辽宁、海南、山东、云南、重庆、吉林、福建、上海、河南、甘肃、河北
Ⅴ区 （不适宜区）	<150	9	青海、陕西、山西、天津、内蒙古、北京、西藏、宁夏、新疆

（1）Ⅰ区。该区加权 BPI 值均高于 300，包括湖南和江西两省，均位于我国南方地区，均以大米种植和消费为主，其中，湖南的大米人均消费量及江西大米的生产强度均位于全国首位。该区两省的加权 BPI 位于全国前两位，表明这两省进行富铁大米干预的适宜性很高，是富铁大米在种植及生产、消费、人群营养健康效应实验等方面进行干预投资的最优省份，也是中国作物营养强化项目推广的重点及最优省份。

（2）Ⅱ区。该区加权 BPI 值位于［250，300），包括广东和江苏两省，均位于我国东部沿海地区，经济发展水平高。两省的人口加权 BPI 和经济加权 BPI 均位于全国前五位，其中，广东的人口加权 BPI 和经济加权 BPI 均位于全国首位，江苏的经济加权 BPI 仅次于广东。这表明两省进行富铁大米干预的适宜性较高，是富铁大米在种植及生产、消费、人群营养健康效应实验尤其是推广等方面进行干预投资的优先省份，尤其具备干预能力和负担能力及人群健康效应规模化的条件，消费者购买力较高，市场潜力较好。

（3）Ⅲ区。该区加权 BPI 值位于［200，250），包括四川、湖北、安徽、贵州、浙江、黑龙江和广西 7 省。这 7 省基本上以大米种植为主，均有对大米的消费，但是由于铁微量营养素的缺乏水平不同，因此 7 省的未加权 BPI 排名不同。由于赋予权重不一，四川、贵州、浙江、湖北、安徽的人口加权 BPI 排名，黑龙江、湖北、安徽、四川、广西、贵州的面积加权 BPI 排名，以及浙江、湖北、四川、贵州的经济加权 BPI 排名均位于全国前 10 位。这表明该区各省存在一定程度进行富铁大米干预的适宜性，但进行干预的侧重点不同。例如，四川可进行富铁大米的生产种植及消费；黑龙江更适宜以富铁大米的大规模种植为主；贵州铁微量营养素缺乏严重，则适宜大力推广富铁大米，培育富铁大米的市场；浙江具有进行富铁大米干预的能力和负担能力，因此可根据实际情况进行富铁大米的科研、消费推广等。

（4）Ⅳ区。该区加权 BPI 值位于 [150,200)，包括辽宁、海南、山东、云南、重庆、吉林、福建、上海、河南、甘肃、河北共 11 个省市。由于上述 11 个省市主要集中在北方地区，虽有少部分地区种植或消费大米，但是大米并非上述大部分省份主要种植的粮食作物，大米的消费仅满足部分人的需求，由于铁微量营养素的缺乏程度不一，除海南、辽宁基于未加权 BPI 排名、山东基于人口加权和经济加权 BPI 排名、上海基于经济加权 BPI 排名均位于全国前 10 位以外，其他省份在未加权 BPI、加权 BPI 中的排名均较后。这表明该区大部分省份进行富铁大米干预的适宜性较低，但是不同省份可根据实际情况进行适当干预。例如，上海可作为富铁大米的潜力市场，辽宁和吉林可作为富铁大米大规模种植基地。

（5）Ⅴ区。该区加权 BPI 值低于 150，包括青海、陕西、山西、天津、内蒙古、北京、西藏、宁夏、新疆共 9 个省区市，主要位于西部以及北方地区，基本上不以大米作为当地种植与消费的主粮作物。然而，尽管上述省份的未加权 BPI 与加权 BPI 排序位于全国下游水平，但是部分省份如青海贫血人口数比值较大，北京对于大米的人均消费强度处于全国中游水平。这表明该区 9 个省区市进行富铁大米干预的适宜性虽低但仍存在缓解铁缺乏的需要。因此，为了缓解这些省份铁微量营养素缺乏水平，需通过其他互补方式改善铁微量营养素缺乏状况。

第六节　基于空间分异的进一步分析

中国区域级 BPI 作为作物营养强化推广的参考信息，在一定程度上弥补了国家层面的 BPI 忽略的国内信息的局限，如某一省份关于大米的生产、消费及铁微量营养素缺乏水平存在分离状况。由于南北气候和饮食习惯的差异，这种分离状况在 31 个省级区域间明显存在，主要表现为某省缺乏铁微量营养素且基本不种植及消费大米（如甘肃、青海）、大米种植比例小但消费多（如北京）、大米种植与消费基本持平（如江西）、大米种植水平高于消费水平（如黑龙江）等。为了更贴近于我国现实情况，考虑这种分离状况的影响，增强中国区域级 BPI 对我国作物营养强化的现实指导意义，本书拟计算各省大米的消费量与大米产量的比值，结合各省铁微量营养素缺乏水平，基于中国区域级 BPI 及中国作物营养强化优先序的空间分异结果，进一步分析各省投资干预富铁大米的适宜程度，即探讨各省进行富铁大米干预的效果如何，以及同一区域内各省份如何进行富铁大米的异质性干预。换言之，也就是基于空间分异结果探讨在哪些省份进行富铁大米的干预效果更明显，同一区域内各省份进行富铁大米的干预是否具有异质性。

首先，本节计算各省大米消费量与大米产量的比值，以 α 表示，以评估在其他条件相同的情况下，某省关于大米的消费与生产的相对比重，进而从一定程度上判断该省大米流入或流出的可能性。从理论上来讲，若 $\alpha < 1$，说明该省关于大米的消费强度不及生产强度，在其他条件相同的情况下，更可能将大米外售给其他省或国家/地区，其中，α 值越小，说明该省大米的生产强度越大于大米的消费强度；若 $\alpha \approx 1$，说明该省关于大米的消费强度与生产强度持平；若 $\alpha > 1$，说明该省关于大米的消费强度强于生产强度，在其他条件相同的情况下，更可能从其他省或国家/地区购买大米，其中，α 值越大，说明该省大米的消费强度比大米的生产强度越大。我们采用各省关于"稻谷（口粮）的消费量"表示该省的大米消费水平，以各省的"大米产量"表示该省大米的生产水平，数据来源于布瑞克农业数据库和《中国统计年鉴 2013》。计算结果详见表 12.6。

表 12.6　基于消费–产量比值的富铁大米干预效果与异质性

区域	省级区域	α 值	类型
I 区（最优区）	江西	1.4795	基本持平类
	湖南	1.2815	
II 区（次优先区）	江苏	1.8508	
	广东	13.5791	
III 区（中等优先区）	广西	4.9117	流入类 II
	四川	2.3531	
	浙江	18.1478	
	贵州	9.7593	
	黑龙江	0.2848	流出类
	安徽	0.4378	
	湖北	0.4784	
IV 区（低优先区）	辽宁	0.5919	
	吉林	0.3431	
	河南	0.9357	基本持平类
	山东	11.3666	流入类 I
	甘肃	39.0321	

续表

区域	省级区域	α 值	类型
Ⅳ区（低优先区）	上海	13.0695	流入类Ⅱ
	福建	3.7749	
	海南	66.2370	
	重庆	4.6884	
	云南	52.4008	
Ⅴ区（不适宜区）	河北	47.3543	流入类Ⅰ
	北京	60.4208	
	天津	18.0162	
	山西	437.6956	
	内蒙古	2.3818	
	西藏	31.6308	
	陕西	5.3373	
	青海	—	
	新疆	9.0531	
	宁夏	1.3945	基本持平类

注：甘肃、西藏两省大米产量用稻谷产量表征，青海大米产量数据缺失

接着，本节基于各省大米消费量与产量比值（α）将 31 个省级区域归类为四类。第一类（α＜0.8）为流出类，这一类型的省份种植且消费大米，并有足够的大米流出本省，主要包括黑龙江、安徽、湖北、吉林、辽宁。第二类（0.8≤α＜2.0）为基本持平类，这一类型的省份种植且消费大米，并基本保持大米的种植与消费持平，可能伴有少量大米流入，主要包括江西、湖南、江苏、河南、宁夏，其中，前 3 个省份大米的种植与消费较多，而河南、宁夏的大米种植与消费较少。第三类（α≥2.0）为流入类，这一类型的省份可能种植和消费大米，并一定有外省大米流入本省。为了更好地贴近状况，我们将不种植或者少种植大米但有不同程度的大米消费的省区市归为流入类Ⅰ，主要包括河北、山东、甘肃、北京、天津、山西、内蒙古、陕西、青海、西藏、新疆；将种植且消费并有大米流入的省区市归为流入类Ⅱ，主要包括广东、浙江、广西、四川、贵州、上海、福建、海南、重庆、云南。

根据上述基于 α 的分类，结合铁微量营养素缺乏水平及中国作物营养强化的空间分异特征，我们进一步明晰富铁大米对上述类型省份的干预效果，并区分了同一区域内不同省份进行富铁大米干预的异质性。对于流出类的五省而言，鼓励进行富铁大米的干预，尤其要实现富铁大米的规模种植。对基本持平类的省份而

言，积极对江西、湖南进行富铁大米的种植与消费方面的干预，尤其要培育江苏关于富铁大米的市场，鼓励河南对富铁大米的局部种植。而宁夏铁微量营养素缺乏严重，需积极引导富铁大米流入本省。对于流入类 I 的省区市而言，鼓励北京、天津积极引进富铁大米的消费，培育河北、山东、山西、内蒙古、陕西富铁大米市场的培育，引导甘肃、青海、西藏、新疆积极采取富铁大米的其他替代方式予以补充铁微量营养素。对于流入类 II 的省区市而言，上海需积极引进富铁大米的消费，广东、浙江、广西、四川、贵州、福建、海南、重庆、云南需着力于富铁大米的种植与消费。

第七节　结论与启示

一、研究结论

本章以富铁大米为例构建了中国区域级 BPI，对富铁大米在中国 31 个省级区域的干预适宜性进行了优先顺序的排列，通过聚类分析对 31 个省级区域进行干预优先序的空间区域划分，进一步基于各省大米消费量与产量比值分析了各区域内各省进行作物营养强化干预差异性。具体结论有以下几个方面。第一，无论是加权 BPI 还是未加权 BPI 的计算，江西、湖南两省富铁大米的干预优先序均位于全国前 5 位。第二，当基于不同权重的中国区域级 BPI 时，进行富铁大米干预投资的优先顺序存在差异。第三，我国富铁大米干预优先序呈现出明显的区域特征，根据干预的适宜程度，将干预优先区域划分为 I 区（最优区）、II 区（次优先区）、III 区（中等优先区）、IV 区（低优先区）和 V 区（不适宜区）（表12.5）。第四，各区域内各省大米消费量与产量的比值不同，存在流出类、基本持平类类、流入类 I、流入类 II 四种类型，不同类型之间富铁大米的干预效果与侧重点有差异。

二、政策启示

作物营养强化是改善我国微量营养素缺乏、减少潜在经济损失的公共干预和营养健康战略。中国区域级 BPI 的构建，可为中国作物营养强化的干预优先序及干预重点提供一定的参考建议，有助于回答我国各省是否适合投资作物营养强化作物、以何种作物如何有效进行作物营养强化干预的问题。根据本章的研究结论，我们提出以下政策建议。

（1）优先对湖南、江西两省进行富铁大米的投资，实现干预手段的"刚柔并济"。湖南和江西是最适合进行富铁大米干预的省份，考虑对湖南与江西采取刚性干预手段，有利于中国作物营养强化的开展。然而，人口流动频率加快导致了消费需求的增长兼具多样性、分散性和扩散性等特征，不同区域的大米消费结构呈现分化态势（周竹君，2015）。根据各省在富铁大米推广过程中的显著特征采取柔性干预手段灵活干预，如针对市场发育潜力巨大但大米生产条件有限的省份如山东，主要以鼓励消费细分市场充分培育市场为主。

（2）重视干预主体能力的培养，基于不同干预目的实现差异化干预。由于31个省级区域在经济发展水平、人口数量、大米种植面积、市场发育状况等各方面均存在差异，应根据不同干预目的进行富铁大米的差异化干预。若以大规模干预的公共卫生影响为主要目的，建议优先对广东、湖南、江西、四川、江苏等省份进行投资干预；若以种子种植和营销等为主要目的，建议优先考虑对湖南、江西、黑龙江、湖北、安徽等省份进行投资干预；若主要考虑干预主体进行投资干预的能力、负担能力及市场潜力等因素，则建议优先考虑对广东、江苏、浙江、湖南、江西等省份进行干预投资。

（3）根据我国富铁大米干预优先序的区域性特征，基于区域化实现"阶梯式"干预。根据划分的五类区域，实现"阶梯式"干预。优先对第一阶梯最适宜干预的省份进行干预，充分发挥第二阶梯省份干预能力的优势，根据需求合理有效进行第三阶梯省份的干预，因地制宜适当实施第四阶梯省份的干预，以散点式局部开展第五阶梯省份的干预，实现区域化"阶梯式"干预的环环相扣与有序开展。

（4）根据各省大米消费量与产量的比值，建议因地制宜有针对性地进行富铁大米的干预。结合铁微量营养素缺乏状况与改善途径，考虑同一区域内富铁大米干预效果与不同省份富铁大米干预效果的异质性，建议根据不同情景针对性地对各省进行干预，以改善铁微量营养素缺乏状况，实现富铁大米干预效益最大化。具体而言，对于基本持平类和流入类的大部分省份，鼓励富铁大米的种植、消费及交易，尤其要关注人口铁微量营养素缺乏严重的省份，积极引进富铁大米的消费；对于流出类的省份，则需要大力支持富铁大米的种植和消费，尤其要实现规模种植。

三、研究局限及进一步研究

本章研究的局限主要在于以下两方面。第一，主要选取了种植面积、人口规模和经济发展水平三个加权因素，探讨了这些因素在富铁大米干预优先序中的作用；第二，我国对富含不同微量营养素的粮食作物的生产、消费水平不一，该微量营养素的缺乏程度不同，本章以富铁大米为例探讨了中国作物营养强化干预优先序。后期有益的研究拓展方向包括以下两个方面。第一，选取人口数量、种植面积、经济发展水平之外的权重指标，更全面地反映富铁大米干预优先序；第二，计算不同微量营养素应用在不同作物中的干预优先序。

第四篇　作物营养强化农产品市场推广过程中的风险与化解机制

　　消费者对作物营养强化农产品的支付意愿与接受度是影响其覆盖范围的重要因素，受到消费者基本特征、认知、态度及产品信息等因素的影响，但尚未对其具体影响及机制进行深入探讨。此外，消费者有可能因为缺乏了解及从众等因素排斥作物营养强化的农产品并爆发群体性事件。因此，本篇主要深入分析形成这些风险的原因并探寻针对性的解决对策。

第十三章　产品特质对作物营养强化农产品支付意愿的影响①

第一节　研 究 背 景

2014 年，中国粮食总产量超过了 6 亿吨，数量上已基本能够满足人民需求（朱信凯和夏薇，2015），但是"质"的问题还没有解决（李腾飞和亢霞，2016）。膳食中缺乏维生素、矿物质导致的隐性饥饿会影响人们的身体健康。2009 年中国存在隐性饥饿问题的人数高达 3 亿人（文琴和张春义，2015），2014 年有 35.5%的儿童存在不同程度的铁缺乏（马德福等，2014），2012 年中小城市小学生维生素 A 的缺乏率为 9.77%（杨春等，2016），农村学龄儿童维生素 A 的缺乏非常严重（杨春，2016）。长期微量营养素的缺乏和失衡，导致大量居民尤其是偏远山区的生活困难人群营养不良，并由此引发各种慢性疾病。因此，研究消费者对营养强化农产品的支付意愿，对于改善中国人口营养健康具有重要的现实意义。

2004～2018 年，研究者试图通过推出创新型农产品来改善人们营养素缺乏的状况。作物营养强化农产品正是一种能有效补充微量营养素的创新型农产品。作物营养强化是增加农产品中微量营养素的浓度或生物利用性，通过育种和施肥的手段增加农作物中可以被人体吸收利用的微量营养素的含量（White and Broadley，2009；Hirschi，2009）。作物营养强化以现有的农产品为目标对象，在不改变人们消费模式的情况下，提供足够的维生素 A、铁、锌等人体所需的微量营养素。

通过食用作物营养强化农产品能有效地改善人体微量营养素缺乏的情况。研究发现，使用传统育种技术培育出的强化品种，如高维生素 A 甘薯（Low et al.，2007）、高维生素 A 玉米（Gannon et al.，2014）、高维生素 A 木薯（Talsma et al.，2016）、高铁珍珠粟（Finkelstein et al.，2015）和豆类（Haas et al.，2016）都能提升食用者的微量营养素摄入量。国内研究发现，通过食用高 β-胡萝卜素甘薯，儿童血清维生素 A 水平的增长显著高于控制组的儿童（曾果等，2008）。结果说明，由传统育种方法培育出的高 β-胡萝卜素甘薯能够长期、经济、有效地应用于改善人群维生素 A 缺乏状况，并可能成为未来解决经济不发达地区人群尤其是儿童

---

① 本章部分研究内容发表于《农业现代化研究》2018 年第 5 期。

VAD 问题的主要途径。并且作物营养强化农产品在改善微量营养素缺乏方面具有效率高和成本低的特点。以作物营养强化富铁小麦为例，通过成本收益和成本有效性分析，作物营养强化项目的成本有效性优于食物强化和营养素补充剂，具有成本上的优势（李路平和张金磊，2016）。

为了消除隐性饥饿，消费者对作物营养强化农产品的支付意愿和接受程度，是影响这种创新型农产品推广的重要因素。在国外的研究中，作物营养强化农产品在非洲、亚洲等发展中国家中被消费者广泛接受。印度（Banerji et al.，2016）、卢旺达（Oparinde et al.，2016b）、尼日利亚（Oparinde et al.，2016a）和乌干达（Chowdhury et al.，2011）等地的消费者都愿意付出较平均售价更高的价格来购买作物营养强化农产品。但是，也有研究发现，并非所有的消费者都愿意出更高的价格购买作物营养强化农产品。在肯尼亚的一项研究中发现，相较于维生素 A 强化的玉米，消费者对传统的白色玉米有更强的偏好，在平均 37%折扣的条件下，消费者才愿意购买黄色的玉米（de Groote and Kimenju，2008）。与国外的研究结果类似，在针对中国消费者对作物营养强化农产品的消费意愿的研究中也存在矛盾的结果。以作物营养强化大米为例，郑志浩（2015）对中国消费者的研究中发现，消费者对作物营养强化大米的支付意愿显著低于普通大米。而在另一项以陕西省育龄妇女为对象的研究中，消费者对叶酸强化的作物营养强化大米的支付意愿的溢价达到原价的 33.7%（de Steur et al.，2012b）。

出现这种矛盾结果，可能是因为研究中选用的作物营养强化农产品具有不同的属性。在针对中国消费者的两项研究中，所选用的作物营养强化大米在两种特征上存在差异。其一，大米的外表特征。郑志浩（2015）的研究中所选用的作物营养强化大米的颜色为金黄色，而在 de Steur 等（2012b）的研究中，作物营养强化大米的颜色与普通大米相同。因此，作物营养强化农产品的外表特征（颜色、大小）与典型（传统）作物的差异，可能会影响消费者对作物营养强化大米的支付意愿。此影响过程可能与消费者对威胁的感知有关。其二，强化的营养素类型。郑志浩（2015）的研究中作物营养强化大米强化的营养素是维生素 A，de Steur 等（2012b）的研究中强化的营养素是叶酸。对消费者而言，维生素 A 和叶酸的感知价值可能存在差异，由于 de Steur 等（2012b）的调查对象是育龄妇女，相对于维生素 A，叶酸对育龄妇女有更高的价值。可见，作物营养强化的营养素类型也可能会影响消费者的支付意愿。由于对创新型农产品风险和收益的感知是影响消费者态度行为的重要因素（陈璇等，2017），因此，本章采用感知风险和感知收益的框架，基于作物营养强化农产品的颜色特征和营养素类型的视角，建立消费者选择模型，运用准实验法，分析创新型农产品的产品特质对消费者支付意愿的影响，为营养强化农产品的推广提供理论依据和决策参考。

第二节　理论假说与研究框架

一、理论假说

（一）作物营养强化农产品的颜色对消费者支付意愿的影响

作物营养强化技术可能会改变食物的味道、外表和其他特征。根据强化的营养素的不同，作物营养强化农产品可以分为两类：营养特征可见型和营养特征不可见型（Birol et al.，2015）。具体而言，营养特征可见型的作物营养强化农产品的颜色会发生改变，主要包括维生素 A 强化的作物，如维生素 A 强化的甘薯、玉米和木薯，消费者在市场中可以通过农产品的外观进行识别。营养特征不可见型的作物营养强化农产品的外观不会发生改变，此类型主要以矿物质的作物营养强化为主，产品的颜色不会发生变化，因此，消费者在市场中可能无法通过外观对其进行识别。

心理学的研究发现，消费者更加偏好与原型（prototype）相匹配的物体（Barsalou，1985）。原型被认为是针对某种类别的综合性表征，基于该类别所属事物之间最相似的特征（Loken et al.，2008）。如果把原型看作类别中所属物体间共同特征的集合，那么当一个物体具有更多的共同特征时，人们在感知过程中就会感受到更高的原型性。对于鸟类而言，人们会觉得麻雀比企鹅更具有原型性。因为鸟类的原型中具有飞翔的特征，麻雀具有该特征，而企鹅却没有。颜色作为一种外表特征，是构成原型的重要元素。对中国的消费者而言，大米的原型在颜色上应该是白色的。如果某种大米在颜色上发生改变，那么其与原型的不匹配可能会减少消费者的偏好。

消费者偏好与原型更相符的物体的心理机制可能是认知过程中感知到的流畅性或是加工流畅性。流畅性指的是信息在人的认知体系当中流动的容易性（包括感知上的和概念上的）（Reber et al.，1998）。加工流畅性指的是信息的流动快捷并且简单，而加工不流畅指的是信息的流动缓慢并且艰难。当以与原型更相符的物体作为目标对象时，人们在认知加工过程中会感知到更高的流畅性。而感知到的流畅性则会带来消费者情感上的愉悦，相对于低流畅性的加工目标，人们会觉得高流畅性的目标更加熟悉（Schwarz，2004）。同时，加工流畅性会影响人们对风险的感知，低加工流畅性会使人们觉得物体更加陌生，进而感知到更多的风险。Song 和 Schwarz（2009）在研究中虚构了一种食品添加剂，通过对发音难易程度的操纵，建立了两种实验条件，一种是名字拗口的食品添加剂，另一种是名字容易发音的食品添加剂，其他信息完全相同。结果发现，消费者对名字拗口的食品添加剂评价为更高的风险等级。以往的研究发现，消费者对风险的感知是影响农产品消费决策的重要因素（陈通等，2017；张蓓和林家宝，2017）。因此，当一种作物营养强化大米的颜色与大米原型的白色不匹配时，消费者可能会感知到更高的风险，进而减少对这种作物营养强化农产品的支付意愿。

（二）作物营养强化农产品强化的营养素类型对消费者支付意愿的影响

信息框架（message framing）通过说服信息不同的构架方式来影响人们的健康决策（Rothman and Salovey，1997）。最常见的信息框架是将信息按照收益（促进）和损失（预防）进行架构，收益信息框架主要是采取目标行为的好处，而损失信息框架通常意味着没有采取目标行为的成本和代价（Salovey，2005）。

在健康领域中，关于框架效应的应用性研究取得了诸多成果。有研究表明，对健康信息进行不同的架构会影响个体是否愿意接受体检的健康行为决策（Moorman and van den Putte，2008）。按照信息框架的观点，健康信息可以区分为促进性的信息和预防性信息。促进性信息强调行为完成后的收益，着重对积极结果的追求。预防性的信息强调行为未完成的损失，着重对消极结果的回避。以体育锻炼为例，"进行体育锻炼会提升你的健康"是一种促进性信息，"缺乏运动会导致健康状况变差"是一种预防性信息（Latimer et al.，2008）。通过对健康领域的信息框架效应进行元分析发现，促进性信息（收益信息框架）相较于预防性信息（损失信息框架）导致更多的健康行为，包括停止吸烟和增加体育锻炼（Gallagher and Updegraff，2012）。也有研究认为只有当框架和目标行为的属性匹配时，信息框架才能更好地发挥作用（Seta et al.，2017；Voss et al.，2018）。

在本章中，根据消费者对营养素功能的感知将营养素的类型分为促进型和预防型。如果在消费者的感知中，营养素侧重于带来积极的健康结果，即可以被认为是促进型营养素。如果在消费者的感知中，营养素的功能更多地是预防疾病，则可以被认为是预防型营养素。需要注意的是，这种营养素的分类并不是基于营养素客观的功效，而是基于消费者的主观判断。相较于预防型营养素，促进型营养素在消费者的心理表征中包含更多的促进型信息。由于促进型信息更强调收益（Holton et al.，2014），所以消费者在面对促进型营养素的作物营养强化农产品时会感知到更多的收益。同时，消费作物营养强化农产品是一种促进型行为，所以，与之匹配的促进型营养素会导致消费者更强的偏好。因此，当消费感知到强化的营养素类型为促进型时，会感知到更多的收益，进而增加对作物营养强化农产品的支付意愿。

二、研究框架

基于以上的理论分析，本书提出以下研究框架，并假设作物营养强化农产品的颜色与强化的营养素类型会对消费者的支付意愿产生影响。颜色改变会降低消费者对作物营养强化农产品的支付意愿，消费者对黄色作物营养强化大米的支付意愿要显著低于白色的作物营养强化大米。消费者的感知风险在颜色改变对支付意愿的影响中起到了中介作用。消费者对促进型营养素强化大米的支付意愿显著高于预防型营养素强化大米。消费者的感知收益在营养素类型对消费者支付意愿的影响中起到了中介作用。

第三节　研　究　方　法

本章采用实验法，通过图片和文字说明的方式操纵作物营养强化大米的颜色和强化营养素的类型，进而考察两者对消费者支付意愿的影响及其内在的机制。

根据研究的概念模型，本章的结果变量是消费者的支付意愿，中介变量为消费者对作物营养强化大米的感知风险和感知收益。支付意愿的测量参考以往的研究（Huang et al.，2017），要求被试回答"愿意花费多少钱购买作物营养强化的大米？"，被试在 0～15 选择，0 表示"一般大米价格的 0%"，15 表示"一般大米价格的 150%及以上"。这种对消费者支付意愿的测量方式，在以往的研究中被认为是有效的（Rucker and Galinsky，2008）。采用问卷测量被试对作物营养强化农产品风险和收益的感知（Siegrist et al.，2000），感知风险和感知收益各 3 题，采用利克特 5 级量表，1 表示完全不同意，5 表示完全同意。例如，"没有进行作物营养强化的大米更健康"（感知风险）和"作物营养强化的大米能改善营养不良"（感知收益）。

一、作物营养强化大米的颜色和强化营养素类型对消费者支付意愿影响的实验

实验采用 2×2 组间设计，自变量为大米的颜色（白色/黄色）和营养素的类型（促进型/预防型），因变量为消费者对作物营养强化大米的支付意愿。被试在电脑上阅读相应的实验材料，并报告自己对问题的判断。被试首先被要求阅读一段关于作物营养强化农产品的文字，然后阅读一段对一种烟酸强化大米的介绍，然后回答对这种大米的支付意愿。根据实验设计，被试被随机分配到 4 种不同的条件下（白色–促进型、白色–预防型、黄色–促进型和黄色–预防型），在每种条件下对烟酸强化大米的说明都包含营养素的信息和大米的颜色信息。

作物营养强化大米的颜色通过指导语和图片进行操纵。在黄色条件下，告知被试，强化大米的形状与普通大米无异，颜色发黄，同时呈现黄色大米的图片。在白色条件下，告知被试强化大米的形状与颜色都与普通大米相同，并呈现图片。营养素类型通过指导语进行操纵。为了避免对消费者的营养素知识产生干扰，实验材料中并没有选用常见的微量营养素，而是选用维生素 B_3 的另一个名称"烟酸"。在实验完成后测量被试对烟酸的熟悉程度，使用利克特 5 级量表，分数越大表示对烟酸越熟悉。结果显示评分显著小于 3，$t(115) = -15.776$，$p < 0.001$，这说明被试对烟酸的熟悉度较低，适合通过指导语来操纵营养素的类型。参考以往研究（Rothman and Salovey，1997），在促进型营养素的条件下，告知被试补充烟酸能有效地提高免疫能力，使身体更健康；在预防型营养素的条件下，告知被试缺乏烟酸可能会导致一些疾病，影响身体健康。

实验招募被试 116 名，其中男性 44 名，占比 37.93%；被试平均年龄为 30.46 岁，标准差为 7.14，最小年龄 20 岁，最大年龄 58 岁；受教育程度为初中以下的被试 5 名，受教育程度为初中的被试 19 名，受教育程度为高中的被试 37 名，受教育程度为本科的被试 47 名，受教育程度为研究生的被试 8 名。

二、消费者感知风险和感知收益的中介作用实验

实验采用 2×2 组间设计，自变量为大米的颜色（白色/黄色）和营养素的类型（促进型/预防型），因变量为消费者对作物营养强化大米的支付意愿。根据实验设计，被试被随机分配到 4 种不同的条件下。实验过程与上一实验类似，不同之处在于被试回答完对作物营养强化大米的支付意愿后，分别回答对这种作物营养强化大米的感知风险和感知收益。

实验招募被试 352 名，其中男性 118 名，占比 33.52%；被试平均年龄为 30.02 岁，标准差为 11.53，最小年龄 18 岁，最大年龄 58 岁；受教育程度为初中以下的被试 25 名，受教育程度为初中的被试 46 名，受教育程度为高中的被试 104 名，受教育程度为本科的被试 157 名，受教育程度为研究生的被试 20 名。

第四节　结果与分析

一、数据信效度分析

在本章中，感知风险问卷的克龙巴赫 α（Cronbach's α）系数为 0.773，感知收益问卷的 Cronbach's α 系数为 0.767。因素分析的结果显示，感知风险和感知收益属于两个不同的因素，所有题目的因素负荷都达到 0.766 以上，两因素的累计

方差贡献率达到 69.67%。同时，KMO（Kaiser-Meyer-Olkin）值等于 0.746，巴特利特（Bartleet）球形检验中近似 χ^2 为 674.790（$p < 0.001$）。以上结果说明，本章中对感知风险和感知收益的测量工具具有良好的信效度。

二、作物营养强化农产品的颜色和强化营养素类型对消费者支付意愿的影响

以颜色和营养素类型为自变量，以年龄、性别和受教育程度为协变量，以消费者支付意愿为因变量进行方差分析，结果发现，消费者对黄色大米的支付意愿（$M = 6.642$，SD $= 4.608$）显著低于白色大米（$M = 8.667$，SD $= 4.399$），颜色的主效应显著，$F_{(1, 116)} = 5.487$，$p = 0.021$。在促进型营养素强化的条件下（$M = 8.684$，SD $= 4.214$），消费者的支付意愿显著高于预防型营养素强化（$M = 6.831$，SD $= 4.786$），营养素类型的主效应显著，$F_{(1, 116)} = 4.590$，$p < 0.050$。两者的交互作用不显著，$F_{(1, 116)} = 0.418$，$p > 0.050$。

三、感知风险和感知收益的中介作用

再一次采用方差分析来检验颜色和营养素类型对消费者支付意愿的影响。结果发现，消费者对黄色大米的支付意愿（$M = 6.816$，SD $= 0.766$）显著低于白色大米（$M = 8.110$，SD $= 4.810$），颜色的主效应显著，$F_{(1, 352)} = 6.243$，$p = 0.024$。在促进型营养素强化的条件下（$M = 8.006$，SD $= 4.826$），消费者的支付意愿显著高于预防型营养素强化（$M = 6.957$，SD $= 4.782$），营养素类型的主效应显著，$F_{(1, 352)} = 5.153$，$p < 0.050$。作物营养强化大米的颜色与营养素类型的交互作用对支付意愿的影响不显著，$F_{(1, 352)} = 0.363$，$p > 0.050$，这说明颜色和营养素类型在影响消费者对作物营养强化大米支付意愿时是两个相对独立的影响过程。

为了分析颜色和营养素类型影响消费者对作物营养强化农产品支付意愿的内在机制，首先使用偏差矫正的非参数百分位自助（Bootstrap）检验（Hayes，2013），检验感知风险在颜色影响支付意愿过程中的中介作用。将 Bootstrap 再抽样设定为 1000 次，以颜色作为自变量，以感知风险作为中介变量，以支付意愿作为因变量，以性别、年龄和受教育程度作为协变量来进行分析。结果表明，颜色对支付意愿的预测效应显著（$p < 0.050$），颜色对感知风险的预测效应显著（$p < 0.001$）；将颜色和感知风险同时纳入模型后，颜色对支付意愿的预测不显著（$p > 0.050$），感知风险对支付意愿的预测显著（$p < 0.001$）。感知风险的中介效应为 -0.356，$CI_{95} = [-0.669, -0.134]$，占总效应的 3.3%，具体结果见表 13.1。结果表明，感知风险在大米颜色预测支付意愿的过程中起中介作用。

表 13.1　感知风险的中介效应检验

模型	预测变量	B	SE	t	CI$_{95}$	R^2	F
模型 1 （支付意愿）	性别	−0.266	0.517	−0.514	[−1.248，0.756]	0.153	15.627
	年龄	−0.134	0.023	−5.586***	[−0.179，−0.091]		
	受教育程度	0.396	0.168	1.435	[−0.161，0.924]		
	颜色	−1.069	0.479	−2.235*	[−1.974，0.145]		
模型 2 （感知风险）	性别	0.074	0.257	0.287	[−0.432，0.580]	0.062	5.764
	年龄	0.022	0.012	1.808	[−0.002，0.045]		
	受教育程度	−0.180	0.137	−1.313	[−0.450，0.090]		
	颜色	0.826	0.238	3.472***	[0.358，1.295]		
模型 3 （支付意愿）	性别	−0.234	0.506	−0.463	[−1.230，0.761]	0.192	16.405
	年龄	−0.125	0.023	−5.289***	[−0.171，−0.078]		
	受教育程度	0.318	0.270	1.176	[−0.214，0.850]		
	颜色	−0.713	0.476	−1.497	[−1.650，0.224]		
	感知风险	−0.431	0.106	−4.086***	[−0.639，−0.224]		

注：B 表示回归系数；SE 表示标准差；t 表示 t 检验统计量的结果；CI$_{95}$ 表示 95%置信区间；R^2 用来评估线性回归模型的拟合程度，它反映了解释变量对因变量的解释能力，是评价回归方程好坏的重要指标；F 表示 F 检验统计量的结果

*、***分别表示 $p < 0.050$、$p < 0.001$

　　采用相同的方法考察感知收益在营养素类型影响支付意愿过程中的中介作用。将 Bootstrap 再抽样设定为 1000 次，以营养素类型作为自变量，以感知收益作为中介变量，以支付意愿作为因变量，以性别、年龄和受教育程度作为协变量进行分析。结果表明，营养素类型对支付意愿的预测效应显著（$p < 0.050$），营养素类型对感知收益的预测效应显著（$p < 0.050$）；将营养素类型和感知收益同时纳入模型后，营养素类型对支付意愿的预测不显著（$p > 0.050$），感知收益对支付意愿的预测显著（$p < 0.001$）。感知收益的中介效应为−0.277，CI$_{95}$ = [−0.590，−0.050]，占总效应的 28.9%，具体结果见表 13.2。结果表明感知收益在营养素类型影响支付意愿的过程中起中介作用。

表 13.2　感知收益的中介效应检验

模型	预测变量	B	SE	t	CI$_{95}$	R^2	F
模型 1 （支付意愿）	性别	−0.223	0.517	−0.431	[−1.240，0.795]	0.214	18.781
	年龄	−0.138	0.024	−5.752***	[−0.185，−0.091]		
	受教育程度	0.357	0.276	1.293	[−0.186，0.900]		
	营养素类型	−0.956	0.478	−2.000*	[−1.897，−0.016]		

续表

模型	预测变量	B	SE	t	CI$_{95}$	R^2	F
模型2 （感知收益）	性别	0.480	0.243	1.980*	[0.003，0.958]	0.116	11.332
	年龄	−0.022	0.011	−1.991*	[−0.044，−0.001]		
	受教育程度	0.447	0.130	3.451***	[0.192，0.702]		
	营养素类型	−0.476	0.224	−2.121*	[−0.917，−0.035]		
模型3 （支付意愿）	性别	−0.502	0.501	−1.001	[−1.488，0.484]	0.214	18.781
	年龄	−0.125	0.023	−5.376***	[−0.170，−0.079]		
	受教育程度	0.097	0.271	0.358	[−0.435，0.692]		
	营养素类型	−0.680	0.464	−1.466	[−1.592，0.232]		
	感知收益	0.582	0.110	5.274***	[0.365，0.799]		

注：B表示回归系数；SE表示标准差；t表示t检验统计量的结果；CI$_{95}$表示95%置信区间；R^{2}用来评估线性回归模型的拟合程度，它反映了解释变量对因变量的解释能力，是评价回归方程好坏的重要指标；F表示F检验统计量的结果

*、***分别表示p<0.050、p<0.001

第五节 结论与启示

一、结论

（1）创新型农产品的产品特质对消费者支付意愿存在显著影响。作为创新型农产品的外在产品特质，作物营养强化农产品颜色的改变会降低消费者的支付意愿。相较于白色的作物营养强化大米，消费者对外观为黄色的作物营养强化大米的支付意愿更低。作为创新型农产品的内在产品特质，消费者对含有促进型营养素的强化大米的支付意愿显著高于预防型营养素的强化大米。

（2）创新型农产品不同类型的产品特质通过不同的机制影响消费者的支付意愿。作为创新型农产品的外在产品特质，消费者感知风险在颜色改变对消费者支付意愿的影响中发挥着中介变量的作用。大米颜色的改变会让消费者感知到更高的风险，更高的感知风险进而会减少消费者的支付意愿。作为创新型农产品的内在产品特质，消费者感知收益在营养素类型对消费者支付意愿的影响中起到中介作用。消费者从促进型营养素的作物营养强化大米上感受到更多的收益，所以相较于预防型的作物营养强化大米，消费者对促进型营养素的作物营养强化大米有更高的支付意愿。

二、启示

第一，创新型农产品开发过程中，赋予产品的特征要以消费者为导向。在对

传统农产品进行创新开发过程中，农产品颜色的改变可能会增强消费者的感知风险，进而降低消费者支付意愿。因此，在生产培育过程中应该尽量选择不影响作物颜色的矿物质营养素。

第二，创新型农产品在推广和宣传过程中，要基于消费者的认知规律，进行针对性的产品沟通。消费者进行作物营养强化农产品的购买决策时，促进型信息比预防型信息能给消费者带来更多感知到的收益，从而增加消费者的支付意愿。因此，在广告、宣传材料或产品的说明和标签中，应该突出补充营养素带来的益处，而不是缺乏营养素带来的损失。

第三，要防范消费者食品感知风险的泛化对创新型农产品的负面外溢。由于食品与人们的健康息息相关，对食品的感知风险是影响消费者购买决策的重要因素。创新型农产品在生产加工环节引入了新技术，再加上消费者对创新型农产品的不熟悉，容易使消费者联想到食品安全问题和转基因技术等增加消费者感知风险的信息。因此，在创新型农产品的宣传和沟通时，要增加与其他农产品的区分度，尽量避免和减少负面外溢效应的影响。

第十四章 农产品类型、消费者主观知识对作物营养强化农产品购买意愿的影响[①]

营养是人类维持生命健康、促进生长发育的重要物质基础，国民营养事关国民素质提高和经济社会发展。微量营养素的缺乏（特别是铁、锌、维生素 A）导致的隐性饥饿是当前人类面临的全球性挑战，在发展中国家（包括中国）该问题尤其严重，2012 年，发展中国家有近 1/4（1.27 亿人）的学龄前儿童存在 VAD 问题。2019 年，中国有 3 亿人存在隐性饥饿问题。过去政府与社会主要关注和解决粮食需求量是否能够满足国民需求，但对农作物微量营养素缺乏、营养密度过低的隐性饥饿问题却有所忽视。据世界银行统计，隐性饥饿问题引发的营养不良造成的直接经济损失占 GDP 的 3%～5%，而中国仅因 IDA 所造成的国民经济损失就占 GDP 的 3.6%。

近年来已有的研究发现，中国儿童微量营养素缺乏严重，特别是铁、维生素 A 的缺乏比例分别高达 35.5%和 20.56%（马德福等，2014）。虽然没有锌缺乏的准确指标，但从中国居民的膳食摄入中不难预测，锌作为一种重要的微量营养素，缺乏情况更为普遍。锌缺乏不仅会导致儿童生长迟缓、感染性疾病高发，也是怀孕生产过程中高发病率和高死亡率的重要影响因素，并且与成人的常见慢性疾病如糖尿病、恶性肿瘤等有很大的关联。长期微量营养素的缺乏和失衡，导致大量居民尤其是偏远山区的生活困难人群营养不良，并由此引发各种慢性疾病，特别是对儿童与青少年的生理和心理发展产生不良的影响。

营养强化作物作为近年来具有重要和典型意义的创新型农作物，极大地改善和提升了农作物中微量营养素的含量，对改善人体健康，特别是对提高中国农村地区居民的营养健康，减少因健康问题导致的劳动力浪费具有重大意义，受到了世界范围内学者的广泛关注。控制微量营养素缺乏导致的营养不良问题是中国重要的公共卫生优先事项，已有的关于作物营养强化农产品的研究更多地从干预效果的角度出发，证实了营养干预政策确实可以提高居民身体健康，特别是提高体内微量营养素的含量，作物营养强化是当前改善人口营养健康状况的有效途径（刘楠楠和严建兵，2015）。也有学者探究了消费者对作物营养强化食品的支付意愿，但结果不尽相同（de Steur et al.，2012b；郑志浩，2015）。从营销的角度来看，了解目标人群的需求和潜

---

① 本章部分研究内容发表于《农村经济》2018 年第 8 期。

在的反应有助于成功实施卫生干预措施，特别是营养强化农产品作为一种社会大众广泛关注的创新产品。本章主要关注营养强化技术的不同对消费者接受意愿的影响及其内在的影响机制，旨在为创新型营养强化农产品的推广提供一定的对策与建议。

第一节　研究模型与假设推导

一、营养强化农产品类型对购买意愿的影响

追求健康已成为现代社会的一种时尚，这种时尚不仅是吃得饱，更强调吃得好，即营养要素的均衡补充。与普通食品相比，营养强化食品作为一种创新型食品，通过技术手段提高了食物中某些微量营养素的含量，帮助人们补充自身机体所需的微量营养素，而这种改变也在无形中唤醒了人们追求健康的目标。营养强化农产品的出现会在一段时间内促使消费者采取更多追求健康的手段，当个体追求健康的目标被启动后，消费者就会更加关注营养强化农产品的强化方式，即作物营养强化技术与人工添加剂的使用。

相较于传统的加工食品而言，消费者会对天然食品表现出更高的支付意愿，即使是纯天然的食品标签，消费者也表现出更高的溢价（Geiger et al.，1991）。相较于通过食物强化技术，即人工后天加入锌补充剂而制成的富锌面粉，通过作物营养强化技术生产出富锌小麦，并以此为原材料研磨而成的富锌面粉会令消费者感觉更加天然，心理安全感更高，也会导致消费者更高的购买意愿。利用人工添加剂（硫化锌）对面粉进行锌元素的补充，会导致消费者更高的感知风险与心理不确定性，因此会导致消费者的购买意愿较低。根据2016年发布的《中国居民营养关注度大数据白皮书》介绍，消费者对"营养"的关注度一年超过33亿次，食品选择过程中的营养因素已成为消费者选择食物的重要参考指标。因此，与普通食品相比，富锌面粉在营养成分上存在很大的优势，即使采用食物强化技术手段，也会在一定程度上促进消费者对营养产品的选择。

因此，我们提出以下假设。

H1：相较于食物强化技术，作物营养强化技术生产的创新型营养强化食品会导致消费者更高的购买意愿。

H2：相较于普通食品而言，食物强化技术生产的创新型营养强化食品会导致消费者更高的购买意愿。

决策舒适度是指人们在制定决策时体验到的轻松或满足的感觉。与决策信心不同，决策舒适度是一种较为柔和的积极情感，指个体在对决策的优劣或预期结果非常不确定的时候仍然可以对该决策感到舒适（Parker et al.，2016）。根据情绪信息理论，心情或情绪会被个体作为一种信息来辅助判断，个体在进行评估或决

策时，往往会依赖于他当时的心情或情绪。与普通面粉相比，通过营养强化技术生产的富锌面粉作为一种创新型农产品，消费者对其效果和影响会产生不确定的感觉，因此，在消费者做出购买决策时更加依赖于当时的情绪，即购买决策是否舒适、顺畅，消费者决策舒适度越高，消费者的购买意愿也就越高。

因此，我们提出以下假设。

H3：决策舒适度中介了营养强化技术与消费者购买意愿之间的关系，决策舒适度越高，消费者购买意愿越高。

二、消费者主观知识对购买意愿的影响

消费者知识在消费者行为领域是一个非常重要的构念，会显著影响消费者对产品的信息搜集和处理，并最终影响消费者的购买决策和产品使用（汪涛等，2010）。消费者知识是消费者选择产品时可以依据的相关知识，主要分为主观知识、客观知识以及与产品类型相关的以往经验。客观知识主要指储存在消费者长期记忆中的与产品类别和信息有关的确切的知识，而主观知识更强调消费者对自身知道或了解产品知识量的感知。

与客观知识相比，主观知识对消费者认知及在消费者的消费行为中发挥着重要的作用。主观知识比客观知识更能够影响消费者决策，并且是消费者购买行为的重要影响动机，基于主观知识可以更好地对消费者购买决策的满意度进行预测。与此同时，产品经验与主观知识有着更多的关联，这在很大程度上会正向影响消费者对营养食品标签或信息的使用。本章认为，消费者掌握的微量营养素的主观知识越多，越容易促进消费者对营养强化农产品的购买。

因此，我们提出以下假设。

H4：消费者的主观知识调节了营养强化技术与消费者购买意愿之间的关系，消费者掌握的主观知识越多，购买意愿越强。

第二节 实 证 检 验

一、数据收集

本章通过问卷调研方法获取数据，调研对象主要选取北京、天津、河北、山西、山东等中国北方以面食为主地区的并且具有面粉购买经历的消费者。共发放问卷 450 份，回收有效问卷 436 份，有效回收率 96.89%，其中女性 246 名，占比 56.42%。被调查对象平均年龄为 35.23 岁，标准差为 8.342，最小年龄 17 岁，最大年龄 67 岁。采用组间实验，自变量为营养强化技术类型，即富锌面粉的工艺类型（作物营养强

化/食物强化/控制组），因变量为消费者对富锌面粉的购买意愿，中介变量为消费者决策舒适度。首先被调查对象要求阅读一段关于锌元素对人体健康重要作用以及锌缺乏会带来哪些不良影响的文字。然后我们介绍了富锌面粉的产品信息，主要包括营养含量表、产品名称、配料、产地、净含量等信息。之后我们介绍了富锌面粉的生产加工过程。被调查对象被随机分配到三种不同的情境中，阅读材料之后依次回答对富锌面粉的购买意愿及决策舒适度的程度。最后我们对基本的人口统计信息进行收集。

富锌面粉的产品信息及生产加工过程通过指导语和图片进行操控。在作物营养强化的条件下，告知被调查对象富锌面粉的配料为天然富锌小麦，加工过程为直接由富锌小麦研磨而成，同时通过图片生动地展现了富锌面粉的加工过程。在食物强化的条件下，告知被调查对象富锌面粉的配料为普通面粉加锌补充剂，加工过程以普通小麦为原料研磨成面粉之后，人工添加锌补充剂，从而制成富锌面粉，并配以富锌面粉的生产加工过程图。控制组条件下，直接告知被调查对象小麦面粉是以普通小麦为原料研磨而成，同时附有小麦面粉的生产加工过程。为了检验实验材料的有效性，在实验完成后测量消费者感知到的不同情境下富锌面粉的天然程度，通过直接询问被调查对象"您认为这种'富锌面粉'的天然程度如何"，采用利克特 7 级量表，分数越大表示消费者感知富锌面粉越天然。结果显示，$F(1, 286) = 229.182$，$p < 0.001$，这说明实验材料操纵成功。

二、变量测量

本章变量均采用利克特 7 级量表度量，在国外成熟量表的基础上根据研究内容改编而成。消费者购买意愿的测量通过询问被调查对象"您多大程度上愿意购买这种'富锌面粉'"，1 表示非常不愿意，7 表示非常愿意。消费者决策舒适度的测量主要包括 5 个题项，如"选择这种面粉让我觉得很舒服""不管这是否是最好的选择，我认为选择这种面粉是可以的"，1 表示完全不同意，7 表示完全同意（Cronbach's $\alpha = 0.795$）。消费者主观知识的测量主要包括 2 个题项，"您对人体所需微量营养素的了解程度如何""您对如何有效地补充人体所需微量营养素的方法了解程度如何"，1 表示完全不了解，7 表示完全了解（Cronbach's $\alpha = 0.899$）。

第三节　研　究　结　果

一、营养强化技术类型的影响作用检验

以富锌面粉的营养强化技术为自变量，以年龄、性别、受教育程度、月消费

水平、居住地、婚姻状况及家中是否有 14 岁以下的小孩为协变量，以消费者购买意愿为因变量进行回归分析。结果发现，富锌面粉的营养强化技术对消费者购买意愿的影响显著，$F(2, 426) = 46.077$，$p < 0.001$，$\eta_p^2 = 0.178$，消费者对利用生作物营养化技术生产的富锌面粉的购买意愿显著大于食物强化技术生产的富锌面粉（$M_{ZBP} = 5.507 > M_{ZFP} = 4.296$），因此 H1 得到支持。对消费者购买意愿进行两两成对比较，利用食物强化技术（人工添加剂）生产的富锌面粉和普通小麦面粉的购买意愿比较显示，相较于食物强化技术，消费者对普通小麦面粉却有着更高的购买意愿（$M_{control} = 5.270 > M_{ZFP} = 4.296$，SD = 0.129，$p < 0.001$），因此 H2 没有得到支持。消费者对作物营养强化技术生产的富锌面粉和普通小麦面粉的购买意愿没有显著差异（$M_{ZBP} = 5.507 > M_{control} = 5.270$，SD = 0.235，$p = 0.069$）。

二、决策舒适度中介作用检验

运用 Bootstrapping 分析法检验消费决策舒适度的中介作用。参照 Hayes（2013）提出的中介分析模型进行 Bootstrap 中介变量检验；在 95% 的置信区间下考察决策舒适度的中介作用。将 Bootstrap 再抽样设定为 5000 次，运用多重类别检验，结果表明，决策舒适度对消费者购买的预测显著（$B = 0.855$，SE = 0.040，$p < 0.001$，$CI_{95} = [0.777, 0.934]$），决策舒适度在模型中的中介效应为 0.086，$CI_{95} = [0.044, 0.140]$，均不包括 0，且系数均为正，这说明决策舒适度正向影响消费者购买意愿，决策舒适度越高，消费者购买意愿越强。因此中介效应显著，H3 得到支持。

三、消费者主观知识作用检验

运用一般线性回归检验消费者主观知识的调节作用。首先，重新对自变量营养强化技术进行虚拟变量编码，$D_1' = $ 食物强化技术（ZFP）为 1，其他为 0；$D_2' = $ 作物营养强化技术（ZBP）为 1，其他为 0。以营养强化技术为自变量，以消费者购买意愿为因变量，以消费者主观知识为调节变量，以性别、年龄、受教育程度、月消费水平、居住地、婚姻状况及家中是否有 14 岁以下的小孩为协变量并将其放入回归模型进行分析，结果表明，消费者主观知识对营养强化技术与消费者购买意愿之间关系的调节作用显著（$F(12, 423) = 16.021$，$p_1 = 0.034$，$p_2 = 0.004$），消费者掌握的主观知识越多，消费者购买意愿越强烈（表 14.1）。因此，H4 得到支持。

表 14.1 消费者主观知识的调节作用检验

预测变量	消费者购买意愿			
	B	SE	t	p
性别	0.020	0.105	0.191	0.849
年龄	−0.010	0.007	−1.343	0.180
受教育程度	−0.096	0.079	−1.214	0.225
月消费水平	0.243	0.056	4.331	0
居住地	0.439	0.253	1.731	0.084
婚姻状况	−0.338	0.201	−1.676	0.095
家中是否有 14 岁以下小孩	0.116	0.144	0.806	0.421
ZFP（D_1'）	−1.921	0.475	−4.047	0
ZBP（D_2'）	−1.286	0.520	−2.471	0.014
主观知识	0.042	0.075	0.557	0.578
主观知识×ZFP	0.213	0.100	2.131	0.034
主观知识×ZBP	0.310	0.107	2.971	0.004
R^2	0.312			
F（12，423）	16.021			

第四节 结论与讨论

一、研究结论

本章主要探讨了营养强化技术对消费者购买意愿的影响，通过实证研究，得出以下结论。

消费者对营养强化技术具有不同的偏好，与食物强化技术相比，消费者对利用作物营养强化技术生产的创新型农产品具有更高的购买意愿。但与普通产品相比，消费者对利用食物强化技术生产的创新型农产品有较低的购买意愿，与我们的假设相违背。分析其原因我们认为，由于近年来中国食品安全问题频发，消费者对中国食品质量问题的信任度逐渐降低，特别是在"三聚氰胺"与"瘦肉精"事件之后，消费者对人工添加剂的使用问题持有严重怀疑的态度。作为北方地区的主要食物，面食是消费者日常食用的产品，因此，消费者会对面粉的选择表现得更加慎重。而通过食物强化技术生产富锌面粉采取人工添加剂的方式进行，在消费者对添加剂的用法、用量及安全和规范都不了解的情况下，消费者感知的不确定性就会增加。虽然其营养价值相比普通面粉而言更高，但对消费者来说其风险也更大，与其食用可能带有食品安全问题的富锌面粉，不如选择普通的小麦面粉。

决策舒适度中介了营养强化技术与消费者购买意愿之间的关系，决策舒适度越高，消费者购买意愿越高。决策舒适度作为一种软积极情绪，对消费者决策产生了很大的影响。虽然中国的营养强化项目早在1993年就陆续开展起来，但消费者对营养强化农产品特别是营养强化的主粮食品的关注度还很低。因此，富锌面粉对消费者来说是一种创新型农产品，在购买过程中更多依赖当时的决策情绪。

消费者主观知识在一定程度上调节了营养强化技术与消费者购买意愿之间的关系。结果表明，只有消费者面对通过作物营养强化技术生产的创新型农产品时，消费者才会启动其对营养素的认知判断，才会真正去判断产品的好与坏，此时，消费者掌握的主观知识越多，个体对产品的感知收益越大，购买意愿越高。但当消费者面对通过食物强化技术生产的创新型农产品时，即通过人工添加剂加工而成的营养强化农产品时，消费者会更多地关注产品的制作工艺，就不会启动其对营养素的认知判断，因此，消费者主观知识的调节作用不显著。

二、研究讨论

营养与健康已经成为当今人人追求的时代主题，在关注健康的同时，大家更强调产品的天然、绿色与有机。但现有的研究更多地关注消费者对高热量、高脂肪等食物的消费选择，以及天然、有机、绿色水果蔬菜的消费选择，对粮食作物消费选择的研究还非常少。而粮食作物又是每家每户每天必备的食品，并且在消费者认知过程中，大米、面粉等主粮食品的安全系数最高（于铁山，2015），而通过食用主食来改善消费者营养健康状况也是目前最为有效、成本最低的办法，因此，了解消费者对不同类型的营养强化食品的选择显得尤为重要。

本章的创新之处在于从消费者追求健康的角度出发，了解消费者对不同类型的营养强化技术的选择偏好，以及不同营养强化技术与消费者购买意愿之间的作用机制，同时探讨了消费者自身特性对购买意愿的影响，在理论上拓展了消费者对食物选择的研究。在实践方面，消费者对作物营养强化技术生产的天然型营养强化农产品表现出较高的购买意愿，对食物强化技术生产的非天然型营养强化农产品的购买意愿低于普通产品，因此，在产品生产方面，可鼓励农户大胆选购作物营养强化的新型小麦种子，提高农户的种植积极性。同时，在产品推广时加强微量营养素及营养补充效果的知识宣传，并强调产品的天然与绿色，从而提高消费者的购买意愿，在实践中为营养强化农产品的推广提供一定的对策与建议。

第十五章　相对价格比较和企业沟通策略的匹配对消费者作物营养强化农产品决策的影响①

第一节　研究背景

随着中国农业技术的不断进步，国内粮食供给相对充足（朱信凯和夏薇，2015），中国居民的温饱问题已经基本得到解决。人们在吃饱的同时，也越来越关注营养摄入问题。营养是人类生命健康的物质基础，隐性饥饿（即营养缺乏症）是当前人类正面临的全球性挑战。2019年，中国有3亿人口存在隐性饥饿问题（廖芬等，2019）。中国疾病预防控制中心的研究报告显示，中国城乡居民钙、铁、维生素A等微量营养素的缺乏状况突出，IDA的平均患病率为15.2%，边缘型维生素A缺乏率达49.6%（张继国等，2012b）。微量营养素缺乏不但有碍国民身体素质的提高，还制约了经济社会的发展。据世界银行报告统计，2009年，发展中国家由隐性饥饿引发的营养不良问题导致的直接经济损失占GDP的3%~5%，而2005年中国仅因IDA所造成的国民经济损失就占当年GDP的3.6%（World Bank，2009）。作物营养强化是基于农业改善人群营养健康状况的一种工具，也是改善和解决隐性饥饿最为有效的途径之一（Sharma et al.，2017）。它通过改善和提高农作物（尤其是大宗粮食作物，如水稻、玉米、小麦等）的微量营养素含量，使人们在日常饮食摄入中增加人体吸收的营养物质含量，进而达到改善和提高人体营养健康的目的（de Valença et al.，2017）。由于相对成本较低、可操作性强、可行性高、覆盖面积广、效果明显等优势，作物营养强化近年来受到了世界各国和联合国卫生组织的高度关注。2003年，国际作物营养强化项目在全球范围内逐步开展，旨在通过推广作物营养强化手段来提高多种农作物的营养成分含量。2004年，中国作物营养强化项目启动。

以往关于作物营养强化农产品的研究，更多的是从干预效果的角度出发，证明锌作物营养强化在小麦、水稻等谷物作物中效果显著（Cakmak and Kutman，2018），维生素A强化木薯能够有效地提高人体营养健康水平（Oluba et al.，2018），通过作物营养强化技术也可以有效地缓解叶酸缺乏导致的营养健康问题（Wakeel et al.，2018）。有关消费者对营养强化农产品接受程度的调查研究表明，消费者主

观知识在一定程度上影响了消费者对作物营养强化农产品的购买意愿（刘贝贝等，2018），整体而言，消费者对营养强化农产品的接受度较好（Talsma et al.，2017）。例如，2016 年，在印度、卢旺达和尼日利亚等地的调查研究表明，即便是在没有提供营养信息的前提下，消费者对作物营养强化农产品仍存在一个很小的溢价，大多的消费者都愿意以一个稍高的价格购买作物营养强化农产品（Banerji et al.，2016；Oparinde et al.，2016a，2016b）。作物营养强化的最根本目的在于培育和推广富含各种人体所必需微量营养素的新型作物品种（即营养强化作物），以相对经济有效的方式保障国民的营养健康与安全。而从营销的角度来看，了解目标人群的需求和潜在反应，并采用适合消费者的沟通策略，对中国成功实施营养卫生干预措施具有重大现实意义。因此，本章将从营销的角度出发，基于相对价格比较和企业沟通策略，探究二者匹配对消费者购买作物营养强化农产品决策行为的影响机制，为实践和政策建议提供一些理论依据。

第二节　研究假设与理论模型

本章主要基于消费者"认知—情感—行为倾向"的研究范式，从产品比较的视角出发提出了研究模型（图 15.1），主要探讨了相对价格比较和企业沟通策略的匹配对消费者作物营养强化农产品购买决策的影响，并进一步揭示其内在影响机制。同时，结合消费者个人特质，分析了消费者健康意识和调节定向倾向的影响作用。

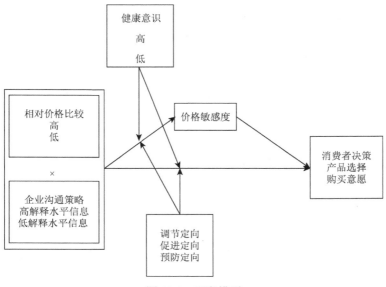

图 15.1　研究模型

一、相对价格比较和企业沟通策略的匹配对消费者决策的影响

价格能够影响消费者对产品质量的判断（Yan and Sengupta，2011）。产品沟通信息中只要包含了价格线索，就能令消费者聚焦于产品的积极特征（如功能性）（Lee and Zhao，2014）。且价格线索对消费者的产品心理表征（心理距离远或近）也有影响（Hansen et al.，2013），价格越高则消费者心理距离越远（Trope et al.，2007；Bornemann and Homburg，2011）。根据解释水平理论（construal levels theory，CLT）（Hansen and Wänke，2011），消费者对消费品在不同程度上的具体或实际细节的心理表征，主要取决于他们感知到的心理距离（Liberman and Trope，2003），感知心理距离比较远时，会引起抽象的、核心的与合意性相关的高水平解释；感知心理距离比较近时，则会引起具体的、边缘的与可行性相关的低水平解释。此外，Hansen 和 Wänke（2011）发现，消费者或广告宣传者描述和宣传奢侈品时都倾向于用一种更抽象的语句（如五星级酒店的描述语言就比普通快捷酒店的描述更加抽象），并且认为抽象描述的产品比具体描述的产品更加奢华。因此，可以认为，对相对价格较高的农产品，提供解释水平较高、更加抽象的信息，能够增加广告宣传与农产品的匹配程度，进而提高消费者对农产品的积极态度（Allard and Griffin，2017）；反之，当农产品的相对价格较低时，则应使用解释水平较低、具体的信息表达以增加其匹配程度。相比于后天加工、添加同等营养成分的产品，自然生长的营养强化作物更加天然，因此培育和种植成本更高，相对价格也较高。那么，在进行产品沟通和宣传时，采用高解释性水平的信息更能与相对高价匹配，进而促进消费者决策。

因此，我们提出以下假设。

H1：相对价格比较和企业沟通策略的匹配（高-高，低-低）会正向影响消费者对作物营养强化农产品的消费决策。

二、价格敏感度中介了相对价格比较和企业沟通策略的匹配对消费者决策的影响

价格线索在购买决策中发挥了重要作用，消费者常常用它来进行有关产品的推断（Zeithaml，1988；Biswas et al.，2002），因此消费者对价格十分敏感。价格敏感度是指当产品价格提升时，消费者的购买数量、购买可能性、支付意愿等决策的改变（Wakefield and Inman，2003）。在消费者的直观判断中，价格一般代表了质量和消费者牺牲（Zeithaml，1988）。一方面，产品价格是其价值规律的表现

形式（张有望和李崇光，2018），价格上升意味着更高的质量（Rao and Monroe，1989），消费者更愿意购买；另一方面，价格上升也意味着消费者需要以更多牺牲为代价来获得该产品（Zeithaml，1988），当消费者不愿意做出更多牺牲时，其购买意愿反而降低。这是因为当价格相对较高时，消费者会更多地关注"价格与收益"而非"价格与成本"（Bornemann and Homburg，2011），当收益与价格不匹配时，消费者就会产生有所不值的"牺牲感"。因此，价格相对较高的农产品使用高解释水平的沟通信息，能够引导消费者更关注农产品的积极特征，从而降低消费者在选购该农产品时的价格敏感度，弱化购买高价农产品的"牺牲感"，有助于提高消费者对高价农产品的接受意愿。对于相对高价的作物营养强化农产品，企业在宣传推广时，采用解释水平较高、较抽象的宣传表达方式，能够通过降低消费者对作物营养强化农产品的价格敏感度，进而促进消费者对作物营养强化农产品的消费者决策，提高购买意愿。

因此，我们提出以下假设。

H2：价格敏感度中介了相对价格比较和企业沟通策略的匹配对消费者作物营养强化农产品决策的影响。

三、健康意识对相对价格比较和企业沟通策略匹配的影响作用

健康意识是指个体对自身健康的关注程度（Gould，1988）。相比于强健康意识的个体，弱健康意识的个体对健康行为的积极性较低（Michaelidou and Hassan，2008），在食物决策中更可能选择不健康的食品（Prasad et al.，2008）。而健康意识越强的消费者，越关注与健康相关的食品（Mai and Hoffmann，2012）。健康意识还促进了个体关于疾病预防的关注（Jayanti and Burns，1998），从而提高消费者对健康食品的购买意愿（Lockie et al.，2002）。此外，健康意识较强的个体在评价健康食品时，会使用他们之前的健康知识（Gould，1988）和确认偏误（Naylor et al.，2009）对食品做出判断。价格上升意味着更高的质量（Rao and Monroe，1989），那么对于健康产品而言，价格越高的农产品意味着越健康，也就越容易被健康意识较强的消费者所接受。因此，健康意识在一定程度上调节了相对价格比较和企业沟通策略的匹配对消费者决策的影响，消费者健康意识越强，对作物营养强化农产品的接受程度越高，购买意愿越强。

因此，我们提出以下假设。

H3：健康意识调节了相对价格比较和企业沟通策略的匹配对消费者决策的影响。当消费者健康意识较强时，相对价格比较和企业沟通策略的匹配效应较强；当消费者健康意识较弱时，二者的匹配效应较弱。

四、调节定向对相对价格比较和企业沟通策略匹配的影响作用

个体差异是由产品类别与购物环境（如广告）所引起的差异（Newman et al.，2014），会导致消费者的饮食目标不同，进而影响消费者的购买选择。例如，以节食为目标的消费者倾向于选购热量较低的同类食品（Cavanagh and Forestell，2013）。也就是说，消费者决策不仅会受其健康意识的调节，在其目标追求过程中还会受到调节定向的重要影响（青平等，2018）。调节定向理论（regulatory focus theory）认为，个体会努力地控制和改变自己的思想、行为或反应，以实现特定目标，且在此过程中表现出特定的行为方式或倾向——促进定向和预防定向（Higgins，1998）。受不同调节定向主导的个体在认知和行为上存在差异，譬如促进定向的个体更关注积极的后果，偏好从"收益"的视角出发去评断正面信息；而预防定向的个体思维更加发散，思考得更多、更广，善于发掘事物之间的深层联系，且倾向于用"损失"的视角看待负面信息（Crowe and Higgins，1997）。认知心理学的有关研究发现，相较于同等程度的正面信息，人们更加重视负面信息，因此，负面信息对产品评估、消费者决策的影响往往更大（Fiske，1980；Herr et al.，1991）。在对营养素信息进行介绍时，宣传者无非利用两种方式，即普及补充营养素所能带来的好处（如提高身体免疫力）这种正面信息，或是告知缺乏营养素会造成严重后果（如疾病）这种负面信息。而对于营养素信息的接收者，诸如"补铁能提高免疫力、防治贫血"之类的正面信息宣传，能够激活其促进定向；而诸如"缺铁会导致缺铁性贫血"之类的负面信息宣传，能够激活其预防定向。由不同调节定向所主导的个体在思考和处理信息时所消耗的认知资源也是不同的，预防定向的个体更容易启动自身的认知处理系统，不惜消耗大量认知资源进行更加认真、深入的思考，而促进定向的消费者则一般不会进行深思熟虑。由此进一步推测，在消费者选购作物营养强化农产品时，激活其预防定向心理，消费者会综合价格线索和企业沟通信息进行深入、翔实的思考和产品比较，则相对价格比较和企业沟通策略的匹配效应更强；如果激活消费者的促进定向心理，消费者就不太可能综合考量价格线索和企业沟通信息来帮助决策，则此时相对价格比较和企业沟通策略的匹配效应较弱。

因此，我们假设如下。

H4：调节定向调节了相对价格比较和企业沟通策略的匹配对消费者决策的影响。当消费者表现为预防定向时，相对价格比较和企业沟通策略的匹配效应较强；当消费者表现为促进定向时，二者匹配效应较弱。

第三节　研究 1：相对价格比较和企业沟通策略的匹配对作物营养强化农产品消费决策的影响

一、实验流程

为验证相对价格比较和企业沟通策略的匹配正向影响消费者对作物营养强化农产品的消费决策（H1），研究 1 采用 2（相对价格比较：高 vs 低）×2（企业沟通策略：高解释水平信息 vs 低解释水平信息）的混合实验。实验以富铁玉米汁为实验材料，每组实验材料共包含 3 种富铁玉米汁（A、B、C）。在相对价格较高的组，富铁玉米汁 A、B 的设定价格为 9 元/瓶，富铁玉米汁 C 的设定价格为 3 元/瓶；在相对价格较低的组，富铁玉米汁 A、B 的价格同样设定为 9 元/瓶，而富铁玉米汁 C 的价格设定为 15 元/瓶。每组实验材料只改变富铁玉米汁 C 的价格，而富铁玉米汁 A、B 的价格不变，这主要是为了证明是产品的相对价格比较对消费者决策的影响，而非绝对价格的影响。信息解释水平的操纵主要通过富铁玉米汁的广告来进行，高解释水平信息主要体现的是对事物的一种抽象的描述，因此富铁玉米汁 A 的广告描述为比较抽象的"为健康活力加分"；而低解释水平信息主要体现的是对事物的具体描述，因此富铁玉米汁 B 的广告描述为比较具体的"富铁玉米，鲜榨而成"；富铁玉米汁 C 没有广告描述。

本实验共招募 214 名有效被试，其中相对高价组 106 名被试，相对低价组 108 名被试；女性 124 名，占被试总数的 57.94%；被试的年龄在 25～35 岁的有 105 名，占总人数的 49.07%。实验开始前，首先通过材料告知被试有关铁营养素的作用，缺铁会造成的影响及中国人口目前缺铁的状况。然后告知被试可以通过食物或专用营养素补充剂补铁，如现在市场上新推出的 3 种富铁玉米汁 A、B、C，请被试根据提供的价格和广告等信息进行产品选择。最后进行人口统计学信息的收集。

二、实验结果分析

在相对价格较高的情况下，大多数消费者选择了使用高解释水平广告语描述的富铁玉米汁 A（50.94%）；而在相对价格较低的情况下，大多数消费者更喜欢使用低解释水平广告语描述的富铁玉米汁 B（61.11%；$\chi^2 = 23.668$，$p < 0.001$）。这一结果基本验证了研究的主效应，即相对价格比较和企业沟通策略的匹配能够影响消费者对作物营养强化农产品的消费决策。具体而言，高价格与高解释水平信息的匹配，低价格与低解释水平信息的匹配，均正向影响消费者决策行为。

第四节　研究 2：价格敏感度的中介作用

一、实验流程与变量测量

研究 2 采用 2（相对价格比较：高 vs 低）×2（企业沟通策略：高解释水平信息 vs 低解释水平信息）的组间实验，同样通过实验操纵产品的相对价格和运用不同的广告语来展示企业沟通信息的解释水平，测量消费者的价格敏感度及对作物营养强化农产品的购买意愿。由此进一步验证主效应（H1）及中介效应（H2）。本次实验以富铁玉米为实验对象，相对价格较高组给出的富铁玉米的市场定价为 6 元/根，并告知被试市场上同类其他富铁玉米的价格为 3 元/根；相对价格较低组给出的富铁玉米的市场定价为 6 元/根，并告知被试市场上同类其他富铁玉米的价格为 9 元/根。关于富铁玉米的广告语，高解释水平的广告语被描述为"富铁玉米，让你更加健康高效"，低解释水平的广告语被描述为"富铁玉米，富含更多铁元素"。每组实验材料分别包含一种相对价格比较的信息和一种解释水平的广告语，共 4 个实验组。

实验共招募 418 名有效被试，女性 233 名，占被试总数的 55.74%；被试的年龄在 25～35 岁和 25 岁以下的分别为 186 名和 126 名，占总人数的 44.50%和 30.14%。首先，告知被试铁营养素的作用，缺铁会造成的影响，中国人口目前缺铁的状况，以及食物或专用营养素补充剂能补铁等信息。之后，以图片的形式向被试直观展示市场上新推出的一种富铁玉米的价格及广告宣传语，同时告知被试同类富铁玉米的市场价格。然后，通过利克特 7 级量表测量被试的购买意愿（Sundar and Noseworthy，2016）及价格敏感度（Hamilton and Srivastava，2008）。Hamilton 和 Srivastava（2008）是通过测量消费者对产品的感知利益反向测量消费者的价格敏感度，即消费者感知利益越大，对该产品的价格敏感度越低（Hamilton and Srivastava，2008）。考虑到中国人的说话方式及本实验以富铁玉米为实验材料，本实验的问项为"您认为花 6 元买一根富铁玉米划不划算？（非常不划算＝1，一般＝4，非常划算＝7）"。最后进行人口统计学信息的收集。

二、实验结果分析

被试在阅读完实验材料之后，会被询问"您认为这种富铁玉米的价格如何？"并用 1～7 进行打分，数字越大表明越昂贵、越高价。操纵检验结果证明相对价格比较的操纵成功，被试可以明显地感知到价格之间的差异（$M_{相对高价}=5.21$，$SD=0.960$；$M_{相对低价}=2.98$，$SD=1.069$；$t(416)=22.487$，$p<0.001$）。

通过多因素方差分析进行相对价格比较和企业沟通策略的匹配对消费者购买意愿的影响检验，结果表明，相对价格比较（$F(1, 418) = 12.633$，$p < 0.001$）和企业沟通策略（$F(1, 418) = 21.537$，$p < 0.001$）对消费者购买意愿的影响显著；且相对价格比较和企业沟通策略的匹配对消费者购买意愿的影响也十分显著（$F(1, 418) = 32.250$，$p < 0.001$）。

为进一步明确相对价格比较和企业沟通策略的匹配对消费者购买意愿的具体影响，本实验还检验了在不同相对价格比较下，企业沟通策略对消费者购买意愿的影响。结果表明，当相对价格比较高时，相比于低解释性水平的信息，企业采用解释性水平较高的沟通信息，消费者购买意愿更高，且二者差异显著（$M_{购买意愿-高解释水平} = 4.61$，$SD = 0.852$；$M_{购买意愿-低解释水平} = 3.38$，$SD = 1.294$，$F(1, 207) = 65.638$，$p < 0.001$）；当相对价格比较低时，相比于高解释性水平的信息，企业采用解释性水平较低的沟通信息，消费者购买意愿更高，但二者差异不显著（$M_{购买意愿-高解释水平} = 4.35$，$SD = 1.493$；$M_{购买意愿-低解释水平} = 4.48$，$SD = 1.144$，$F(1, 209) = 0.455 < 1.000$，$p = 0.501 > 0.050$）。因此，H1 得到部分证明，即相对价格比较和企业沟通策略的匹配能够显著地正向影响消费者对作物营养强化农产品的消费决策，且当相对价格比较高时企业采用高解释性水平的沟通信息更好，当相对价格比较低时企业采用何种沟通策略差异不大。虽然假设没有得到全部验证，但通过分析也不难理解，因为价格是一个影响消费者决策的重要因素，当价格比较低时，消费者购买产品的经济成本较低，此时消费者就不会更多地去考虑其他因素，所以不管企业采用何种沟通策略，对消费者购买意愿的影响差异不大。

本节采用目前受到学者广泛认同的中介检验办法——Bootstrapping 分析法，在 95%的置信区间下，采用该分析法中的模型 4，以相对价格比较和企业沟通策略的匹配为自变量，以消费者购买意愿为因变量，检验价格敏感度的中介作用。分析结果表明（图 15.2），价格敏感度显著中介了相对价格比较和企业沟通策略的匹配对消费者购买意愿的影响（$B = 0.159$，$SE = 0.070$，$CI_{95} = [0.042, 0.312]$，不包含 0）。进一步分析可知，相对价格比较和企业沟通策略的匹配显著地负向影响消费者价格敏感度（$B = -0.742$，$SE = 0.116$，$CI_{95} = [-0.970, -0.513]$，不包含 0），即二者越匹配，消费者的价格敏感度越低。价格敏感度也显著地负向影响了消费者购买意愿（$B = -0.214$，$SE = 0.051$，$CI_{95} = [-0.315, -0.114]$，不包含 0），消费者价格敏感度越高，购买意愿越低。因此，H2 得到验证。

为进一步了解相对价格比较和企业沟通策略的匹配对消费者价格敏感度的影响，我们进行了方差分析，结果表明，相对价格比较（$F(1, 418) = 85.162$，$p < 0.001$）和企业沟通策略（$F(1, 418) = 79.693$，$p < 0.001$）对消费者价格敏感度的影响显著，且两者的匹配（交互项）对消费者价格敏感度的影响也十分显著（$F(1, 418) = 57.353$，$p < 0.001$）。通过单因素方差分析可以发现，当相对价格比

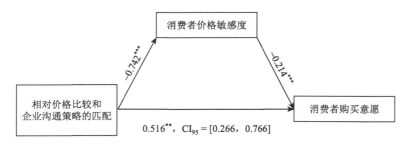

图 15.2　价格敏感度的中介作用检验（一）

、*分别表示 $p < 0.010$、$p < 0.001$

较高时，相比于解释性水平较低的企业沟通策略，企业采用解释性水平较高的沟通策略时，消费者价格敏感度更低（$M_{价格敏感度-高解释水平} = 4.12$，$SD = 0.978$；$M_{价格敏感度-低解释水平} = 5.74$，$SD = 0.763$，$F(1, 207) = 178.344$，$p < 0.001$）。同样，当相对价格比较低时，企业不管采用何种沟通策略，对消费者价格敏感度的影响没有显著差异（$M_{价格敏感度-高解释水平} = 3.95$，$SD = 1.113$；$M_{价格敏感度-低解释水平} = 4.09$，$SD = 1.128$，$F(1, 209) = 0.744 < 1.000$，$p = 0.389 > 0.050$）。

第五节　研究 3：健康意识和调节定向的调节作用

一、实验流程与变量测量

研究 3 主要是为了验证健康意识（H3）以及调节定向（H4）在相对价格比较和企业沟通策略的匹配对消费者决策的影响中所起的调节作用。采用 2（相对价格比较：高 vs 低）×2（企业沟通策略：高解释水平信息 vs 低解释水平信息）×2（调节定向：促进定向 vs 预防定向）的组间实验设计。通过实验材料操纵相对价格比较和企业沟通策略，同时通过告知消费者不同信息来启动消费者不同类型的调节定向，进而观察消费者价格敏感度及对作物营养强化农产品的购买意愿。本实验以铁强化酱油为实验对象，设定每瓶均为 500 毫升，相对价格较高组给出的铁强化酱油的市场定价为 12.9 元/瓶，并告知被试市场上同类富铁酱油的市场均价为 9.9 元/瓶；相对价格较低组给出的铁强化酱油的市场定价同样为 12.9 元/瓶，但告知被试市场上同类富铁酱油的市场均价为 15.9 元/瓶。关于铁强化酱油的广告语，高解释水平的广告语被描述为"让生活多一点色彩"，低解释水平的广告语被描述为"富含更多铁元素"。本实验通过告知被试补铁的好处和缺铁的危害来启动消费者的调节定向，促进定向组告知被试"补铁可以提高身体免疫力，能促进身体各项机能更好地发挥作用，使身体更加健康"，预防定向组则告知被试"缺铁不仅会导致贫血，还会影响个体的劳动能力、运动能力及机体免疫能力"。本实验共分为 8 个实验组，每组实验材料分别包含一种相对价格比较的信息、一种解释水平的广告语以及一种调节定向的启动信息。

本实验共招募 417 名有效被试，其中女性 233 名，占被试总数的 55.88%；被试的年龄主要集中在 25～35 岁和 25 岁以下，人数分别为 181 名和 140 名，分别占总人数的 43.41%和 33.57%。实验过程与实验 2 大致相同，不同的是在展示的图片上通过文字信息进行消费者调节定向的操纵。最后测量了被试对该铁强化酱油的购买意愿（Sundar and Noseworthy，2016）、价格敏感度（Grewal et al.，1998）、健康意识（Jayanti and Burns，1998；Mai and Hoffmann，2012）并收集人口统计学信息。其中，价格敏感度是通过 3 个题项（$\alpha = 0.931$）询问被试这款铁强化酱油的零售价格从 12.9 元/瓶提高到 18.9 元/瓶后的购买可能性来进行测量；健康意识则采用利克特 7 级量表，通过 6 个题项（$\alpha = 0.857$）判断消费者对饮用水、食物及自身健康状况等方面的关心程度来进行测量。

二、实验结果分析

与实验 2 相同，被试在阅读完实验材料后会被要求用 1～7 对铁强化酱油的价格进行打分，数字越大表明酱油越昂贵、越高价。操纵检验结果表明，$M_{相对高价} = 5.22$，$SD = 1.065$；$M_{相对低价} = 2.35$，$SD = 1.198$；$t(415) = 25.894$，$p < 0.001$。由此证明相对价格比较的操纵成功，被试可以明显地感知到价格之间的差异。

多因素方差分析的结果表明，相对价格比较（$F(1, 417) = 1.984$，$p = 0.160 > 0.050$）和企业沟通策略（$F(1, 417) = 0.573 < 1.000$，$p = 0.449 > 0.050$）对消费者购买意愿的影响均不显著；但二者的交互项对消费者购买意愿的影响十分显著（$F(1, 417) = 17.208$，$p < 0.001$）。当相对价格比较高时，相比于低解释性水平的信息，企业采用解释性水平较高的沟通信息，消费者购买意愿更高，且二者差异显著（$M_{购买意愿-高解释水平} = 4.75$，$SD = 1.164$；$M_{购买意愿-低解释水平} = 4.12$，$SD = 1.315$，$F(1, 208) = 13.540$，$p < 0.001$）；当相对价格比较低时，相比于高解释性水平的信息，企业采用解释性水平较低的沟通信息，消费者购买意愿较高（$M_{购买意愿-高解释水平} = 4.04$，$SD = 1.440$；$M_{购买意愿-低解释水平} = 4.48$，$SD = 1.331$，$F(1, 207) = 5.168$，$p = 0.024 < 0.050$）。结果再次验证了 H1。

同样采用 Bootstrapping 分析法中的模型 4 再次检验价格敏感度的中介作用。结果表明（图 15.3），价格敏感度显著中介了相对价格比较和企业沟通策略的匹配对消费者购买意愿的影响（$B = 0.210$，$SE = 0.073$，$CI_{95} = [0.073, 0.357]$，不包含 0）。相对价格比较和企业沟通策略的匹配显著地负向影响消费者价格敏感度（$B = -0.432$，$SE = 0.146$，$CI_{95} = [-0.719, -0.146]$，不包含 0），即二者越匹配，消费者的价格敏感度越低。消费者价格敏感度也显著负向影响消费者购买意愿($B = -0.486$, SE $= 0.036$, CI$_{95}$ $= [-0.558, -0.415]$，不包含 0)，消费者价格敏感度越高，购买意愿越低。

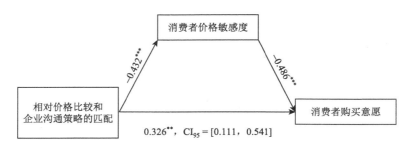

图 15.3　价格敏感度的中介作用检验（二）

、*分别表示 $p < 0.010$、$p < 0.001$

运用 Bootstrapping 分析法中的模型 3，设定为 5000 次重复抽样，检验相对价格比较、企业沟通策略及消费者健康意识三元交互对消费者决策的影响。结果表明，相对价格比较、企业沟通策略和消费者健康意识三者之间交互项显著（$B = 0.909$, SE $= 0.294$；$t(417) = 3.090$, $p = 0.002 < 0.050$；CI$_{95}$ $= [0.331, 1.488]$，不包含 0)。同时，相对价格比较和企业沟通策略的交互项对消费者购买意愿的影响也显著（$B = -4.011$, SE $= 1.666$; $t(417) = -2.266$, $p = 0.017 < 0.050$; CI$_{95}$ $= [-7.286, -0.737]$, 不包含 0)。相对价格比较和消费者健康意识之间（$B = -1.387$, SE $= 0.465$; $t(417) = -2.983$, $p = 0.003 < 0.050$; CI$_{95}$ $= [-2.301, -0.473]$，不包含 0）及企业沟通策略和消费者健康意识之间（$B = -1.071$, SE $= 0.472$; $t(417) = -2.272$, $p = 0.024 < 0.050$; CI$_{95}$ $= [-1.997, -0.144]$, 不包含 0)，同样表现出显著的交互作用。为了更好地说明健康意识的调节作用，本实验根据健康意识的均值和标准差对样本进行分类。将健康意识得分大于均值加一个标准差的样本划分为高健康意识组，将健康意识得分小于均值减一个标准差的样本划分为低健康意识组。当消费者健康意识较高时，相对价格比较和企业沟通策略的匹配对消费者购买意愿的影响更大（$F(1, 73) = 11.230$, $p = 0.001 < 0.050$），当相对价格较高时，$M_{购买意愿-高解释水平} = 5.00 > M_{购买意愿-低解释水平} = 3.95$；当相对价格较低时，$M_{购买意愿-高解释水平} = 3.88 < M_{购买意愿-低解释水平} = 4.67$（图 15.4）。当消费者健康意识较低时，相对价格比较和企业沟通策略的匹配对消费者购买意愿的影响不显著（$F(1, 69) = 0.001 < 1.000$, $p = 0.970 > 0.050$）。因此，H3 得到验证。

同样运用 Bootstrapping 分析法的模型 3，设定 5000 次重复抽样，检验相对价格比较、企业沟通策略及调节定向三者交互对消费者购买意愿的影响。检验结果表明，相对价格比较、企业沟通策略和调节定向三者之间交互项显著（$B = 1.199$, SE $= 0.522$; $t(417) = 2.296$, $p = 0.022 < 0.050$; CI$_{95}$ $= [0.173, 2.226]$，不包含 0)。

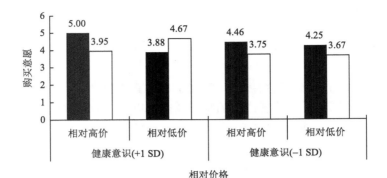

图 15.4 消费者健康意识的影响作用

相对价格比较和调节定向之间（$B = -2.070$，SE $= 0.818$；$t(417) = -2.529$，$p = 0.012 < 0.050$；$CI_{95} = [-3.678, -0.461]$，不包含 0）及企业沟通策略和调节定向之间（$B = -1.860$，SE $= 0.824$；$t(417) = -0.257$，$p = 0.025 < 0.050$；$CI_{95} = [-3.480, -0.240]$，不包含 0），同样表现出了显著的交互作用。对调节定向的调节作用的检验结果显示，当消费者为预防定向时，相对价格比较和企业沟通策略的匹配对消费者购买意愿的影响显著（$F(1, 209) = 21.087$，$p < 0.001$）。其中，当相对价格较高时，$M_{购买意愿-高解释水平} = 4.98 > M_{购买意愿-低解释水平} = 4.00$；当相对价格较低时，$M_{购买意愿-高解释水平} = 3.83 < M_{购买意愿-低解释水平} = 4.52$（图 15.5）。当消费者为促进定向时，相对价格比较和企业沟通策略的匹配对消费者购买意愿影响不显著（$F(1, 208) = 0.642$，$p = 0.201 > 0.050$）。因此，H4 得到验证。

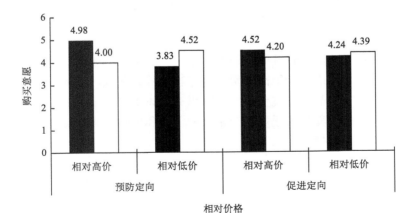

图 15.5 调节定向的影响作用

第六节　结论与建议

本章从价格与信息的视角出发，探究了作物营养强化农产品相对价格比较和企业沟通策略的匹配对消费者决策的影响及内在机制。通过对虚拟的富铁玉米汁、富铁玉米和铁强化酱油三种作物营养强化农产品的实证研究，结果发现：①农产品的相对价格比较和企业沟通策略的匹配会正向影响消费者对作物营养强化农产品的消费决策，即企业对相对高价的作物营养强化农产品采用高解释水平的沟通信息，或是对相对低价的作物营养强化农产品采用低解释水平的沟通信息，均能促进消费者对作物营养强化农产品的选择与购买；②价格敏感度中介了相对价格比较和企业沟通策略的匹配对消费者决策的影响；③健康意识和调节定向均调节了相对价格比较和企业沟通策略的匹配对消费者决策的影响，且相较于促进定向，当消费者为预防定向时，相对价格比较和企业沟通策略的匹配对消费者决策的正向影响作用更加显著。基于此，我们提出以下建议。

第一，企业应针对作物营养强化农产品价格特点，采用合适的沟通策略。价格作为影响消费决策最为直观的因素，往往会受到消费者第一时间的关注。无论农产品的绝对价格如何，企业应比较自有农产品与同类农产品的相对价格来制定合理而有效的沟通策略。对于相对高价的农产品，企业可以通过广告信息、营销人员沟通等方式，使消费者更加关注农产品的抽象意义或情感，从而降低消费者的价格敏感度；对于相对实惠、低价的农产品，企业可以引导消费者多加关注具体的农产品特质，给予消费者一种"价优物美"的感觉，从而促进消费者购买。

第二，企业和政府应加大对作物营养强化农产品的宣传力度，不断提高消费者的健康意识。例如，企业应该综合利用传统媒体（如广告、专家讲座）和新媒体（如微博、公众号）加强对作物营养强化农产品的宣传力度，提高消费者健康意识并倡导消费者关注营养健康问题（特别是营养素缺乏问题）。强调不仅要吃得饱，更要吃得好，从而不断提高消费者对作物营养强化农产品的关注和认可。在对作物营养强化农产品进行宣传时，还可以有意识地激活消费者预防倾向，更多地告诉消费者微量营养素缺乏可能会带来的危害和风险，从而提高消费者对作物营养强化农产品的选择。

第十六章　沟通信息类型对营养强化食物购买意愿的影响：调节定向和正确感的作用①

　　在世界范围内的"绿色革命"推动下，水稻、小麦、玉米等粮食作物实现了较大幅度增产，虽然提高了人类的食物数量水平，但营养品质却面临着下降的难题。表现最为突出的问题是这些高产粮食作物本身微量元素含量降低，致使人们对微量元素尤其是铁、锌等营养成分摄入量大幅度下降。微量营养素摄入不足或缺乏被称为隐性饥饿，它会引发一系列的病症，如 IDA 和缺锌引发的营养不良、生长发育迟滞、免疫力下降、心脑血管疾病等（范云六，2007）。2004 年，全球约有 30 亿人存在不同程度的微量元素缺乏的问题，这个数字仍在上升，其中大约有 21.5 亿人（占世界人口的 40%）缺锌（何一哲等，2008）。改革开放以来，中国居民的营养健康状况得到了极大改善，但不容忽视的是，中国仍属于世界上营养不良人数较多的国家。中国疾病预防控制中心的研究报告显示（张继国等，2012a），铁、锌、维生素 A 等微量营养素缺乏的问题普遍存在于农村居民当中，中国大约有 3 亿营养不良人口，大部分分布在农村及落后地区，某些农村地区的 IDA 比例高达 20%以上。据此测算，中国由 IDA 所导致的经济损失相当于 GDP 的 3.6%（其中，成人占 0.7%，儿童占 2.9%）。同时有研究指出，食品的多样性并不能有效解决中国人的微量元素缺乏问题，提高食物中人体可吸收的营养素含量才是目标（何一哲等，2012）。作物营养强化是针对世界上目前普遍存在的营养不良和营养失衡问题的解决之道，它能够给人们带来更优质、更富有营养的新品种，不管对城市人口还是农村人口来说都是理想的健康食品来源（Nestel et al.，2006）。因此，发展作物营养强化对改善居民营养健康、促进经济发展与社会稳定、降低社会医疗成本，乃至提升广大人民群众家庭和个人幸福感有着不可替代的重要意义。

　　改善营养不良状况一直以来主要有四种途径，即饮食多样化、营养素补充剂、食物强化和作物营养强化。饮食多样化虽然是理想办法，但需要改变人们的饮食习惯，合理的膳食结构需要经济条件支持，生活困难的家庭在相当长时间内将无法做到（罗良国和王艳，2007）。营养素补充剂和食物强化虽然见效快，但经济成本高（逄学思等，2017）。作物营养强化直接通过育种方式提高农作物中可被人体

---

① 本章部分研究内容发表于《珞珈管理评论》2018 年第 2 期。

吸收利用的微量营养素含量，生产方法简单，易于推进以营养健康为目标的农业生产结构调整（许世卫和李哲敏，2006），是公共营养干预最经济有效的方式，尤其是在广大发展中国家的农村地区（李路平和张金磊，2016）。在研究消费者对营养强化食物购买意愿的影响方面，前人进行过一些有意义的探讨，如 Johns 和 Eyzaguirre（2007）认为不同的文化背景、饮食习惯和经济水平会影响人们对营养食物的购买选择，解决微量营养素缺乏问题的方法包括营养素补充剂和食物强化，但是它们需要安全的食物传输系统、稳定的政策支持及连续的资金支持。因此，无力购买营养强化食品的低收入家庭将无法通过此方法来改善其营养状况。作物营养强化属于营养强化食物中的一种，它在改善消费者营养健康方面属于全新的尝试，目前的普及率较低，消费者对作物营养强化食物的认知程度也较低，致使对作物营养强化食物的接受度与购买意愿较低，这成为阻碍作物营养强化食物市场推广的重要影响因素。上述研究揭示了作物营养强化食物市场推广的一般经济规律，具有一定的实践指导意义，但目前相关研究大致存在以下几点缺陷：一是重视对作物营养强化食物的市场经济因素分析，对消费者的认知与行为特征分析研究相对不足；二是重视作物营养强化食物的一般市场规律，较少揭示影响作物营养强化食物购买意愿的内在作用机制；三是重视对作物营养强化食物购买意愿影响因素的定性描述，定量分析相对较少。针对以上不足之处，本章使用实验经济学研究方法，从消费认知规律的角度，证实了对于不同类型的作物营养强化沟通信息，启动消费者不同的调节定向能够进一步提高消费者的购买意愿。

第一节　理论与假设

一、作物营养强化沟通信息及分类

作物营养强化指的是在生产中增加食用农作物中微量营养素的浓度或生物利用性的过程，也就是通过育种手段提高现有农作物中可被人体吸收利用的微量营养素的含量（White and Broadley，2009）。作物营养强化沟通信息指的是向消费者传递有关作物营养强化相关知识，提供有助于消费者决策判断的信息。对于新型产品，企业向消费者有效传递信息是打开市场销路的关键（Townsend and Kahn，2014）。在复杂的零售环境下，消费者进行产品评价或品牌选择时的信息加工依赖于企业提供的信息（Schwarz，2004）。作物营养强化食物是一种新型的食物，消费者普遍存在对作物营养强化食物认知不足的问题，从而影响到作物营养强化食物的市场推广。安全风险是影响消费者购买食物时最主要的因素（Grunert，2005），在一般情况下，消费者对新型的市场产品都会存在一定的风险认知。作物营养强化食物也属于新型食物，消费者可能存在对作物营养强化食物的风险认知，为了消除消费者的顾虑，需要向消费者传递作物营养强化沟通信息，为消费者的购买决策提供信息依据，以提高消费者的购买信心。本章将作物营养强化食物沟通信息内容分为保健型和提升型两类，其中，保健型信息是指作物营养强化食物具有补充微量营养素、调节人体功能、保障基本健康水平的表明产品核心功能属性的信息；提升型信息是指作物营养强化食物具有提升生活质量、推动自我发展的表明产品附加心理价值的信息。对于较严重缺乏微量营养素导致身体疾病的消费者，提供保健型信息更能够促进其购买；对于身体相对健康但是仍然缺乏微量营养素的消费者，提升型信息能够迎合其提高生活品质及精神层面如生活幸福感的需求。因此，为不同需求层次的消费者提供不同类型的信息，有助于增强消费者决策判断信心，引导消费者对作物营养强化食物的需求。

因此，可以提出以下假设。

H1：作物营养强化食物沟通信息能够提高消费者的购买意愿。

H1a：保健型作物营养强化食物沟通信息能够提高消费者的购买意愿。

H1b：提升型作物营养强化食物沟通信息能够提高消费者的购买意愿。

二、调节作用——消费者调节定向

Geers 等（2005）指出个体为达到特定目标会努力改变或控制自己思想的过程称为自我调节。消费者调节定向（consumer regulatory focus）即为消费者在自我调节过程中所表现出的特定倾向。消费者调节定向主要分为两种：与提高需要相关的促进定向、与安全需要相关的预防定向。促进定向和预防定向的关注点及对待目标状态不同，促进定向关注积极结果并趋近目标，预防定向关注消极结果并回避目标（Molden et al.，2008）。诱发调节定向的情境也是不同的，关注收益会启动消费者促进定向，同时产生提高收益的动机；受到损失威胁的情况会启动消费者预防定向，产生规避损失的动机（姚琦等，2010）。消费者促进定向和预防定向在满足需求类型、结果关注及情绪体验方面存在显著的差异，这些差异直接影响消费者对不同信息的敏感性（姚琦和乐国安，2009）。当消费者评价信息时，促进定向占主导的消费者对提高需要的信息会更加敏感，而预防定向占主导的消费者会对安全需要的信息更加敏感（杜晓梦等，2015）。

调节性匹配理论说明，当不同调节定向的个体分别使用各自所偏好的行为策略时，就达成了调节性匹配（Higgins，2000）。调节性匹配对消费者的行为决策有着重要的影响，当消费者的行为策略与自我调节定向一致时会增强追求目标的动机，并产生积极的效价（林晖芸和汪玲，2007）。调节定向不仅表现为人格特质，而且可以表现为情境性调节定向，即调节定向在短期内可以通过情境中传递的信息线索启动（Evans and Petty，2003）。所以，营销人员会采用促进型框架或预防型框架来呈现不同的信息，以启动消费者短期的调节定向。同时，Lee 和 Aaker（2004）的研究表明，当信息呈现的方式与消费者调节定向一致时能达到最好的说服效果。因此，为了更好地提高作物营养强化信息的沟通效果，需要运用情境性信息来启动消费者不同的调节定向。保健型的作物营养强化沟通信息，旨在降低消费者潜在的认知风险，能够启动消费者预防定向。提升型的作物营养强化沟通信息，凸显了给消费者带来的效益，能够启动消费者促进定向。当作物营养强化沟通信息呈现方式与消费者调节定向相一致时，更能够提高消费者对作物营养强化的购买偏好，从而提高购买意愿。

因此，可以提出以下假设。

H2：作物营养强化食物沟通信息对消费者购买意愿的影响受到消费者调节定向的调节作用。

H2a：当提供保健型作物营养强化食物沟通信息时，启动消费者预防型调节定向更能提高其购买意愿。

H2b：当提供提升型作物营养强化食物沟通信息时，启动消费者促进型调节定向更能提高其购买意愿。

三、中介机制——决策正确感

调节性匹配会使个体对自己当前的行为产生正确感体验（Camacho et al.，2003）。决策正确感（decision feeling right）是指消费者在处理决策过程中体会到的自己做的就是对的、有意义的感觉。调节性匹配产生的决策正确感体验，会使消费者对自己当前的行为感到自信，并产生积极的情绪。当消费者仅仅产生想法或观点本身时并不能影响判断，只有在对自己拥有的想法或观点感到自信时才会影响判断行为。Avnet 和 Higgins（2006）的研究发现，不同调节定向所偏好的行为策略不同，产生的体验也不同。促进定向的消费者进行评价时偏好以感情为基础，而预防定向的消费者则偏好以理智为基础。据此，本章将决策正确感分为效能正确感和情感正确感两类，其中，效能正确感是指评价一个事物的好坏是以功能效益来衡量的，情感正确感是指个体在进行决策、判断时的情绪状态。因此，需要区分消费者在处理作物营养强化沟通信息时产生的不同体验。预防型调节定向的消费者更关注弥补营养不足与安全需要，主要基于效用的角度来评价作物营养强化食物的功效。促进型调节定向的消费者关注自我的发展提升并获得更多的生活幸福感，是更高层次的需求，是基于情感的角度来评价作物营养强化并产生积极的体验。

基于此，可以提出以下假设。

H3：作物营养强化食物沟通信息对消费者购买意愿的影响受到决策正确感的中介作用。

H3a：保健型作物营养强化食物沟通信息与预防型调节定向的交互作用通过效能正确感的中介作用影响消费者购买意愿。

H3b：提升型作物营养强化食物沟通信息与促进型调节定向的交互作用通过情感正确感的中介作用影响消费者购买意愿。

第二节　研究方法

一、方法介绍

本章采用实验经济学的方法，该方法指通过构造一个可操作的微观经济环境，将实验被试进行随机分组，控制必要变量，实现对有关变量的定量测度。实验经济学作为一种研究方法正在加剧改变经济学的研究范式，为越来越多的经济相关领域所借鉴。本章通过两个实验验证上述假设。实验一主要检验营养强化食物沟通信息对消费者购买意愿影响的主效应；实验二在进一步验证主效应的同时，检验了消费者调节定向的调节作用和决策正确感的中介作用机制。采用准实验的方法，通过实验材料刺激消费者，观察不同类型的沟通信息对消费者购买意愿的影响，并验证交互作用和中介机制。

二、实验一

（一）预研究

预研究的目的是检验自变量作物营养强化沟通信息类型的操纵材料是否成功。我们在线上邀请了 70 位普通消费者参与该研究。让被试分别阅读 2 段材料，回答操纵检验问题。材料内容如下。

中国城镇居民普遍存在铁、锌、维生素 A 等微量营养素缺乏的问题。作物营养强化是使食用农作物在生产中增加微量营养素的浓度或生物利用性的过程，也就是通过育种手段提高现有农作物中可被人体吸收利用的微量营养素的含量，增加和平衡人体吸纳的营养物质，对人体营养健康十分有帮助。据 WHO 证实，作物营养强化安全性高，能够有效补充人体所需的微量元素，保障人们的身体健康（保健型）。

　　中国城镇居民在饮食方面已经基本满足膳食营养均衡的要求，因此对生活品质有了更高的追求。作物营养强化是使食用农作物在生产中增加微量营养素的浓度或生物利用性的过程，也就是通过育种手段提高现有农作物中可被人体吸收利用的微量营养素的含量，增加和平衡人体吸纳的营养物质，对人体营养健康十分有帮助。作物营养强化食物能够促进人体体力和智力充分发展，为人们城镇居民生活品质和幸福提供物质保障（提升型）。

　　实验结果表明，当刺激材料为保健型时，$M_{保健} = 5.27$，$M_{提升} = 4.82$，$t(68) = 2.44$，$p < 0.050$；当刺激材料为提升型时，$M_{保健} = 4.10$，$M_{提升} = 5.20$，$t(68) = -5.00$，$p < 0.050$，这说明刺激材料的操纵是成功的。

（二）正式实验

　　实验一为单因素（作物营养强化沟通信息：保健型 vs 提升型）的被试间操纵设计。其中，以作物营养强化沟通信息为自变量，以购买意愿为因变量。正式实验目的是验证主效应，即验证 H1、H1a、H1b。实验过程为要求被试分别阅读关于作物营养强化沟通信息的描述材料，回答操纵性检验问题，并完成购买意愿的测量。我们通过问卷星网站推送 160 份问卷，有效回收 156 份，其中，男性样本占 40%，女性样本占 60%，平均年龄为 35 岁。

　　购买意愿的测量问卷改编自 Dodds 等（1991）的问卷，问卷共包含 3 个题项，如"我可能会购买作物营养强化食物"等，测量采用利克特 7 级量表，1 表示完全不同意，7 表示完全同意。购买意愿的 Cronbach's α 的系数值为 0.890，这说明问卷信度良好。

　　结果表明，作物营养强化沟通信息对购买意愿的影响显著，当提供保健型作物营养强化沟通信息时，$F(1, 154) = 7.56$，$p < 0.050$，这说明保健型作物营养强化沟通信息能够提高营养需求型消费者购买意愿；当提供提升型作物营养强化沟通信息时，$F(1, 154) = 5.97$，$p < 0.050$，这说明提升型作物营养强化沟通信息能够提高价值需求型消费者购买意愿，即验证了 H1a、H1b。

三、实验二

（一）预研究

　　预研究的目的是检验调节定向的操纵材料是否合适，在线下邀请 78 位普通消费者参与该研究。研究首先采用 Higgins 等（2001）的调节定向问卷（regulatory focus questionnaire，RFQ），问卷共包括 11 个题项，其中，有 6 个题项测量促进定向，如"无法得到生活中想要的"等，另外 5 个题项测量预防定向，如"成长中曾做过让父母无法忍受的事"等，促进定向和预防定向的 Cronbach's α 的系数值分别为 0.72 和 0.74，这说明问卷信度良好。在完成特质性调节定向的测量后，接着让被试随机阅读两段材料中的一段，回答操纵检验问题。材料内容分别如下。

为了向当地居民推广作物营养强化粮食（指利用生物育种手段提高农作物中可被人体吸收的微量营养素的含量），某市进行了如下宣传，"人体必需的营养素近 50 种，其中，任何营养素摄入不合理都会使身体机能发生紊乱，从而导致各种疾病或者亚健康状态，并对各类急性、传染性疾病的免疫能力下降。作物营养强化提高了主要粮食作物中微量营养素的含量（铁、锌、维生素 A 等），这有助于改善微量营养素缺乏的状况，避免出现身体营养不良导致的各种疾病"（预防定向）。

为了向当地居民推广作物营养强化粮食（指利用生物育种手段提高农作物中被人体吸收的微量营养素），某市进行了如下宣传，"人体必需的营养素近 50 种，均衡的营养摄入有助于提高健康水平和生活品质，而健康水平和生活品质的提高能够带来更愉悦的生活享受。作物营养强化提高了主要粮食作物中的微量营养素含量（铁、锌、维生素 A 等），能够为人们带来更优质、更富有营养的食物，并且有利于提升广大家庭和个人的幸福感"（促进定向）。

结果表明，特质调节定向得分（完全不同意/完全同意）上差异显著，$t(77) = 56.51$，$p < 0.001$。其中，当刺激材料为预防型调节定向时，特质调节定向的前测得分为 $M_{预防} = 3.84$，$M_{促进} = 4.92$，$t(42) = 51.82$，$p < 0.001$；操纵调节定向的后测得分为 $M_{预防} = 5.67$，$M_{促进} = 4.87$，$t(76) = 3.17$，$p < 0.001$，差异显著，说明预防型刺激材料的操纵是成功的；当刺激材料为促进型调节定向时，特质调节定向的前测得分为 $M_{预防} = 3.76$，$M_{促进} = 4.78$，$t(34) = 30.31$，$p < 0.001$；操纵调节定向的后测得分为 $M_{预防} = 4.37$，$M_{促进} = 5.92$，$t(76) = -7.58$，$p < 0.001$，差异显著，说明促进型调节定向的操纵是成功的。

（二）正式实验

实验二为 2（作物营养强化沟通信息：保健型 vs 提升型）×2（调节定向：预防型 vs 促进型）被试间操纵设计。其中，调节变量为调节定向，中介变量为效能正确感和情感正确感，因变量为对作物营养强化的购买意愿。实验目的主要有 2 个。首先，检验调节定向对主效应的调节作用；其次，检验效能正确感和情感正确感的中介作用，即验证 H2 与 H3。我们通过问卷星网站推送了 215 份问卷，有效回收208 份，其中，男性样本占 45%，女性样本占 55%，平均年龄为 34 岁。

效能正确感和价值正确感的测量问卷改编自 Avnet 和 Higgins（2006）的问卷，

被试在阅读完作物营养强化沟通信息后对作物营养强化感知评价进行打分，问卷共包含 6 个题项，其中，3 个题项用于测试效能正确感，如"我相信作物营养强化食物有不错的功效""我认为利用作物营养强化食物补充微量元素是正确的选择"；另外 3 个题项用于测试价值正确感，如"我对作物营养强化食物的看法积极乐观""我相信作物营养强化食物能带来更愉悦的生活"，测量采用利克特 7 级量表，1 表示完全不同意，7 表示完全同意。效能正确感和价值正确感的 Cronbach's α 的系数值分别为 0.85 和 0.90，这说明问卷信度良好。

结果表明，作物营养强化沟通信息与调节定向之间存在交互作用，$F(3, 204) = 0.008 < 0.050$。如图 16.1 所示，当提供保健型作物营养强化沟通信息时，$M_{保健-预防} = 5.32 > M_{保健-促进} = 4.95$，这说明预防型调节定向相对于促进型调节定向能够更大限度地提高消费者对作物营养强化的购买意愿；当提供提升型作物营养强化沟通信息时，$M_{提升-预防} = 4.98 < M_{提升-促进} = 5.31$，这说明促进型调节定向相对于预防型调节定向能够更大限度地提高消费者对作物营养强化的购买意愿，即验证了 H2a、H2b。

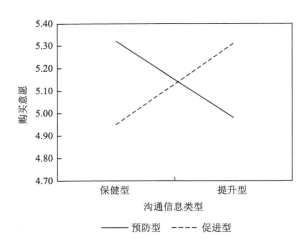

图 16.1　作物营养强化沟通信息类型与调节定向对购买意愿的交互作用

H3a 认为效能正确感在保健型作物营养强化沟通信息对购买意愿的影响中起到中介作用，并且这种中介作用受到预防型调节定向的调节，即有调节的中介。按照 Zhao 等（2010）提出的中介分析程序，参照 Preacher 等（2007）和 Hayes（2013）提出的有调节的中介分析模型进行 Bootstrap 中介检验，选择模型 7，Bootstrap 的样本量选择 5000。结果如表 16.1 所示，当作物营养强化的沟通信息为保健型时，效能正确感的中介效应显著，间接效应值为 0.8474，95%的置信区间为（0.4743，1.2204），不包含 0。当作物营养强化沟通信息为提升型时，效能正确感的中介效应不显著，因此验证了 H3a。

表 16.1　效能正确感有调节中介效应检验

预测变量	购买意愿	
	B	SE
作物营养强化沟通信息	1.0675**	0.3396
调节定向	1.1147*	0.3457
效能正确感	0.4860	0.2171
作物营养强化沟通信息×调节定向	0.3369**	0.6086
调节定向	利用 Bootstrap 分析法估计的间接效应			
	间接效应	SE	LLCI	ULCI
预防型	0.8474	0.1892	0.4743	1.2204
促进型	0.1565	0.1176	−0.2217	0.5347

注：B 表示回归系数，即作物营养强化沟通信息等对购买意愿的影响大小；LLCI、ULCI 分别表示置信区间的最低值和最高值，一般是 95%置信区间

*、**分别表示 $p < 0.050$、$p < 0.010$

H3b 认为情感正确感在提升型作物营养强化沟通信息对购买意愿的影响中起到中介作用，并且这种中介作用受到促进型调节定向的调节。同样采用 Bootstrap 中介检验方法对假设进行检验。选择模型 7，Bootstrap 的样本量为 5000。结果如表 16.2 所示，当作物营养强化的沟通信息为提升型时，情感型正确感的中介效应显著，间接效应值为 0.5807，95%的置信区间为（0.2259，0.9355），不包含 0。当作物营养强化沟通信息为保健型时，情感正确感的中介效应不显著，因此验证了 H3b。

表 16.2　情感正确感有调节中介效应检验

预测变量	购买意愿	
	B	SE
作物营养强化沟通信息	0.5349*	0.3922
调节定向	0.5019*	0.3992
情感正确感	0.7522	0.2507
作物营养强化沟通信息×调节定向	0.4550	0.2070
调节定向	利用 Bootstrap 分析法估计的间接效应			
	间接效应	SE	LLCI	ULCI
预防型	0.4999	0.2600	−0.0126	1.0125
促进型	0.5807	0.1800	0.2259	0.9355

*表示 $p < 0.050$

第三节　研究结论与启示

一、研究结论

（一）对于不同需求层次的消费者，采用不同类型的作物营养强化沟通信息能进一步提高消费者购买意愿

对于营养需求导向型消费者，提供保健型沟通信息能够为其决策判断提供依据和信心；对于价值导向型消费者，提供提升型沟通信息更能迎合其生活品质追求的价值理念。作物营养强化在中国是一个新兴事物，需要企业或相关部门提供关于作物营养强化的信息，帮助消费者更好地了解作物营养强化，增加消费者对作物营养强化食物的认知，这样才能够引导消费者合理做出对作物营养强化食物的购买决策行为。

（二）作物营养强化沟通信息对购买意愿的影响受到消费者调节定向的调节作用

调节定向是一种动机导向，能够对消费者的行为决策产生重要影响。调节匹配理论说明当调节定向与消费者的行为策略信息相一致时，能取得更好的沟通效果。预防型调节定向使消费者更多关注损失与风险方面的信息，促使消费者产生规避损失的动机倾向，此时保健型的作物营养强化沟通信息能起到更好的说服效果。促进型调节定向使消费者更多关注收益方面的信息，使消费者产生趋利的动机倾向，此时提升型的作物营养强化沟通信息会更有吸引力。

（三）作物营养强化沟通信息对购买意愿的影响受到决策正确感的中介作用

决策正确感是消费者对自己做出评价决策的一种信心表现，当消费者充分相信自己做出的判断时，就会采取相应的行为来支持自己的决策。保健型信息突出的是作物营养强化在补充微量元素方面的核心产品功能，提升型信息强调的是作物营养强化在提升生活幸福感方面的作用，分别有利于增强消费者对作物营养强化效能和情感方面判断的正确感。当消费者依据作物营养强化沟通信息做出评价时，在相信自己的判断后会采取购买行为。

二、管理启示

（一）企业或政府部门需要针对不同需求群体提供不同的作物营养强化沟通信息

目前作物营养强化食物的推广普及程度较低，致使广大消费者对作物营养强化食物的认知程度较低，使消费者缺乏决策信息难以做出对作物营养强化食物的购买判断。而解决这些问题最有效的办法是向消费者提供作物营养强化沟通信息，加深消费者对作物营养强化食物的了解，为消费者的决策判断提供信息支持。

（二）企业或政府部门要善于利用不同的情境启动消费者的调节定向，与作物营养强化沟通信息产生调节性匹配

调节匹配理论说明当消费者的决策判断与调节定向的动机相匹配时，会对消费者的态度与行为产生重要影响。当提供保健型的作物营养强化沟通信息时，需要启动消费者预防型调节定向；当提供提升型作物营养强化沟通信息时，需要启动消费者促进型调节定向，这样才能够达到更好的说服效果。

（三）企业或政府部门要善于引导消费者产生对作物营养强化判断决策的正确感知

当消费者充分相信自己做出的判断决策时，就会采取相应的行为。为了提高消费者对作物营养强化食物的购买意愿与行为，就需要提高消费者对购买作物营养强化食物的决策信心。为了达到更好的效果，在消费者处理保健型作物营养强化沟通信息时，需要提高消费者效能方面的正确感知；在消费者处理提升型作物营养强化沟通信息时，需要提高消费者情感方面的正确感知。

第十七章 沟通信息类型对作物营养强化农产品购买决策的影响机制研究[①]

2017 年，世界上有近 25 亿人存在维生素 A、铁、锌、叶酸等微量营养素缺乏的状况（Saltzman et al.，2017）。2009 年，中国有 3 亿人口存在营养不良问题，是世界上除了印度以外营养不良人口最多的国家。其中微量营养素缺乏在中国尤其普遍，在农村地区 2013 年有超过 30%的儿童缺乏维生素 A（甘倩等，2016），2012 年中小城市小学生维生素 A 的边缘缺乏率和缺乏率分别为 20.56%和 9.77%（杨春等，2016），2014 年还有高达 39.6%的儿童存在不同程度的锌缺乏（马德福等，2014）。微量营养素的缺乏会影响人们的身体健康，如长期缺乏维生素、矿物质可能引发心脏病及癌症，长期缺乏叶酸会导致贫血和新生儿神经管畸形（谢璐璐等，2019）；微量营养素的缺乏也会给经济带来巨大的损失，如中国 2005 年由缺铁所导致的经济损失占当年 GDP 的 3.6%（刘贝贝等，2019）。以往研究表明，改善营养不良的途径主要有饮食多样化、营养素补充剂、食物强化和作物营养强化四种（Oparinde et al.，2016a）。但饮食多样化见效时间太长，营养素补充剂和食物强化经济成本较高（廖芬等，2019），作物营养强化则具有生产方法简单、食用方便安全、经济效益高等优点，是解决微量营养素缺乏最为经济有效的途径（Sharma et al.，2017），即通过育种手段，提高现有农作物中能被人体吸收利用的微量营养素的含量，减少和预防全球性的尤其是发展中国家（贫困人口）普遍存在的人体营养不良和微量营养缺乏问题（张春义和王磊，2009）。中国作物营养强化项目开始于 2004 年，至今已种植和推广 20 多种富含铁、锌、维生素 A、叶酸等微量营养素的水稻、玉米、小麦、甘薯和马铃薯。

纵观现有文献，大多数研究集中在消费者对作物营养强化农产品的口味评价（Lagerkvist et al.，2016）、接受度（Lagerkvist et al.，2016；Birol et al.，2015）和支付意愿（Banerji et al.，2016）等方面，但这些研究大多是在印度、卢旺达、尼日利亚、乌干达、莫桑比克等发展中国家开展的。中国类似的研究相对较少，这是由于中国作物营养强化项目开始相对较晚，且中国学者大多只关注作物营养强化农产品对人口营养健康的改善作用。而消费者对作物营养强化农产品的支付意愿和接受度是影响其种植与推广的重要因素。研究中国消费者对作物营养强化农

---

① 本章部分研究内容发表于《华中农业大学学报（社会科学版）》2020 年第 6 期。

产品的购买意愿有利于对其进行推广。有研究表明，沟通信息可以帮助人们改变他们的行为（Joireman et al.，2004），与消费者沟通，帮助他们增加对作物营养强化农产品的了解，从而使作物营养强化农产品更有说服力（Han et al.，2016），是增强消费者对作物营养强化农产品购买意愿的关键。但沟通信息到底如何有效增强消费者购买意愿尚不明确，因此，本章主要研究不同沟通信息类型对消费者购买意愿的影响并揭示其影响机理，还研究了沟通信息类型（以问题为中心 vs 以情绪为中心）与微量营养素缺乏程度（高 vs 低）之间的交互作用，以期为政策制定者和营销人员提供一定的理论依据。

本章拟从以下几个角度进行探索性研究。一是基于沟通信息的特征，将其划分为以问题为中心的沟通信息和以情绪为中心的沟通信息，研究作物营养强化农产品不同沟通信息类型对消费者购买意愿的影响；二是探究微量营养素缺乏程度与沟通信息类型的交互作用对消费者购买意愿的影响；三是探究沟通信息类型对消费者购买意愿的影响机理。

第一节　文献回顾及研究假设

一、作物营养强化农产品沟通信息类型对购买意愿的影响

农产品作为消费者日常饮食的主要来源，关乎其切身利益（田刚等，2018），消费者往往对其形状、颜色、味道等比较了解，以往研究发现消费者更加偏好与原型相匹配的农产品（孙山等，2018），因此消费者更倾向于选择常见的农产品。作物营养强化农产品虽然可以补充微量营养素，有利于消费者的健康，但消费者对作物营养强化不了解及有的作物营养强化农产品可能改变原有农产品的颜色、味道及形状，致使消费者在面对作物营养强化农产品时会有疑惑，对其存在恐惧排斥心理，从而不愿意购买。以往研究表明，沟通信息可以帮助消费者应对压力，从而改变他们的行为（Joireman et al.，2004；Whitehair et al.，2013）。因此，与消费者沟通，帮助他们增加对作物营养强化农产品的了解，从而使作物营养强化农产品更有说服力（Han et al.，2016），是增强消费者对其购买意愿的关键。

沟通作为信息表达的主要方式，对消费者的行为具有重要影响。当消费者面临与健康有关的压力时，沟通是积极的（Park et al.，2016）。简单的提示型信息和反馈型信息对消费者食物节约行为有积极影响（Whitehair et al.，2013）。Han 等（2016）的研究也验证了以问题为中心的应对方式和以情绪为中心的应对方式均有利于增强信息的说服效果，使消费者选择健康的生活方式。因此，在此基础上，本章借鉴 Han 等（2016）的研究，将作物营养强化农产品沟通信息类型分为以问题为中心的沟通信息和以情绪为中心的沟通信息。以问题为中心的沟通信息是告

诉消费者作物营养强化农产品的生产过程及如何食用作物营养强化农产品，主要目的是提高消费者的效能，是低解释水平的沟通信息方式。以情绪为中心的沟通信息则是告诉消费者作物营养强化农产品的功效及为什么要购买作物营养强化农产品，主要目的是避免消费者对作物营养强化农产品的恐惧，是高解释水平的沟通信息方式。

当消费者处于以问题为中心的沟通信息情景时，因为信息是告诉消费者可能采取的措施，提高消费者的效能，即作物营养强化农产品的生产过程及如何食用作物营养强化农产品，是低解释水平的信息，这时消费者与作物营养强化农产品的心理距离较近，并且消费者会形成一种具体的、以过程为导向的思维方式，这种思维方式强调如何实现自己的目标（Han et al.，2016；Irmak et al.，2013），也就是如何实现营养强化。此时，消费者的购买意愿会增强。而当消费者处于以情绪为中心的沟通信息情景时，因为信息是为了避免消费者对作物营养强化农产品的恐惧排斥，主要是告诉消费者作物营养强化农产品的功效以及为什么要购买作物营养强化农产品，是高解释水平的信息（Trope and Liberman，2010），这时消费者与营养强化农产品的心理距离较远，并且消费者会形成一种抽象的、以结果为导向的思维方式，这种思维方式强调为什么要实现自己的目标（Han et al.，2016；Irmak et al.，2013），也就是为什么要进行营养强化，此时，消费者的购买意愿也会增强。

基于此，可以提出以下假设。

H1：作物营养强化农产品沟通信息类型能够增强消费者的购买意愿。

H1a：以问题为中心的沟通信息能够增强消费者的购买意愿。

H1b：以情绪为中心的沟通信息能够增强消费者的购买意愿。

二、作物营养强化农产品沟通信息类型与消费者微量营养素缺乏程度的匹配对购买意愿的影响

前人研究表明，与消费者个体差异一致的信息具有巨大作用（青平等，2018），因此可以认为，与消费者微量营养素缺乏程度一致的沟通信息类型可以增强其对作物营养强化农产品的购买意愿。也就是说，以问题为中心的沟通信息会对微量营养素缺乏程度高的消费者产生最大的积极影响，而以情绪为中心的沟通信息会对微量营养素缺乏程度低的消费者产生最大的积极影响。

当消费者处于以问题为中心的沟通信息情景时，沟通的信息主要是关于作物营养强化农产品的生产过程以及如何食用作物营养强化农产品，主要目的是提升消费者的效能，这种沟通是低解释水平的沟通信息方式，这时的信息主要是具体的、以过程为导向的信息。微量营养素缺乏程度高的消费者增加营养的目的较为

迫切，希望短时间内见效，他们会更倾向于接受具体的、以过程为导向的信息。因此可以认为微量营养素缺乏程度高的消费者在面对以问题为中心的沟通信息时购买意愿更高。当消费者处于以情绪为中心的沟通信息情景时，信息主要是有关作物营养强化农产品的功效及消费者为什么要购买作物营养强化农产品，主要目的是避免消费者对作物营养强化农产品的恐惧，这种沟通方式是高解释水平的沟通信息方式，这时的信息主要是抽象的、以结果为导向的信息。微量营养素缺乏程度低的消费者希望合理有效地提高自身微量营养素含量，他们会更倾向于接受抽象的、以结果为导向的信息。因此可以认为微量营养素缺乏程度低的消费者在面对以情绪为中心的沟通信息时购买意愿更高。

基于此，可以提出以下假设。

H2：作物营养强化农产品沟通信息类型与消费者微量营养素缺乏程度之间的一致性会增强购买意愿。

H2a：当微量营养素缺乏程度高的消费者暴露于以问题为中心的沟通信息时，他们的购买意愿更强。

H2b：当微量营养素缺乏程度低的消费者暴露于以情绪为中心的沟通信息时，他们的购买意愿更强。

三、流畅性的中介作用

大量的研究表明当信息与观察者的心理状态一致时，信息的说服效果会增强（Kidwell et al.，2013）。当消费者接触到的信息与他们的信念、价值观和观念一致时，他们更可能体验到一种流畅感或者觉得信息更容易理解，产生一种"感觉对了"的体验感（Reber et al.，2004）。与积极情感（Cesario et al.，2004）类似，流畅产生了一种某事"恰好符合"的感觉，这种感觉是建立在感觉某事真实并且合心意的基础上的（Lee and Aaker，2004）。而且，Kim 等（2009）暗示这种"就是这样"的感觉会产生更有利的信息评价，因为消费者会将他们感觉恰当的体验错误归因于说服信息的质量，并且消费者在对信息或者物品进行评价时常常以对信息理解难易程度的主观感受为依据（Schwarz，2004）。例如，如果产品信息呈现的颜色相对于背景而言是容易区分的，那么消费者就更容易理解产品信息（Labroo and Pocheptsova，2016）或者如果相同或相似的信息在之前出现过，那么消费者也更容易理解产品信息（Lee and Labroo，2004）。其他的研究表明这种效果在不同的情境包括健康饮食行为（Cesario et al.，2004）和遵从保健建议（Lee and Aaker，2004）中也是存在的。作物营养强化农产品沟通信息也是产品信息的一种，因此，如果作物营养强化农产品沟通信息类型与消费者微量营养素缺乏程度一致时，消费者就会对沟通信息产生共鸣，从而产生"感觉对了"的体验，使得沟通信息更具有说服力，从而更有可能购买作物营养强化农产品。

基于此，可以提出以下假设。

H3：流畅性在沟通信息类型和营养素缺乏程度一致性对购买意愿的影响中起到了中介作用。

H3a：以问题为中心的沟通信息将会使微量营养素缺乏程度高的消费者产生更高的流体验，进而增强购买意愿。

H3b：以情绪为中心的沟通信息将会使微量营养素缺乏程度低的消费者产生更高的流体验，进而增强购买意愿。

四、概念框架

本章围绕作物营养强化农产品这一新的功能型农产品的购买，基于理论假设提出了概念框架，如图 17.1 所示。与消费者微量营养素缺乏程度一致的沟通信息类型会对作物营养强化农产品的购买意愿产生影响。本章还进一步地揭示了沟通信息类型与微量营养素缺乏程度的匹配对购买意愿的影响机制。

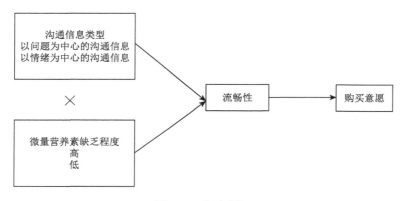

图 17.1　概念框架

第二节　实　验　设　计

一、实验程序

（1）实验步骤。本章共设计了三个实验，选取作物营养强化富叶酸玉米作为刺激物，通过实验材料对不同沟通信息类型进行直接的控制。实验一通过问卷测试本章的主效应，即沟通信息类型对消费者购买意愿的影响；实验二通过单因素被试间设计及对消费者微量营养素缺乏程度的测量来验证沟通信息类型与微量营养素缺乏程度之间的交互作用；实验三则是验证流畅性的中介作用。

（2）量表设计。根据本文的概念模型，研究的结果变量是流畅性和购买意愿，再加上调节变量——微量营养素缺乏程度，共涉及三个变量的测量。流畅性、购买意愿和微量营养素缺乏程度的测量采用文献中已有的量表或根据成熟量表进行改编形成，所有测量都采用利克特7级量表。

二、预测试

为了检验实验对自变量的控制是否有效，首先对刺激材料进行了预测试。通过问卷星邀请了77名消费者参与了预测试。进行预测试时，将77名消费者随机分到以问题为中心的沟通信息组或以情绪为中心的沟通信息组中的任意一组中。两种沟通信息是根据Han等（2016）的研究材料改编形成的，选取作物营养强化富叶酸玉米为实验刺激物。首先是让消费者阅读相关的刺激材料，然后让消费者回答操纵性检验问题，即让被试对"您觉得上述沟通信息是哪种沟通信息"用1到7进行打分（1表示以问题为中心的沟通信息，7表示以情绪为中心的沟通信息）。

三、主效应的实验研究

（1）实验目的。本实验的主要目的是验证H1a和H1b。用实验情景模拟出两种沟通信息，即以问题为中心的沟通信息和以情绪为中心的沟通信息，将被试随机分为两组，测试消费者在这两种不同沟通信息下对作物营养强化农产品的购买意愿。

（2）实验流程与变量说明。采用预测试中的实验材料，进行了单因素（以问题为中心的沟通信息 vs 以情绪为中心的沟通信息 vs 控制组）的被试间设计。其中，以沟通信息类型为自变量，以购买意愿为因变量。将被试随机分为3组，控制组的被试不提供关于富叶酸玉米的信息，只是告诉他们现在有一个新型农产品富叶酸玉米，询问被试对富叶酸玉米的看法，而其余2组则是阅读以问题为中心的沟通信息或是以情绪为中心的沟通信息，以了解被试在这3种不同情况下对作物营养强化农产品的购买意愿。本次实验共发放问卷225份，有效问卷208份，其中，以问题为中心的沟通信息样本76个，以情绪为中心的沟通信息样本78个，控制组的样本54个；男性占44.20%，女性占55.80%；平均年龄为30.14岁。

购买意愿的测量量表改编自Kareklas等（2014）的购买意愿量表，共包含1题——"您觉得您购买富叶酸玉米的可能性有多大？"。使用利克特7级量表进行测量，数字越小表示购买富叶酸玉米的可能性越小，数字越大表示购买富叶酸玉米的可能性越大。

四、交互作用的实验研究

（1）实验目的。交互作用实验的主要目的是验证 H2a 和 H2b，即检验沟通信息类型与消费者微量营养素缺乏程度之间的交互作用对购买意愿的影响。

（2）实验流程与变量说明。用与主效应实验中相同的刺激材料情景模拟出 2 种沟通信息，即以问题为中心的沟通信息和以情绪为中心的沟通信息，将被试随机分为 2 组，让被试阅读相应的沟通信息方式，随后测量被试的微量营养素缺乏程度，最后测量购买意愿。本次实验共发放问卷 200 份，有效问卷 154 份，其中，以问题为中心的沟通样本 76 个，以情绪为中心的沟通样本 78 个；男性占 44.20%，女性占 55.80%；平均年龄为 55.66 岁。

微量营养素缺乏程度的测量量表改编自 Renner 等（2000）的微量营养素缺乏程度量表，共包含 1 题——"我认为自己缺乏微量营养素的程度很高"。测量采用利克特 7 级量表，数字越小表示被试认为自己缺乏微量营养素的程度越小，数字越大表示被试认为自己缺乏微量营养素的程度越大。

因变量购买意愿的测量与主效应实验中相同。

五、中介作用的实验研究

（1）实验目的。中介作用实验的目的是检验 H3a 和 H3b，即考察流畅性在沟通信息方式与微量营养素缺乏程度之间的交互作用对营养强化农产品购买意愿的影响中的中介作用。

（2）实验流程与变量说明。采用与主效应实验中相同的刺激材料，观察被试的购买意愿。为提高样本的多样性，本实验共邀请 300 名消费者参加，回收有效问卷 284 份，回收率 94.67%。其中，男性占 37.70%，女性占 62.30%；平均年龄为 30.30 岁。具体的实验操作程序如下：被试被随机分配到以问题为中心的沟通信息组或以情绪为中心的沟通信息组中的任意一组。首先告知被试仔细阅读沟通信息方式的刺激材料并测量微量营养素缺乏程度，随后完成流畅性的测量，最后完成购买意愿的测量。

微量营养素缺乏程度的测量与交互作用实验中相同。

流畅性的测量量表采用改编自 White 等（2011）的流畅性量表，共包含 3 个题项，如"我认为上面的作物营养强化农产品沟通信息很简单""我能够清楚理解作物营养强化农产品沟通信息"等。测量与之前一样，也是采用利克特 7 级量表，数字越小表示被试越不同意题项内容，数字越大表示被试越同意题项内容。通过对流畅性的量表进行信度分析，结果表明，流畅性的 Cronbach's α

的系数值为 0.68，这说明流畅性的信度较好。

因变量购买意愿的测量也与主效应实验中相同。

第三节 结果分析与讨论

一、预测试的结果分析

预测试结果表明，研究情景模拟有效（M 以问题为中心的沟通信息 = 3.26，M 以情绪为中心的沟通信息 = 4.64，$t(75) = -3.00$，$p < 0.010$），这说明对于沟通信息类型的控制是成功的。

由预测试结果可知，对沟通信息类型的控制是有效的，因此，接下来的实验中对自变量的操纵均采用与预测试中相同的材料。

二、主效应实验的结果分析

沟通信息类型对购买意愿的影响，方差分析结果表明，沟通信息类型对购买意愿的影响显著。消费者无论是面对以问题为中心的沟通信息时还是面对以情绪为中心的沟通信息时，他们的购买意愿均显著高于控制组（M 以问题为中心的沟通信息 = 5.63，M 以情绪为中心的沟通信息 = 5.77，M 控制组 = 3.28，$F(2, 205) = 81.469$，$p < 0.001$），即验证了 H1a 和 H1b。

由主效应实验结果可知，作物营养强化农产品沟通信息类型能够提高购买意愿，无论是以问题为中心的沟通信息类型还是以情绪为中心的沟通信息类型，均能够显著提高购买意愿。

三、交互作用实验的结果分析

在交互作用实验中对沟通信息类型进行控制，结果显示，对以问题为中心的沟通信息和以情绪为中心的沟通信息的控制是成功的，两种情境有显著差异（M 以问题为中心的沟通信息 = 3.39，M 以情绪为中心的沟通信息 = 4.28，$t(152) = -2.69$，$p < 0.050$）。

对购买意愿的方差分析显示，沟通信息类型与微量营养素缺乏程度的交互作用显著（$F(3, 150) = 5.35$，$p < 0.050$）。进一步进行对比分析，结果表明（图 17.2），微量营养素缺乏程度高的被试暴露于以问题为中心的沟通信息时的购买意愿更强（M 以问题为中心的沟通信息—微量营养素缺乏程度高 = 6.00，M 以问题为中心的沟通信息—微量营养素缺乏程度低 = 5.60），验证了 H2a。相反，微量营养素缺乏程度低的被试暴露于以情绪为中心的沟通信息时的购买意愿更强（M 以情绪为中心的沟通信息—微量营养素缺乏程度低 = 6.04，M 以情绪为中心的沟通信息—微量营养素缺乏程度高 = 5.23），验证了 H2b。

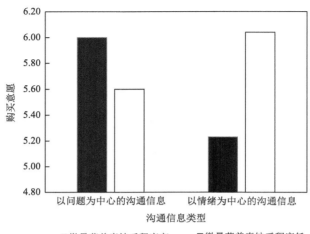

图 17.2　沟通信息类型与微量营养素缺乏程度对购买意愿的交互作用

　　由交互作用的实验结果可知，不同沟通信息类型对消费者购买意愿的影响会由于消费者微量营养素缺乏程度的不同而不同。微量营养素缺乏程度高的消费者在面对以问题为中心的沟通信息时的购买意愿会更强，而微量营养素缺乏程度低的消费者在面对以情绪为中心的沟通信息时的购买意愿会更强。这是由于微量营养素缺乏程度高的消费者增加营养的目的较为迫切，希望短时间内见效，因此会更倾向于接受具体的、以过程为导向的信息；而微量营养素缺乏程度低的消费者希望合理有效地提高体内的营养素含量，因此会更倾向于接受抽象的、以结果为导向的信息。

四、中介作用实验的结果分析

　　在中介作用实验中对沟通信息类型进行控制，结果显示，对以问题为中心的沟通信息和以情绪为中心的沟通信息的控制是成功的，两种情境有显著差异（$M_{以问题为中心的沟通信息} = 4.03$，$M_{以情绪为中心的沟通信息} = 4.77$，$t(282) = -3.14$，$p < 0.050$）。

　　对购买意愿的方差分析显示，沟通信息方式和微量营养素缺乏程度的交互作用显著（$F(3, 280) = 1.78$，$p < 0.050$）。为了进一步验证流畅性的中介作用，采用 Hayes 提出的有调节的中介模型的检验方法并运用 Bootstrapping 分析法来检验流畅性的中介作用（Hayes，2013）。在 PROCESS 中运行 Hayes 提出的模型 7（Hayes，2013）。这种方法包括了一个围绕间接效应计算 95%置信区间的程序。如果置信区间不包括 0，那么中介作用显著（方杰和温忠麟，2018）。结果表明，控制主效应后，沟通信息类型与微量营养素缺乏程度之间的交互作用显著（$\beta = 0.01$，

$t(280) = 2.83$，$p < 0.050$），流畅性对购买意愿的正向影响显著（$\beta = 0.42$，$t(280) = 6.60$，$p < 0.001$）。并且，沟通信息类型与微量营养素缺乏程度之间的交互作用通过流畅性影响购买意愿的间接效应在 95%的不包括 0 的置信区间（CI = [0.0019, 0.0109]）上显著。所以，流畅性在沟通信息类型与微量营养素缺乏程度之间的交互作用对作物营养强化农产品购买意愿的影响中起到了中介作用。

为了进一步验证流畅性的中介作用，通过简单斜率分析结果表明（图 17.3），以问题为中心的沟通信息类型将会使微量营养素缺乏程度高的消费者相对于微量营养素缺乏程度低的消费者体验到更大的流畅性（$\beta = 0.12$，$p < 0.050$），而以情绪为中心的沟通信息类型将会使微量营养素缺乏程度低的消费者相对于微量营养素缺乏程度高的消费者体验到更大的流畅性（$\beta = -0.08$，$p < 0.100$）。

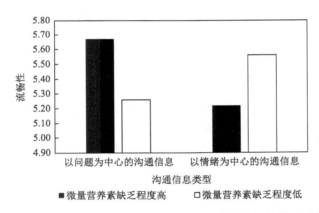

图 17.3 沟通信息类型与微量营养素缺乏程度对流畅性的交互作用

由中介作用实验结果可知，流畅性在沟通信息类型与微量营养素缺乏程度之间的交互作用对作物营养强化农产品购买意愿的影响中起到了中介作用。具体而言，以问题为中心的沟通信息类型将会使微量营养素缺乏程度高的消费者产生更高的流体验，进而增强购买意愿；而以情绪为中心的沟通信息类型将会使微量营养素缺乏程度低的消费者产生更高的流体验，进而增强购买意愿。

第四节 结论与建议

一、结论

本章提出并检验了增强作物营养强化农产品购买意愿的概念模型，研究了沟通信息类型、流畅性与作物营养强化农产品购买意愿之间的关系，并验证了微量营养素缺乏程度与沟通信息类型的交互作用对流畅性的影响。为了实现这个目的，本章设计了两种不同的作物营养强化农产品沟通信息类型。本章主要结论及其贡献体现在以下三个方面。

（1）不同类型的沟通信息方式对作物营养强化农产品购买意愿的影响。以问题为中心的沟通信息和以情绪为中心的沟通信息均能显著提高消费者对作物营养强化农产品的购买意愿。本章将应对压力的两种沟通信息类型引入了作物营养强化农产品购买意愿的研究，揭示了在以问题为中心的沟通信息和以情绪为中心的沟通信息情境下消费者对作物营养强化农产品的购买意愿。

（2）作物营养强化农产品沟通信息类型与消费者微量营养素缺乏程度的匹配对作物营养强化农产品购买意愿的影响。本章发现微量营养素缺乏程度高的消费者暴露于以问题为中心的沟通信息类型时，他们的购买意愿更强；而微量营养素缺乏程度低的消费者暴露于以情绪为中心的沟通信息类型时，他们的购买意愿更强。这揭示了沟通信息类型对不同微量营养素缺乏程度的消费者的影响。

（3）沟通信息类型和营养素缺乏程度一致性对购买意愿的作用受到流畅性的中介。当沟通信息类型与消费者微量营养素缺乏程度一致时，消费者会感觉到信息更容易理解，感受到更高的流畅性，导致信息的说服效果增强，从而消费者的购买意愿也会增强。这揭示了作物营养强化农产品沟通信息类型与消费者微量营养素缺乏程度的匹配对消费者购买意愿的影响机制，从而厘清了作物营养强化农产品购买意愿的产生机理。

二、启示

本章就不同沟通信息类型对作物营养强化农产品购买意愿的影响机制进行了研究，为政策制定者的政策制定、营销人员的营销努力和消费者的消费提供了一定的理论指导。

第一，作物营养强化农产品可以补充人体所需微量营养素，有利于身体健康，但是由于消费者对作物营养强化不了解，存在恐惧排斥心理，因而其推广存在问题，很多消费者不愿意购买作物营养强化农产品。本章的研究表明，不管是以问题为中心的沟通信息还是以情绪为中心的沟通信息，均可以增强消费者对作物营养强化农产品的购买意愿。因此，政策制定者如果想要增强作物营养强化农产品购买意愿，就应该合理利用这两种沟通信息类型，特别是对微量营养素缺乏程度高的消费者采用以问题为中心的沟通信息方式，而对微量营养素缺乏程度低的消费者则采用以情绪为中心的沟通信息方式。

第二，本章的研究结果同样表明，沟通信息类型与微量营养素缺乏程度之间的一致性能增强消费者对产品的购买意愿。本章主要关注作物营养强化农产品。

然而，营销人员可以利用本章的研究发现去设计针对更多其他行为（包括购买其他特定的产品和服务）的沟通信息类型。例如，可以设计针对不同人群的健康选择沟通信息从而增加消费者的健康选择。本章的研究结果表明，一致的沟通信息类型在增强消费者作物营养强化农产品购买意愿方面更有效，因此，可以用一致的沟通信息方式来改善营养不良，增进健康。

第三，正如本章的研究结果所示，消费者特别容易受到与其自身健康状况一致的沟通信息方式的影响。因此，消费者应该注意到自身容易被说服的特性，从而避免无意识的说服，购买一些不需要的农产品或服务。

在研究过程中虽然力求科学性，但仍然存在一定的局限性。首先，本章采用文字、图像刺激材料模拟现实场景，通过实验方法来验证模型与假设，与真实情景有一定差距，可能导致测量数据的误差。因此，在接下来的研究中应该尽量使用真实场景，测量沟通信息类型对消费者作物营养强化农产品购买意愿的影响。其次，本章测量的是消费者对作物营养强化农产品的购买意愿，而不是实际的购买行为，这可能会导致假设偏差。今后的研究应该适当补充线下研究，以获得更真实的消费者数据，以此提高研究的内部和外部效度。

第十八章 消费者对作物营养强化农产品的支付意愿研究：基于 BDM 拍卖实验法

作物营养强化农产品对人口营养健康具有良好的改善效果并能带来可观的经济效益和成本效益，因此需要对其进行宣传推广，以解决隐性饥饿，改善人口尤其是生活困难地区居民的营养健康状况。但是作物营养强化农产品作为一种新型食物，我们并不清楚消费者对它的态度和需求。从营销和市场推广的角度而言，了解目标人群的需求和潜在反应有助于成功实施卫生干预措施，并且生产者也可以据此估算其成本收益和经济效益，尤其是在消费者对产品不熟悉的情况下。正如 Musgrove 和 Fox-Rushby（2006）所述："因此，干预的有效性，也就是干预措施被优先考虑的程度取决于干预在文化上被其预期受益人群的接受程度。"尽管之前的消费者研究表明，消费者对营养强化农产品的接受程度较高，但首先，这些研究大多是在印度、尼日利亚、莫桑比克等发展中国开展，中国的研究较少。其次，消费者接受度的研究仍以假想性实验方法为主，而假想性实验方法具有假想性质，其有效性和可信度备受质疑（应瑞瑶等，2016）。本章以叶酸强化玉米为例，引入 BDM 拍卖实验法，考察消费者对作物营养强化农产品的支付意愿及其影响因素，以此研究更符合中国现实市场需求的作物营养强化农产品，从而为作物营养强化农产品的宣传推广提供指导并最终有效解决隐性饥饿问题。

第一节 支付意愿测量方法的选择

一、支付意愿测量方法的比较

以往研究表明，揭示消费者偏好的实验方法主要包括假想性实验方法和非假想性实验方法。由于假想性的实验方法只是让消费者想象自己的消费行为和偏好，并没有能够揭示真实价值的经济激励，因此，在假想性实验方法中消费者往往并不会真实地陈述自己的支付意愿（Bazzani et al.，2017；全世文等，2017）。而非假想性实验方法则可以较好地解决这个问题（Ginon et al.，2014），因为非假想性实验方法一般是通过拍卖实验法实现，这就要求实验人员在整个环境和过程中都尽力模仿真实的交易场所，再加上消费者需要参与竞拍，这就使得他们真实地有参与市场交易的意图，在实验的最后也要求消费者发生真实的支付行为，真实交易的发生可以减轻和消除假想性实验方法所产生的偏差。但是，并非所有的非假想性实验方法都具有相同的有效性，这还取决于实验人员所选择的拍卖机制及实验过程中的控制（吴林海等，2014）。

在文献中广泛使用的拍卖机制主要包括二级价格拍卖、五级价格拍卖、随机 N 级价格拍卖和 BDM 机制四种（徐迎军等，2015）。二级价格拍卖是最合适的标准拍卖机制，但是在重复拍卖中，二级价格拍卖就不再是最合适的，而五级价格拍卖、随机 N 级价格拍卖和 BDM 机制这些激励相容的拍卖机制则更为适合，因为在重复拍卖中消费者的竞价往往具有非真诚性。在激励相容的三种拍卖机制中，由于 BDM 机制不仅能够比较客观真实地反映消费者的支付意愿，而且在机制设计上也能够保证抽样的随机性（Ginon et al.，2014），并且由于我们的实验是在河南生活相对困难的农村进行，而 BDM 机制则在农村环境中更容易单独实施（Banerji et al.，2015），因此，本章采用改编自实验经济学研究的 BDM 机制设计了消费者接受度和支付意愿实验（姜百臣和吴桐桐，2017；Hamukwala et al.，2019；Berry et al.，2020），从而了解育龄妇女对叶酸强化玉米的支付意愿和偏好。

二、BDM 机制

BDM 机制属于一对一的诱导拍卖实验法，具体的实验程序如下。首先要求实验参与者对实验产品进行出价，这个价格是实验参与者的最高支付意愿。然后实验人员再从提前准备好的随机价格中随机抽取一个价格，实验参与者并不清楚这个随机价格的具体分布概率。随后将随机抽取的价格与实验参与者的出价进行比较。如果实验参与者的出价高于实验人员随机抽取的价格，则实验参与者竞拍成功，支付了实验人员随机抽取的价格以后就可以获得实验产品。如果实验参与者的出价低于实验人员随机抽取的价格，则实验参与者竞拍失败，实验参与者无需支付但也无法获得实验产品（Becker et al.，1964）。从上述实验程序可以看出 BDM 机制更适合测量消费者个体的支付意愿和偏好，这在一定程度上可以减轻群体拍卖中信息关联的不足。在此机制中，价格是随机抽取的，因此，无论出价高低均有成功的机会，这会避免非真诚性出价。

由于 BDM 机制的特点，使得其成为研究农村消费者接受度时被广泛应用的拍卖机制（Morawetz et al.，2011；de Groote et al.，2016；Banerji et al.，2015）。在 BDM 机制中，每个人对正在销售的产品出价 b。赢得产品的决策规则是基于消费者对产品的出价 b 与从预先确定的分配（k）中提取的随机价格（p）的比较，如果 $b>p$，个人赢得产品，并需要支付价格 p。如果 $b<p$，则投标人将失败（未获得标的物也不用支付价格）。我们将个人购买某一单位产品的意愿定义为一种价格，这种价格会导致成功与不成功之间没有区别。也就是说，$u(1, w{-}\text{WTP}) = u(0, w)$，

其中，w 表示实验开始时个人的财富。这种机制下的理性行为是出价等于支付意愿（Lichters et al.，2019）。

$$\max \int_0^b u(1-p)\,\mathrm{d}K(p) + u(0,w)(1-K(b)) \tag{18.1}$$

式（18.1）的一阶条件表明，最优投标解 $\underline{u}(1, w-b^*) = u(0,w)$，因此等于支付意愿。

第二节　BDM 拍卖实验机制设计

一、实验地点、实验物和实验对象的选择

（1）实验地点的选择。河南位于中国中部，人口众多，但经济发展水平较低，叶酸补充意识不强，导致居民受叶酸缺乏的影响较为严重，成为中国叶酸缺乏率最高的地区之一，2002 年，其新生儿神经管畸形率更是达到 19.80%（王兴玲等，2004）。因此，减少由叶酸缺乏所带来的疾病负担对河南至关重要，不仅可以改善河南育龄妇女的营养健康状况，降低新生儿畸形率，也可以节省医疗费用，并且可以增加劳动力数量从而带来经济的增长。叶酸强化玉米的目标人群应首先瞄准叶酸缺乏率最高的地区，因此，河南是叶酸强化玉米的目标地区。了解河南育龄妇女对叶酸强化玉米的偏好和支付意愿也很关键，这是影响叶酸强化玉米推广和销售的首要因素。因此，我们选择河南作为开展 BDM 实验的地点。进一步地，由于河南南阳宛城区的谢营村和塔桥村种植有叶酸强化玉米，因此选择这两个地区作为 BDM 的实验地点，以了解这两个地区的育龄妇女对叶酸强化玉米的支付意愿和偏好。

（2）实验物的选择。由于实验的目的是了解消费者对叶酸强化玉米的支付意愿和偏好，而玉米作为主食之一，一般都是以根为单位进行购买，因此选择叶酸强化玉米作为实验标的物，并且是选择经过真空包装的以根为单位的玉米，这与我们平常的购买习惯与食用习惯一致。所以，选择叶酸强化玉米作为实验标的物，并且我们还同时测度了消费者对普通玉米的偏好和支付意愿，以便进行对比分析。

（3）实验对象的选择。由于实验标的物是叶酸强化玉米，而以往的大量研究表明，母亲缺乏叶酸会导致婴儿患神经管缺陷的概率增加，并且会导致较高的疾病负担，因此，本章的研究对象仅针对育龄妇女。育龄妇女是指 15～49 岁的女性（Dey et al.，2010），因此，本章的实验对象是 15～49 岁的育龄妇女。

二、实验前的准备

本次 BDM 实验于 2018 年 9 月下旬开展，实验人员主要包括华中农业大学经

济管理学院研究作物营养强化的副教授、博士及硕士共 9 人，在开展实验时，将实验人员分为 3 个组，分别负责不同行政村的实验对象，实验是采取根据每个行政村的名录随机抽取育龄妇女参与的方式进行。在实验参与者到达实验地点后，先给每位育龄妇女进行编号，这个编号是唯一且固定的。并且告诉育龄妇女实验结束后，无论竞拍是否成功，每位实验参与者都会得到 20 元的现金奖励。育龄妇女所竞拍的产品是一根叶酸强化玉米。实验人员需要向育龄妇女说明，叶酸强化玉米是一种甜糯玉米的新品种。这种玉米中叶酸的含量是普通玉米的 2～3 倍。其余的性质均与普通玉米一样。为使实验参与者相信实验标的物的真实性，每根玉米都是经过真空包装的，与市场上销售的玉米外观一样。在正式开始实验前，会通过"平时在家里，都是您来买菜做饭吗？"及"你会给家里买玉米吗？上次买玉米是什么时候？是甜玉米吗？"等问题进行导入，以便育龄妇女能够更好地参与实验，报告真实的支付意愿。并且在详细地解释实验流程以后会有四轮练习，以便实验参与者真正理解实验的流程。图 18.1 介绍了本次 BDM 实验的准备工作。

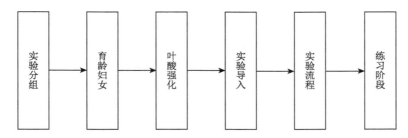

图 18.1　实验前的准备工作

三、实验流程

正式实验流程遵循食品拍卖的一般方法，主要包括以下五个方面：实验导入、介绍实验流程、练习、正式实验和问卷调查。

（1）实验导入。主要是介绍实验的目的及让实验参与者更好地融入实验中，在本次实验中主要的导入分为三个部分，首先是欢迎实验参与者参加研究，并告诉她们研究目的主要是了解人们在买菜时是如何出价的；其次是询问实验参与者平时在家里是否买菜做饭；最后是询问实验参与者是否会给家里买玉米、上次买玉米是什么时候及买的是否是甜玉米。这些导入均是为了将实验参与者更好地带入实验设计中，从而使其出价更符合她们的真实意愿。

（2）介绍实验流程。主要是给实验参与者详细地解释实验的流程，以便实验参与者更好地理解实验流程从而顺利完成实验，确保真实出价。在本实验中，介绍实验流程主要包括四个部分。第一个部分是给实验参与者每人 10 元钱，并告诉他们这些钱是用来完成后面的任务的。第二部分是向实验参与者介绍实验物——叶酸强化玉米。我们会告诉实验参与者这种叶酸强化玉米是一种甜糯玉米的新品种。这种玉米中叶酸的含量是普通玉米的 2～3 倍。并且告诉实验参与者叶酸的作用，具体包括叶酸是人体必需的营养素，补充叶酸能使我们更健康，特别是能减少新生儿的神经管畸形，也可以预防贫血。介绍完叶酸强化玉米后就开始第三部分，第三部分是询问实验参与者最多愿意花多少钱购买这根叶酸强化玉米，并请她将她愿意支付的价格写在提供的纸条上。第四部分是告诉实验参与者实验人员手中的文件袋中有许多纸条，每个字条上都有一个价格。在她写完愿意支付的价格后，实验人员会从中随便抽出一张，并将她写的价格与实验人员抽取的价格进行比较。如果实验参与者的报价高于抽取价格，那么实验参与者就成功地购买了叶酸强化玉米，并且需要支付实验人员抽取的报价，并领取一个叶酸强化玉米。比如，实验参与者写的价格是 2.0 元，实验人员抽出的价格是 1.5 元，那么实验参与者就需要从她面前的 10.0 元中付出 1.5 元，并且可以领一根叶酸强化玉米。如果实验参与者的报价低于抽取价格，如实验参与者写的价格是 1.0 元，实验人员抽取的价格 2.0 元，那么这个活动就结束了，实验参与者不用付钱，也不获得叶酸强化玉米。相关实验规则如图 18.2 所示。最后一部分是让实验参与者根据她真实的想法来写愿意购买的价格，并告诉她除了这 10 元钱中剩下的部分，在任务结束后我们还会额外再支付给每个实验参与者 20 元钱，这些钱她都是可以拿走的。告诉实验参与者她所给出的价格对我们的研究非常重要，请她根据真实的想法来写出愿意购买的价格。

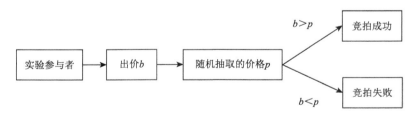

图 18.2　BDM 机制实验规则

（3）练习阶段。为了让实验参与者更好地了解任务的流程，在练习过程中是不需要付钱的。在讲解完所有的流程以后，为了让实验参与者更好地了解任务的流程，告诉实验参与者先按照前面的介绍练习几次，并告诉她在练习中是不需要付钱的。根据以往的研究，我们选择的练习次数为 4 次。在每次练习结束以后询问实验参与者一个问题，以检查被试是否了解实验流程。如果被试在某次练习后回答正确，那么后续的练习中不再询问。每次询问时均是从 3 个题目中随机选择 1 个题目，这 3 个题目的意思是一样的，只是每次更换了题目里价格的具体数额，以确保实验参与者正确理解了实验流程，从而保证实验结果的准确性。这 3 个题目的具体问项是：①如果在刚刚发生的实验中，您愿意为叶酸强化玉米支付的价格是 2.5 元，但是实验人员随机抽取的价格是 3.0 元，那么按照实验人员给您讲述的规则，这种时候您需要付给实验人员多少钱？如果实验人员随机抽取的价格变成了 2.0 元，这种时候您又需要付给实验人员多少钱？②如果在刚刚发生的实验中，您愿意为叶酸强化玉米支付的价格是 3.0 元，但是实验人员随机抽取的价格是 4.0 元，那么按照实验人员给您讲述的规则，这种时候您需要付给实验人员多少钱？如果实验人员随机抽取的价格变成了 2.0 元，这种时候您又需要付给实验人员多少钱？③如果在刚刚发生的实验中，您愿意为叶酸强化玉米支付的价格是 4.0 元，但是实验人员随机抽取的价格是 5.0 元，那么按照实验人员给您讲述的规则，这种时候您需要付给实验人员多少钱？如果实验人员随机抽取的价格变成了 3.5 元，这种时候您又需要付给实验人员多少钱？

（4）正式实验阶段。在实验参与者回答正确练习阶段的问题，确保实验参与者已经了解实验流程以后，告诉实验参与者练习阶段已经结束了，接下来我们将进行正式的任务，在正式的任务中实验参与者是需要付钱的。在正式实验结束以后，实验人员协助实验参与者填写一份问卷，填写完成以后再额外发放 20 元现金奖励给实验参与者。

（5）问卷调查。在 BDM 拍卖实验结束以后，为了获取实验参与者的人口统计学等情况，我们还让实验参与者完成了一份调查问卷，调查问卷主要是了解实验参与者的基本特征，主要包括基本人口统计学变量（如年龄、受教育程度、职业、收入等）（王玉斌和华静，2016）、对玉米的喜爱程度、对叶酸强化玉米的了解程度、对叶酸的了解程度及愿意为普通玉米支付的价格五个部分。

第三节　实验参与者的描述性统计结果

前面通过 BDM 拍卖机制了解了育龄妇女对叶酸强化玉米的支付意愿，但在现实中育龄妇女对叶酸强化玉米的支付意愿可能会受到基本特征差异的影响，因此本节从育龄妇女的人口统计学特征、对玉米的喜爱程度、对叶酸强化玉米的了解程度、对叶酸的了解程度及愿意为普通玉米支付的价格五个方面进行了描述性统计分析，研究这些因素是否会对育龄妇女的支付意愿产生影响并为接下来的分析提供依据。

一、参与者的基本特征分析

在 BDM 拍卖实验结束以后，为了了解可能对育龄妇女支付意愿产生影响的变量,对每位育龄妇女进行了问卷调查。在前期研究(Zhu et al., 2016;靳朝翔等,2019)的基础上结合研究目的生成了调研问卷,主要包括人口统计学特征(年龄、受教育程度、职业、家庭年收入、家庭人口数、婚姻状况、子女情况、是否有备孕计划等)、对玉米的偏好(对玉米的喜爱程度)、对叶酸强化玉米的了解程度(是否听说过叶酸强化玉米和对叶酸强化玉米的了解程度)、对叶酸的了解程度四个方面。在调查问卷的最后还询问了育龄妇女愿意为普通玉米支付的价格,主要目的是与叶酸强化玉米的支付意愿进行比较,以明确育龄妇女对叶酸强化玉米的偏好。

(一)育龄妇女人口统计学特征

本次 BDM 拍卖实验共招募到 185 位育龄妇女,最后完成实验的有效样本是182 位,样本有效率为 98.38%。这 182 位有效样本的人口统计学特征见表 18.1。人口统计学特征分析表明,实验参与者的年龄大多是在 40 岁以上,所占比例为61.54%,其次是 30~40 岁,所占比例为 27.47%,这可能是由于我们的实验对象是育龄妇女,且实验地点是在农村地区,而这些地区以中老年人为主,因为青年人大多外出打工,所以实验参与者大多是在 40 岁以上;76.37%的实验参与者的受教育程度在初中及以下,学历较低,这可能是由于实验参与者的年龄较大且全是妇女;绝大多数的实验参与者的职业是从事农林牧渔业,所占比例为 59.89%;家庭年收入在 10 000 元以下和 10 000~50 000 元的比例分别为 36.26%、45.60%,由此可见,大多数的实验参与者的家庭年收入较低;69.78%的被试所在家庭人口数较少,低于 5 人;97.25%的被试已婚;95.05%的被试有孩子;在未来 6 个月内没有备孕计划的被试所占比例为 96.15%。

表 18.1　育龄妇女人口统计学特征

人口统计学特征	分组	人数/人	占比
年龄	20 岁以下	1	0.55%
	20~<30 岁	19	10.45%
	30~40 岁	50	27.47%
	40 岁以上	112	61.54%
受教育程度	小学以下	13	7.14%
	小学	56	30.77%
	初中	70	38.46%
	高中/职高/中专	17	9.34%
	本科/大专	26	14.29%
	硕士及以上	0	0

续表

人口统计学特征	分组	人数/人	占比
职业	农林牧渔业	109	59.89%
	采矿业	0	0
	制造业	1	0.55%
	电力、燃气及水的生产和供应业	0	0
	建筑业	0	0
	交通运输、仓储和邮政业	0	0
	批发和零售业	2	1.10%
	住宿和餐饮业	0	0
	租赁和商务服务业	0	0
	居民服务和其他服务业	31	17.03%
	其他	39	21.43%
家庭年收入	10 000 元以下	66	36.26%
	10 000~50 000 元	83	45.60%
	>50 000~100 000 元	29	15.93%
	100 000 元以上	4	2.20%
家庭人口数	3 人以下	32	17.58%
	3~<5 人	95	52.20%
	5~7 人	49	26.92%
	7 人以上	6	3.30%
婚姻状况	已婚	177	97.25%
	未婚	3	1.65%
	同居	0	0
	丧偶	2	1.10%
	离异	0	0
	分居	0	0
子女情况	没有孩子	9	4.95%
	1 个孩子	48	26.37%
	2 个孩子	82	45.05%
	3 个孩子	38	20.88%
	4 个孩子	5	2.75%
	多于 4 个孩子	0	0
未来 6 个月是否有备孕计划	是	7	3.85%
	否	175	96.15%

注：本表中数据经过四舍五入修约处理，可能存在占比数据合计不等于 100% 的情况

（二）对玉米的喜爱程度

消费者对玉米的喜爱程度会影响消费者对玉米的支付意愿，因此，我们了解了实验参与者对玉米的喜爱程度（图 18.3），结果发现，对玉米一般喜欢的实验参与者有 15.9%，比较喜欢的占 36.8%，非常喜欢的占 44%，这说明实验参与者对玉米的喜爱程度较高。

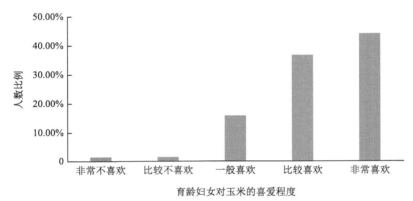

图 18.3　育龄妇女对玉米的喜爱程度

（三）对叶酸强化玉米的了解程度

育龄妇女对叶酸强化玉米已有的知识会影响其态度和偏好，因此，在设计实验时，也调查了育龄妇女对叶酸强化玉米的了解程度。如图 18.4 所示，63.7% 的育龄妇女没听说过叶酸强化玉米，只有 36.3% 的育龄妇女听说过叶酸强化玉米，这说明育龄妇女对叶酸强化玉米的了解相对较少。

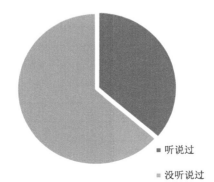

图 18.4　育龄妇女是否听说过叶酸强化玉米

为了进一步揭示育龄妇女对叶酸强化玉米的了解程度，对听说过叶酸强化玉米的育龄妇女进行追问，以了解详细的情况。如图 18.5 所示，在听说过叶酸强化玉米的育龄妇女中，对叶酸强化玉米完全不了解的育龄妇女所占比例为 9.1%，比较不了解的育龄妇女所占比例为 28.8%，一般了解的育龄妇女所占比例为 27.3%，比较了解和非常了解的育龄妇女合计所占比例为 34.8%。

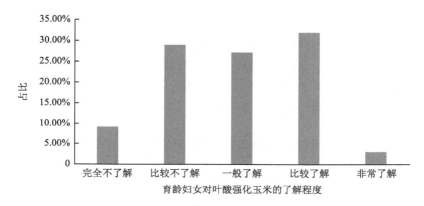

图 18.5　育龄妇女对叶酸强化玉米的了解程度

（四）对叶酸的了解程度

叶酸有助于改善人体健康，预防贫血，特别是减少新生儿神经管畸形，但大部分育龄妇女在怀孕前期叶酸补充不足，这可能是与育龄妇女缺乏叶酸补充相关知识及计划外怀孕有关，因此，我们调查了育龄妇女对叶酸的了解程度。如图 18.6

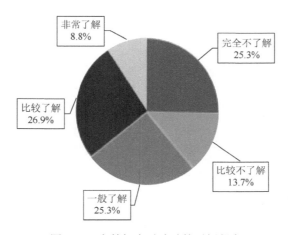

图 18.6　育龄妇女对叶酸的了解程度

所示，对叶酸完全不了解的育龄妇女所占比例为 25.3%，比较不了解的育龄妇女所占比例为 13.7%，一般了解的育龄妇女所占比例为 25.3%，比较了解和非常了解的育龄妇女所占比例为 35.7%，这说明大部分的育龄妇女对叶酸均不太了解。

二、参与者支付意愿的影响因素分析

表 18.2 为育龄妇女对普通玉米和叶酸强化玉米的支付意愿的均值。由表 18.2 可知，育龄妇女对普通玉米的支付意愿的均值为 1.41 元，而对叶酸强化玉米的支付意愿的均值为 2.88 元，这说明相较于普通玉米，育龄妇女对叶酸强化玉米的支付意愿较高，溢价为 104.26%。在叶酸强化玉米的支付意愿的分布上，有 53.30% 的育龄妇女的出价高于平均值，这说明育龄妇女对叶酸强化玉米的支付意愿较高。

表 18.2　育龄妇女对普通玉米和叶酸强化玉米的支付意愿的均值

玉米种类	样本总数/个	极小值/元	极大值/元	均值/元	标准差	出价高于均值的样本数/个	占比
普通玉米	182	0.30	7.00	1.41	1.151	67	36.81%
叶酸强化玉米	182	0	15	2.88	1.974	97	53.30%

图 18.7 为育龄妇女对普通玉米和叶酸强化玉米出价的分布。由图 18.7 可知，育龄妇女对玉米的出价在[0, 1.0]的区间上落在普通玉米上的比例更高，在[1.1, 2.0]的区间上落在普通玉米和叶酸强化玉米上的比例差不多，但是从[2.1, 3.0]的价格区间开始，

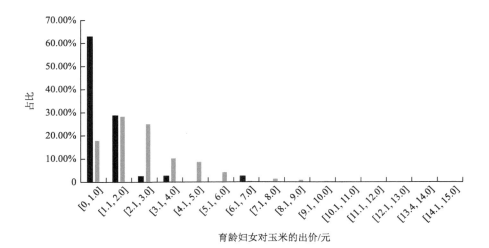

图 18.7　育龄妇女对普通玉米和叶酸强化玉米的出价分布

除了[6.1,7.0]的价格区间以外，其余价格区间均是落在叶酸强化玉米上的比例更高，尤其是价格区间[7.1, 8.0]及以后的区间，只有叶酸强化玉米的出价比例而没有普通玉米的出价比例。这些都进一步地说明了育龄妇女愿意为叶酸强化玉米支付更高的价格。

（一）育龄妇女基本特征对支付意愿的影响

表 18.3 为育龄妇女基本特征对支付意愿的影响。从年龄角度看，30 岁及以下的育龄妇女对叶酸强化玉米的支付意愿高于平均值的比例比 30 岁以上的育龄妇女要高，这说明年龄较小的育龄妇女更愿意为叶酸强化玉米支付更高的价格。从受教育程度来看，随着受教育程度的提高，育龄妇女对叶酸强化玉米的支付意愿高于平均值的比例逐渐增加，这表明育龄妇女的支付意愿逐渐提高。从家庭年收入来看，随着家庭年收入的增加，育龄妇女对叶酸强化玉米的支付意愿高于平均值的比例逐渐增加，这表明家庭年收入越高的育龄妇女对叶酸强化玉米的支付意愿越高。从家庭人口数来看，随着家庭人口数的增加，育龄妇女对叶酸强化玉米的支付意愿高于平均值的比例逐渐减少，这表明家庭人口数越多的育龄妇女对叶酸强化玉米的支付意愿越低。从子女情况来看，除了 4 个孩子的家庭以外，其余家庭随着子女数的增加，育龄妇女对叶酸强化玉米的支付意愿高于平均值的比例逐渐减少。从未来 6 个月是否有备孕计划来看，有备孕计划的育龄妇女对叶酸强化玉米的支付意愿高于平均值的比例比没有备孕计划的育龄妇女要高。

表 18.3　育龄妇女基本特征对支付意愿的影响

统计特征	分类指标	样本总数/个	出价高于均值样本数/个	占比
年龄	20 岁以下	1	1	100.00%
	20～30 岁	19	14	73.68%
	<30～40 岁	50	26	52.00%
	40 岁以上	112	56	50.00%
受教育程度	小学以下	13	6	46.15%
	小学	56	28	50.00%
	初中	70	36	51.43%
	高中/职高/中专	17	9	52.94%
	本科/大专	26	18	69.23%
家庭年收入	10 000 元以下	66	27	40.91%
	10 000～50 000 元	83	47	56.63%
	>50 000～100 000 元	29	20	68.97%
	100 000 元以上	4	3	75.00%

续表

统计特征	分类指标	样本总数/个	出价高于均值样本数/个	占比
家庭人口数	3 人以下	32	20	62.50%
	3～<5 人	95	51	53.68%
	5～7 人	49	24	48.98%
	7 人以上	6	2	33.33%
未来 6 个月是否有备孕计划	是	7	5	71.43%
	否	175	72	41.14%
子女情况	1 个孩子	9	8	88.89%
	2 个孩子	48	26	54.17%
	3 个孩子	82	41	50.00%
	4 个孩子	38	20	52.63%
	5 个孩子	5	2	40.00%

（二）育龄妇女对叶酸的了解程度对支付意愿的影响

表 18.4 介绍了育龄妇女对叶酸的了解程度对支付意愿的影响。由表 18.4 可知，育龄妇女对叶酸越了解，相应的出价高于均值的人数的占比却越低。

表 18.4　育龄妇女对叶酸和叶酸强化玉米的了解程度对支付意愿的影响

统计特征	分类指标	样本总数/个	出价高于均值样本数/个	占比
对叶酸的了解程度	完全不了解	46	24	52.17%
	比较不了解	25	13	52.00%
	一般了解	46	23	50.00%
	比较了解	48	20	41.67%
	非常了解	17	5	29.41%
对叶酸强化玉米的了解程度	完全不了解	6	1	16.67%
	比较不了解	19	13	68.42%
	一般了解	18	12	66.67%
	比较了解	21	11	52.38%
	非常了解	2	1	50.00%

注：对叶酸强化玉米的了解程度的调查对象为听说过叶酸强化玉米的被试

（三）育龄妇女对叶酸强化玉米的了解程度对支付意愿的影响

表 18.4 也揭示了育龄妇女对叶酸强化玉米的了解程度对支付意愿的影响。由表 18.4 可知，随着育龄妇女对叶酸强化玉米了解程度的增加，出价高于均值的比例呈现先上升后下降的趋势。

第四节　计量模型与结果分析

由上述的描述性分析可知，育龄妇女的基本特征之间存在显著的差异，而这些差异会影响到育龄妇女的效用，而效用之间的差异则会对育龄妇女的支付意愿产生影响。因此，本节重点研究育龄妇女这些差异对支付意愿的影响。在之前的描述中，只是简单地进行了描述性分析，而在本节中，则运用 Probit 模型开展实证研究。

一、模型建构的理论框架

依据 Lancaster（1966）提出的消费者效用理论可知，效用并不是来自商品本身，而是来自商品所具有的属性效用。本章所研究的叶酸强化玉米可以被视为叶酸强化属性与其他属性的组合。因此，令 U_i 为第 i 个育龄妇女选择叶酸强化玉米所获得的属性效用，其一般包括确定部分 V_i 和随机项 ε_i 两个部分（Davis-Stober et al.，2017），即

$$U_i = V_i + \varepsilon_i \tag{18.2}$$

如果叶酸强化玉米的市场供给价格为 p，则育龄妇女从购买叶酸强化玉米所获得的消费者剩余（consumer surplus，CS）为

$$CS_i = V_i - p + \varepsilon_i \tag{18.3}$$

在式（18.3）中，虽然无法直接观测 V_i，但是基于显示性偏好公理和 BDM 机制是激励相容的（应瑞瑶等，2016），所以存在 $BID_i = WTP_i = V_i$，其中，BID_i 表示在进行拍卖时，第 i 个育龄妇女对叶酸强化玉米的出价。由于叶酸强化玉米还没有进行推广上市，所以现实市场中并不存在叶酸强化玉米，因此 p 也是未知的。对此，存在两种解决方法，一种是根据 BDM 机制的要求，如果消费者获胜，需要支付实验人员随机抽取的价格，因此可以将实验人员视为虚拟的市场拍卖人，从而将随机抽取的价格的平均值作为 p 的替代价格；另一种是从有效需求决定供给的角度出发，生产者销售的目的是获得消费者剩余，因此可以用支付意愿

的平均值作为 p 的替代价格。由于第一种方法缺少明显的理论依据，因此借鉴朱淀等（2013）的方法，以支付意愿的平均值作为 p 的替代价格。此时，可以将 CS_i 改写为

$$CS_i = WTP_i - \overline{WTP_i} + \varepsilon_i \qquad (18.4)$$

其中，$\overline{WTP_i}$ 表示所有育龄妇女对叶酸强化玉米的支付意愿的算术平均数。如果 $CS_i \geqslant 0$，则育龄妇女 i 愿意为叶酸强化玉米支付额外的市场价格；反之，若 $CS_i < 0$，则育龄妇女 i 不愿意为叶酸强化玉米支付额外的市场价格。据此，构建二元离散选择模型（18.5）。

$$Y_i = \begin{cases} 1, & CS_i \geqslant 0 \\ 0, & CS_i < 0 \end{cases} \qquad (18.5)$$

其中，$Y_i = 1$ 表示育龄妇女 i 愿意为叶酸强化玉米支付额外的市场价格；$Y_i = 0$ 表示育龄妇女 i 不愿意为叶酸强化玉米支付额外的市场价格。

由于育龄妇女只需要对一种叶酸强化玉米进行出价，因此 CS_i 是 1 维列向量。式（18.4）中 $\overline{WTP_i}$ 是常量，根据之前的研究，我们知道实验参与者的 WTP_i 会被其基本特征、家庭环境变量及所持有的态度等因素影响（Xue et al.，2010；朱淀等，2013）。因此，我们将式（18.4）改写为

$$CS_i = \beta X_i + \varepsilon_i \qquad (18.6)$$

其中，$X_i = \begin{bmatrix} X_{i1} \cdots X_{im} & & \\ & X_{i1} \cdots X_{im} & \\ & & X_{i1} \cdots X_{im} \end{bmatrix}$ 表示 m 维准对角矩阵；X_{im} 表示在对叶酸强化玉米的出价中，第 i 个消费者第 m 个自变量；$\beta = (\beta_1, \beta_2, \cdots, \beta_m)$ 表示待估计参数向量；ε_i 表示残差项。

因此，育龄妇女 i 愿意为叶酸强化玉米支付超出市场价格额外价格的概率可表示为

$$Prob = Prob(CS_i \geqslant 0) = F(\varepsilon_i \leqslant -X_i\beta) = 1 - F(-X_i\beta) \qquad (18.7)$$

如果 ε_i 满足正态分布，即满足 MVP 模型的假设，则

$$Prob(Y_i = 1) = 1 - \Phi(-X_i\beta) = \Phi(X_i\beta) \qquad (18.8)$$

二、变量设置和模型估计

本章中将育龄妇女对叶酸强化玉米的出价是否高于或者等于平均值定义为因变量 BID，将育龄妇女基本特征、对玉米的喜爱程度、对叶酸强化玉米的了解程

度、对叶酸的了解程度作为自变量。由于自变量有部分是分段统计，因此分段统计的自变量采用虚拟变量（dummy variables）的形式。同时，由于上述 Probit 回归分析反映的是育龄妇女对叶酸强化玉米的出价高于均值的比例，为了进一步地了解育龄妇女愿意为叶酸强化玉米支付的溢价的程度，我们采用育龄妇女对叶酸强化玉米的出价减去平均出价作为另一个因变量育龄妇女对叶酸强化玉米的溢价 PFF。模型所设置的变量如表 18.5 所示。本节分别采用 Probit 分析方法和线性回归方法研究育龄妇女对叶酸强化玉米出价的影响因素。

表 18.5　变量的定义与赋值

类别		变量	变量赋值	均值
育龄妇女对叶酸强化玉米的出价		育龄妇女出价是否高于或等于平均值（BID）	虚拟变量：出价高于或等于平均价格 = 1，出价低于平均价格 = 0	2.88
育龄妇女对叶酸强化玉米的溢价		叶酸强化玉米的溢价（PFF）	育龄妇女出价减去平均出价	
个体统计特征	年龄	30 岁以上（AG）	虚拟变量，是 = 1，否 = 0	0.89
	受教育程度	本科/大专（ED）	虚拟变量，是 = 1，否 = 0	0.38
	家庭年收入	家庭年收入（元）（IN）	连续变量	33 333.84
	家庭人口数	家庭人口数（人）（FP）	连续变量	1.45
	子女少	1 个及以下（LNC）	虚拟变量，是 = 1，否 = 0	0.05
	子女多	3 个及以上（HNC）	虚拟变量，是 = 1，否 = 0	0.69
育龄妇女认知与评价	育龄妇女对玉米的喜爱程度	玉米喜爱程度（MAD）	非常不喜欢 = 1；比较不喜欢 = 2；一般喜欢 = 3；比较喜欢 = 4；非常喜欢 = 5	4.20
	育龄妇女对叶酸强化玉米的了解程度	叶酸强化玉米了解程度（FUM）	完全不了解 = 1；比较不了解 = 2；一般了解 = 3；比较了解 = 4；非常了解 = 5	2.91
	育龄妇女对叶酸的了解程度	叶酸了解程度（FU）	虚拟变量：完全不了解 = 1；否则 = 0	2.81

三、结果分析

本章使用 SPSS 24.0 进行 Probit 分析，Pearson 拟合度检验结果表明，$\chi^2_{(56)}$ 值为 64.472，$p = 0.204 > 0.100$，表明模型拟合度较好。回归的具体结果见表 18.6。

表 18.6　叶酸强化玉米支付意愿影响因素的 Probit 模型回归结果

自变量	估计值	标准误	Z 值	p 值
AG	−1.592	0.886	−1.797	0.072*
ED	0.189	0.409	0.461	0.644
IN	0	0	1.854	0.064*
FP	−0.442	0.167	−2.647	0.008***
LNC	1.096	1.078	1.017	0.309
HNC	0.970	0.631	1.536	0.125
MAD	0.035	0.191	0.183	0.855
FUM	−0.356	0.195	−1.824	0.068*
FU	−0.086	0.553	−0.155	0.877

注：Z 值表示 Z 检验统计量的结果

*、***分别表示在 10%和 1%的显著性水平上显著

　　表 18.6 的 Probit 回归分析结果表明，家庭人口数在 1%的水平上显著；年龄、家庭年收入、对叶酸强化玉米的了解程度在 10%的水平上显著；其中，年龄、家庭人口数及育龄妇女对叶酸强化玉米的了解程度与支付意愿负相关，家庭年收入与支付意愿正相关。因此，可以推断出以下结论。第一，年龄、家庭人口数与育龄妇女对叶酸强化玉米的了解程度对支付意愿的影响是负向的，相较于年龄较小的育龄妇女，年龄越大的育龄妇女越不愿意为叶酸强化玉米支付较高的价格。相较于家庭人口数少的育龄妇女，家庭人口数较多的育龄妇女更不愿意为叶酸强化玉米支付较高的价格。相较于对叶酸强化玉米了解较少的育龄妇女，对叶酸强化玉米了解较多的育龄妇女更不愿意为叶酸强化玉米支付较高的价格。第二，育龄妇女的家庭年收入对支付意愿的影响是正向的，相较于家庭年收入较低的育龄妇女，家庭年收入较高的育龄妇女更愿意为叶酸强化玉米支付较高的价格。

　　同时使用 SPSS 24.0 进行线性回归分析，将叶酸强化玉米的溢价作为因变量，将育龄妇女基本特征、育龄妇女对玉米的喜爱程度、育龄妇女对叶酸强化玉米的了解程度、育龄妇女对叶酸的了解程度作为自变量。回归结果如表 18.7 所示。

表 18.7　育龄妇女对叶酸强化玉米支付意愿影响因素的线性回归结果

自变量	估计值	标准误	T 值	p 值
AG	−1.653	0.849	−1.946	0.057*
ED	0.492	0.447	1.100	0.276
IN	3.343×10^{-5}	0	4.328	0.000***
FP	−0.349	0.163	−2.147	0.036**

续表

自变量	估计值	标准误	T 值	p 值
LNC	1.041	1.226	0.849	0.399
HNC	1.030	0.669	1.539	0.129
MAD	0.256	0.225	1.138	0.260
FUM	−0.542	0.217	−2.495	0.016**
FU	−0.562	0.605	−0.929	0.357
R^2	0.401			
调整的 R^2	0.305			

*、**和***分别表示在 10%、5%和 1%的显著性水平上显著

　　表 18.7 的回归结果表明，模型拟合较好。家庭年收入在 1%的水平上显著；家庭人口数、育龄妇女对叶酸强化玉米的了解程度在 5%的水平上显著；年龄在 10%的水平上显著。其中，年龄、家庭人口数及育龄妇女对叶酸强化玉米的了解程度与支付意愿负相关，家庭年收入与支付意愿正相关。因此，可以推断出以下结论。第一，年龄、家庭人口数与育龄妇女对叶酸强化玉米的了解程度对叶酸强化玉米溢价的影响是负向的，相较于年龄较小的育龄妇女，年龄越大的育龄妇女越不愿意为叶酸强化玉米支付溢价，即她们的支付意愿更低。相较于家庭人口数少的育龄妇女，家里人口数较多的育龄妇女更不愿意为叶酸强化玉米支付溢价，即家庭人口数较多的育龄妇女的支付意愿更低。相较于对叶酸强化玉米了解较少的育龄妇女，对叶酸强化玉米了解较多的育龄妇女更不愿意为叶酸强化玉米支付溢价，即对叶酸强化玉米了解更多的育龄妇女的支付意愿更低。第二，育龄妇女的家庭年收入对支付意愿的影响是正向的，相较于家庭年收入较低的育龄妇女，家庭年收入较高的育龄妇女更愿意为叶酸强化玉米支付溢价，即收入更高的育龄妇女支付意愿更高。

　　综合上述分析，可以得出以下结论。

　　（1）育龄妇女基本特征变量的影响。育龄妇女的年龄、家庭人口数及家庭年收入对支付意愿影响显著，年龄较大、家庭人口数较多的育龄妇女的支付意愿更低，这可能是因为年龄较大的育龄妇女对风险的偏好更低，而她们认为叶酸强化玉米作为一种新产品，有较大的风险，因此支付意愿较低。而家庭人口数较多的育龄妇女支付意愿更低是因为人口数越多，家庭负担越大，因此育龄妇女更不愿意花额外的钱来购买叶酸强化玉米。而家庭年收入越高的育龄妇女则支付意愿越高，这是因为家庭年收入高的育龄妇女购买能力较强，因此愿意为叶酸强化玉米支付额外的溢价。

　　（2）育龄妇女对叶酸强化玉米的了解程度的影响。育龄妇女对叶酸强化玉米

的了解程度对支付意愿的影响显著。对叶酸强化玉米了解较多的育龄妇女更不愿意支付额外的价格，这说明对叶酸强化玉米的了解程度越高，越了解其价值，越不愿意为叶酸强化玉米支付额外的钱。

第五节　本 章 小 结

本章基于 BDM 拍卖实验和 Probit 模型分析了育龄妇女对叶酸强化玉米的支付意愿及其影响因素，而支付意愿是反映经济效益的有效指标。结果表明，育龄妇女对叶酸强化玉米的支付意愿显著高于普通玉米，这说明叶酸强化信息能够增强育龄妇女的支付意愿，育龄妇女愿意为叶酸强化玉米支付溢价，并且溢价高达104.26%。这与以往的研究结果一致，即营养信息能够增强消费者的支付意愿（Zhu et al.，2019）。

此外，实验结果还表明，育龄妇女的基本特征对叶酸强化玉米的支付意愿影响显著。年龄较小的育龄妇女为叶酸强化玉米支付高于均价的概率更大，并且其溢价也更大，即愿意为叶酸强化玉米支付更多的钱；家庭人口数较多的育龄妇女则不愿意为叶酸强化玉米支付更高的价格，其支付意愿高于均价的概率也更低；家庭年收入较多的育龄妇女则表示愿意为叶酸强化玉米支付较高的价格；育龄妇女对叶酸强化玉米的了解程度同样显著影响叶酸强化玉米的支付意愿，越了解越不愿意为其支付溢价。因此，本章运用 BDM 拍卖实验说明了叶酸强化玉米是经济有利的。虽然本章努力研究作物营养强化农产品的经济效益，但其尚未大规模种植和生产，因此缺乏农户种植意愿和生产、经销相关研究，无法进行成本-效果分析，未来应进一步加强农户种植意愿和成本-效果分析，为农户和企业进一步发展作物营养强化提供支撑，从而完善微观层面的作物营养强化农产品的经济评价。

第五篇　主要结论、政策启示和未来发展

第十九章　主要研究结论和观点

第一节　中国居民微量营养素缺乏问题突出

第一篇通过在湖北开展的实地调研发现，微量营养素缺乏问题在中国农村居民中仍然普遍存在，且存在人群差异，微量营养素缺乏的主要原因是农村居民文化程度相对较低，缺乏正确的膳食认知和引导。基于此，得出如下结论。

一、农村居民微量营养素缺乏问题严重

通过第二章的实证分析发现，农村居民绝大部分微量营养素摄入量不足，距离推荐摄入量仍有一定差距。除了维生素 A 的摄入量（占 RNIs 的 114.40%）充足以外，维生素 B_1（占 RNIs 的 52.14%）、维生素 B_2（占 RNIs 的 51.43%）、维生素 B_6（占 RNIs 的 56.67%）、维生素 B_{12}（占 RNIs 的 49.17%）、叶酸（占 RNIs 的 62.49%）、烟酸（占 RNIs 的 71.36%）、维生素 C（占 RNIs 的 80.29%）和维生素 E（占 RNIs 的 50.29%）的摄入量均相对不足。而矿物质中除了磷的摄入量（占 RNIs 的 122.11%）相对充足以外，钙（占 RNIs 的 49.64%）、钾（占 RNIs 的 94.02%）、钠（占 RNIs 的 68.08%）、镁（占 RNIs 的 81.37%）、铁（占 RNIs 的 89.60%）、锌（占 RNIs 的 56.80%）、硒（占 RNIs 的 64.58%）、铜（占 RNIs 的 46.00%）、锰（占 RNIs 的 60.29%）、碘（占 RNIs 的 16.06%）的摄入量均相对不足。由此可见，农村居民微量营养素摄入状况亟须改善，解决其微量营养素缺乏问题迫在眉睫。

二、农村居民微量营养素缺乏问题存在人群差异

通过对不同特征群体之间微量营养素摄入量的进一步分析发现，中国农村居民的微量营养素缺乏状况存在显著的人群差异。具体而言，不同性别和是否为村干部的农村居民的微量营养素摄入量也存在一定差别。就年龄而言，我们的分析并没有发现男性和女性在微量营养素摄入量上的明显差异。就是否为村干部而言，有村干部经历有助于改善农村居民的营养素摄入情况。

三、农村居民文化程度普遍较低是导致其微量营养素缺乏的可能因素

通过分析农村居民微量营养素摄入量的影响因素，我们发现收入水平和受教育年限与微量营养素摄入量之间存在显著的正相关关系，但膳食知识与微量营养素摄入量之间的相关性不显著。这说明居民收入和受教育年限的变化会带来膳食结构与营养来源的变化，进而促进微量营养素摄入量的增加。但是农村居民缺乏正确的引导，膳食营养知识的变化未能有效地转变为膳食行为的变化。因此，农村居民现在面临的一个问题是如何确保其掌握足够的膳食知识，并且能将膳食知识的变化有效地转变为饮食行为的改变。

第二节　作物营养强化农产品改善人口健康的重要作用

第二篇通过四个研究说明了作物营养强化农产品对人口营养健康的改善效果，为在中国开展和推广作物营养强化奠定了基础。主要结论如下。

一、基于 DALY 公式的宏观层面作物营养强化营养健康改善效果的指标体系是进行健康效益研究的有效量化工具

在本书的第五章，我们根据已有的理论和相关研究结果，提出了进行宏观层面作物营养强化营养健康改善效果评价所需要的具体数据要求，并在此基础上构建了宏观层面作物营养强化营养健康改善效果的指标体系。构建的指标体系主要包括健康效益的评价指标。健康效益是指作物营养强化所带来的营养健康的改善，主要是通过疾病负担衡量的，因此，健康效益评价指标主要包括微量营养素缺乏所带来的疾病负担、作物营养强化干预以后新的疾病负担，由作物营养强化所带来的疾病负担的减少就是其健康效益。衡量作物营养强化干预前后的疾病负担又进一步需要疾病相关指标、作物营养强化性能相关指标等。运用作物营养强化营养健康改善效果评价指标体系对作物营养叶酸强化水稻进行评价，结果发现，该指标体系是评价作物营养强化对人口营养健康改善效果的有效量化工具。

二、在宏观层面上，中国作物营养叶酸强化水稻对营养健康的干预效果显著

在本书的第六章，我们从事前分析的视角出发，以叶酸强化水稻为例，测算

了宏观层面作物营养强化农产品对人口营养健康的改善效果。测算的具体指标是来源于第五章构建的作物营养叶酸强化农产品的健康效益评价指标。研究结果表明，中国作物营养叶酸强化水稻的营养干预效果显著。营养干预以后一年内由微量营养素缺乏所导致的疾病负担可以减少 12 486.63～31 208.60 个 DALY。

三、微观层面上，作物营养强化农产品具有良好的健康效益，可以显著改善人口健康状况

在本书的第七章和第八章，通过运用 RCT 方法，分别设计并实施了叶酸强化玉米和锌强化小麦两个营养干预实验。在叶酸强化玉米营养干预实验中，将符合实验要求的育龄妇女随机分成实验组和控制组，为实验组的被试提供叶酸强化玉米，为控制组的被试提供普通玉米，食用玉米的时间为两个月。通过对实验组和控制组被试的年龄、户籍所在地、受教育程度、婚姻状况、子女情况、健康状况、叶酸相关情况及体格检查等进行方差分析发现，在这些方面，两组的被试没有显著的区别（$p>0.050$）。但采用重复测量的方差分析进行血液叶酸含量的分析时发现，实验组和控制组被试的血液叶酸含量随着时间的变化而变化，并且二者的变化有明显的差异。进一步的简单效应分析结果表明，经过两个月的干预以后，实验组育龄妇女的血液叶酸含量显著高于控制组（$p<0.050$），而在基线时两组之间没有显著差异（$p>0.100$），这说明叶酸强化玉米能够显著有效地提高血液叶酸的含量，从而改善育龄妇女叶酸缺乏的状况。而血液叶酸含量的提高能有效改善育龄妇女的健康状况，特别是能减少新生儿的神经管畸形的概率。育龄妇女健康状况的改善也可以进一步减少由健康状况不佳所带来的疾病负担及劳动力和收入的减少，还可以减少国家的医疗支出和经济损失。在锌强化小麦面粉营养干预实验中，将符合实验要求的两所学校的 4～6 年级的小学生分为实验学校和控制学校，为实验学校提供锌强化小麦面粉，为控制学校提供普通小麦面粉，食用小麦面粉的时间为 8 个月。通过对干预前后实验组和控制组的青少年生长迟缓率变化情况的分析可以发现，锌强化小麦对青少年生长迟缓的影响不显著，但是可以发现实验组生长迟缓率的下降幅度大于控制组，因此锌强化小麦仍然对生长迟缓有一定的积极影响。效果相对不明显可能是加工方式等原因造成的。

第三节　作物营养强化农产品的经济效益和成本效益

第三篇通过四章的内容分析了作物营养强化改善人口健康的经济效益和成本

效益，并进行了成本-效果分析，结果发现，作物营养强化改善人口健康具有经济性，但其经济效益可能受到技术、膳食结构、覆盖范围及成本等因素的影响。在此基础上构建了中国区域级 BPI。具体结论如下。

一、基于 DALY 公式的作物营养强化改善人口健康的经济评价指标体系是进行经济效益和成本效益研究的有效量化工具

在本书的第九章，我们根据已有的理论和相关研究结果，提出了进行宏观层面作物营养强化农产品经济评价所需要的具体数据要求，并在此基础上构建了宏观层面作物营养强化农产品经济评价的指标体系。构建的指标体系共包含三个方面，包括经济效益评价指标、成本评价指标及成本-效果评价指标。经济效益是建立在健康效益基础上的，指健康效益的改善能够带来多大的经济产出。经济效益评价指标是采用标准值来货币化疾病负担的减少。成本评价指标主要是指开展作物营养强化所进行的投入。成本-效果评价指标是对作物营养强化农产品进行成本分析，以了解其经济利益和社会利益，主要包括成本有效性和成本收益率。运用作物营养强化农产品经济评价指标体系对作物营养叶酸强化水稻进行经济评价，结果发现，该指标体系是评价作物营养强化农产品经济效益及成本效益的有效量化工具。

二、中国作物营养叶酸强化水稻具有经济有效性

本书的第十章在第六章研究的基础上，从事前分析的视角出发，以叶酸强化水稻为例，测算了作物营养强化改善人口健康的经济效益和成本效益，并将其与其他国家的作物营养强化农产品和其他营养干预措施进行了对比分析。测算的具体指标是来源于第六章的作物营养叶酸强化农产品对人口健康的改善效果及第十章构建的作物营养叶酸强化农产品的经济效益评价指标和成本效益评价指标。研究结果表明，将中国作物营养叶酸强化水稻的营养干预效果进行货币化以后，作物营养叶酸强化水稻一年导致的 DALY 损失值的减少，可以带来的经济效益为0.43 亿元（保守情景）至 2.13 亿元（乐观情景）。而作物营养强化农产品一般持续 30 年，因此，在整个项目期间，叶酸强化水稻所带来的总体经济效益可以达到总经济效益可达到 12.9 亿元至 63.9 亿元。

虽然作物营养叶酸强化水稻能够带来巨大的经济效益，但研发、种植、推广叶酸强化水稻均需要成本，因此，只有将经济效益与成本一起进行成本-效果分析才能了解叶酸强化水稻的投资回报。成本-效果分析主要包括叶酸强化水稻的总成本分析、成本收益率分析和成本有效性分析。结果表明，中国作物

营养叶酸强化水稻在整个项目期间（30 年）的总成本是 3230 万美元，其中，推广成本所占比例最大，约占总成本的 46.44%。在知道叶酸强化水稻总成本的基础上，进一步进行成本收益率和成本有效性分析，结果发现，中国叶酸强化水稻项目的成本有效性为 34.50～86.23，即叶酸强化水稻营养干预每减少 1 个 DALY 损失值，需要支出 34.50～86.23 美元的成本。无论是按照世界银行的标准还是按照 WHO 的标准，中国叶酸强化水稻都是高成本有效的。中国叶酸强化水稻项目的成本收益率为 5.80～28.99，即每投资 1 美元的成本可以带来 5.80～28.99 美元的产出，由此可以发现中国叶酸强化水稻项目具有较高的成本收益率。将中国作物营养叶酸强化水稻的成本效益与其他国家的项目进行对比发现，中国的成本收益率和成本有效性均较高；将作物营养强化农产品与其他营养干预措施进行比较，发现无论是中国还是其他国家，作物营养强化农产品的成本有效性都是优于其他两种营养干预措施的。这说明在获得相同的效果的情况下，即都是减少 1 个 DALY 损失的情况下，作物营养强化的干预效果和成本投入明显比营养素补充剂和食物强化更优。这也说明了中国的作物营养强化农产品在经济上是可取的。

三、技术功效、膳食结构、覆盖率和成本是作物营养强化经济效益的重要影响因素

在本书的第十一章，我们根据前期研究，探讨了作物营养强化改善人口健康的经济效益的影响因素，结果发现技术功效、膳食结构、覆盖率和成本四个方面对作物营养强化的经济效益具有重要影响，因此，应该从其影响因素入手，推动作物营养强化的实施与开展，从而有效提高作物营养强化农产品的经济效益。

四、基于省级区域数据的中国作物营养强化优先序是明确强化方向和路径的有效工具

在本书的第十二章，通过 BPI，并在此基础上以富铁大米为例，结合省级数据构建了中国区域级的 BPI，主要包括三个子指数：生产指数、消费指数和微量营养素缺乏指数。结果发现，第一，无论是加权 BPI 还是未加权 BPI 的计算，江西、湖南两省富铁大米的干预优先顺序均位于全国前五位。第二，当基于不同权重的中国区域级 BPI 时，进行富铁大米干预投资的优先顺序存在差异。第三，我国富铁大米干预优先顺序呈现出明显的区域特征，根据干预的适宜程度，将干预

优先区域划分为Ⅰ区（最优区）、Ⅱ区（次优先区）、Ⅲ区（中等优先区）、Ⅳ区（较低优先区）和Ⅴ区（不适宜区）。第四，各区域内各省大米消费量与产量的比值不同，存在流出类、基本持平类、流入类Ⅰ、流入类Ⅱ四种类型，不同类型的富铁大米的干预效果与侧重点有所差异。

第四节　作物营养强化农产品扩散过程中的风险与化解机制

第四篇通过六个实证研究分析了作物营养强化农产品扩散过程中在消费端的风险与化解机制，主要探索了消费者对作物营养强化农产品的购买意愿及其生成机理和影响因素，结果发现，消费者对作物营养强化农产品的购买意愿和支付意愿相对较高，产品特质、产品类型、沟通信息会显著影响消费者的支付意愿，尤其是沟通信息，不同的信息类型和方式的影响机制会有所不同。主要结论如下。

一、作物营养强化农产品的产品特质对消费者支付意愿存在显著影响

本书的第十三章通过实验法研究了作物营养强化农产品的颜色和营养素类型对消费者支付意愿的影响并揭示了其影响机制。结果表明，作为创新型农产品的外在产品特质，作物营养强化农产品颜色的改变会降低消费者的支付意愿。相较于白色的作物营养强化大米，消费者对外观为黄色的作物营养强化大米的支付意愿更低。作为创新型农产品的内在产品特质，消费者对含有促进型营养素的强化大米的支付意愿显著高于预防型的营养素的强化大米。并且消费者感知风险在颜色改变对消费者支付意愿的影响中发挥着中介变量的作用。大米颜色的改变会让消费者感知到更高的风险，感知到更高的风险进而会减少消费者的支付意愿。消费者感知收益在营养素类型对消费者支付意愿的影响中起到中介作用。消费者从促进型营养素的作物营养强化大米上感知到更多的收益，所以，相较于预防型的作物营养强化大米，消费者有更高的支付意愿。

二、作物营养强化技术对消费者购买意愿存在显著影响

本书的第十四章通过实地调研探讨了营养强化技术对消费者购买意愿的影响，揭示了其影响机制和边界条件。结果表明，消费者对营养强化技术具有不同的偏好，与食物强化技术相比，消费者对利用作物营养强化技术生产的创新型农产品具有更高的购买意愿。决策舒适度中介了营养强化技术与消费者购买意愿之间的关系，决策舒适度越高，消费者购买意愿越高。消费者主观知识在一定程度

上调节了营养强化技术与消费者购买意愿之间的关系。只有消费者面对通过作物营养强化技术生产的创新型农产品时，消费者才会启动其对营养素的认知判断，才会真正去判断产品的好与坏。此时，消费者的主观知识越高，个体对产品的感知收益越大，购买意愿越高。但当消费者面对通过食物强化技术生产的创新型农产品时，即通过人工添加剂加工而成的营养强化农产品时，消费者会更多地关注产品的制作工艺，就不会启动其对营养素的认知判断，因此，消费者主观知识的调节作用不显著。

三、相对价格比较和企业沟通策略的匹配能显著增强消费者偏好

本书的第十五章从价格与信息的视角出发，通过三个实验探究了作物营养强化农产品相对价格比较和企业沟通策略的匹配对消费者决策的影响及内在机制。通过对虚拟的富铁玉米汁、富铁玉米和铁强化酱油三种作物营养强化农产品的实证研究，结果发现：①农产品的相对价格比较和企业沟通策略的匹配会正向影响消费者对作物营养强化农产品的消费决策，即企业对相对高价的作物营养强化农产品进行高解释水平的沟通信息，或是对相对低价的作物营养强化农产品进行低解释水平的沟通信息，均能促进消费者对作物营养强化农产品的选择与购买；②价格敏感度中介了相对价格比较和企业沟通策略的匹配对消费者决策的影响；③健康意识和调节定向均调节了相对价格比较和企业沟通策略的匹配对消费者决策的影响，且相较于促进定向，当消费者为预防定向时，相对价格比较和企业沟通策略的匹配对消费者决策的正向影响作用更加显著。

四、沟通信息类型对消费者购买意愿具有显著的积极影响

本书的第十六章和第十七章通过两个实证研究分析了沟通信息类型对消费者购买意愿的促进作用。结果发现，沟通信息类型与消费者的需求相一致时可以发挥最大的作用，显著促进消费者的购买意愿。例如，第十六章的结果发现，对于营养需求导向型消费者，提供保健型沟通信息能够为其决策判断提供依据和信心；对于价值导向型消费者，提供提升型沟通信息更能迎合其生活品质追求的价值理念。而第十七章的研究结果则表明微量营养素缺乏程度高的消费者暴露于以问题为中心的沟通信息类型时，他们的购买意愿更强；而微量营养素缺乏程度低的消费者暴露于以情绪为中心的沟通信息类型时，他们的购买意愿更强。因此，在进行作物营养强化沟通信息宣传时，要根据不同的消费者需求制定不同的沟通信息。

五、作物营养强化农产品能够有效增强消费者的支付意愿，育龄妇女对叶酸强化玉米的支付意愿显著高于普通玉米，人口统计特征和知识水平显著影响支付意愿

在本书的第十八章，基于 BDM 机制，建立叶酸强化玉米支付意愿模型，运用 Probit 模型、线性回归方法及微观调研的数据探讨了育龄妇女对叶酸强化玉米的支付意愿及其影响因素。研究结果发现，调查地区的育龄妇女对叶酸强化玉米愿意支付的支付意愿的均值为 2.88 元，对普通玉米愿意支付的支付意愿的均值为 1.41 元，这说明相较于普通玉米，育龄妇女对叶酸强化玉米的支付意愿较高，支付的溢价达到 104.26%，并且在叶酸强化玉米支付意愿的分布上，有 53.30%的育龄妇女的出价高于平均值，这也说明育龄妇女对叶酸强化玉米的支付意愿较高。因此，无论是与普通玉米组的均值相比，还是与叶酸强化玉米组的均值相比，育龄妇女对叶酸强化玉米的支付意愿均较高，这说明叶酸强化信息能够显著有效地增强育龄妇女的支付意愿。进一步的分析发现，育龄妇女对叶酸强化玉米的支付意愿不仅受年龄、家庭人口数及家庭年收入等基本特征变量的影响，还是育龄妇女对叶酸了解程度的重要体现，其中，对叶酸强化玉米的了解程度显著负向影响育龄妇女对叶酸强化玉米的支付意愿，这说明育龄妇女的人口统计学特征和知识水平会显著影响其对叶酸强化玉米的支付意愿。

第二十章　中国作物营养强化农产品
发展的问题与发展方向①

第一节　当前中国作物营养强化农产品
发展值得研究与解决的问题

　　作物营养强化作为新兴的营养干预措施，是缓解隐性饥饿的经济有效的战略手段，有助于有效减少因微量营养素缺乏而造成的社会经济损失。通过总结分析中国作物营养强化的发展现状、进展及问题，发现中国作物营养强化项目自启动以来，在科研、生产种植意愿、市场发育及消费者接受度、国际合作等方面取得了较好的进步和成绩，但仍存在公众认识不足、技术研发有待进一步创新、生产种植的技术采纳和接受意愿及消费者的接受意愿有待进一步提高、市场化与产业化进程缓慢、干预优先序和路径不明等问题。

一、认识问题

　　社会各界对作物营养强化的认识不足，不利于中国作物营养强化发展环境的培育。目前国民对健康食物消费的认识不断强化（文琴和张春义，2015），但对作物营养强化的认识还需进一步提高。这一现象可能是由以下两个原因造成的：一是当前作物营养强化作为新兴事物，在中国仍处于初期推广阶段。农户、消费者、政府、企业等主体受其主客观知识的局限，对作物营养强化的经济效益、营养价值等方面仍存在认识上的不足。二是受当前中国舆论环境的影响，混淆了作物营养强化与转基因的关系（Campos-Bowers and Wittenmyer，2007），影响了消费者对作物营养强化新产品的信任程度，加剧了社会各界正确认识作物营养强化重要性及其价值的难度。王霰等（2018）通过调研发现65%的消费者担忧作物营养强化食品是或类似为转基因食品，并表明当面对具有优势的作物营养强化食品时，部分消费者尤其是首次接触该类食品的消费者在购买过程中仍会有所顾虑。

---

① 本章部分研究内容发表于《农业经济问题》2019年第8期。

二、技术研发问题

作物营养强化技术在营养强化领域具有较大潜力，但仍存在育种技术等方面的难题，这成为中国作物营养强化发展的限制因素。由于富含微量营养素的作物品种研究起步晚、底子薄、基础差，用于育种的种质材料和遗传、基因资源有限，作物营养强化在技术研发方面仍存在一些挑战，如如何在研究中正确、高效应用传统与现代育种技术及如何准确测量微量营养素含量等（何一哲等，2008）。虽然当前的研发如营养型农业与营养分子育种技术（文琴和张春义，2015）可提高农作物产品的附加值及农业生产能力和综合效益。但是，作物营养强化的育种技术研发还有待进一步提高，以实现作物营养强化技术向成果转化的效益最大化和成本最小化。

三、生产种植问题

作物营养强化生产种植面临的问题主要体现在农户对作物营养强化技术的采纳意愿和营养强化作物的种植效益两方面。作物营养强化技术采纳意愿的受限原因为中国农村环境不完全市场的特征和消费者接受度。由于当前中国的许多农村环境仍具有不完全市场的特征（Shikuku et al.，2019），小农户可能缺乏或滞后吸收如何种植营养强化作物及其潜在产量的相关信息（Almekinders et al.，2006；de Brauw et al.，2018），再者，农户在引进新技术时需要考虑作物营养强化农产品是否为消费者接受（de Groote et al.，2014）。因此，当农户需要采纳营养强化作物替代传统主食作物时，农户可能因作物营养强化品种在农艺性状上的差异而增加其感知风险和生产风险（de Brauw et al.，2018）。农户接受和采纳某一作物的决策过程是其对多种作物属性进行权衡的过程（Waldman et al.，2014），即基于既定条件进行资源配置以做出最优决策（钱文荣和王大哲，2015；钟文晶等，2018）。种植效益主要取决于种植作物营养强化新品种的生产成本和种植收益，因此，通过对种植收益和生产成本的权衡，在当前中国农户种植粮食作物成本相对较大、种植收益无显著提高的前提下，种植效益不显著成为制约作物营养强化生产种植的主要因素。

四、消费与市场问题

中国作物营养强化在消费与市场方面存在的问题体现在对市场替代产品的评价比较和消费者对作物营养强化农产品的支付意愿上。就前者而言，市场替代品细分了作物营养强化农产品的市场,这成为中国作物营养强化发展的较大挑战,引起上述问题的原因主要有以下两个方面:①作物营养强化虽经济有效但并不是改善微量营养素缺乏的唯一方式,饮食多样化、营养素补充剂、食物强化均具有改善微量营养素缺乏的作用;②功能性食品(Siró et al.,2008)在中国食品市场的发展。市场上存在的其他功能性食品成为缓解慢性疾病、替代作物营养强化农产品的选择。其他功能性食品也会对人群营养健康具有改善功效,这在一定程度上影响了作物营养强化农产品的消费和推广。就后者而言,消费者对作物营养强化农产品的支付意愿与实际购买行为之间存在差异,这成为中国作物营养强化发展的隐性制约因素。支付意愿虽可作为预测实际购买行为、衡量经济价值的代理指标,但其与实际购买行为仍可能存在一定的差异(List and Gallet,2001;Miller et al.,2011)。由于消费者对作物营养强化农产品的支付意愿与实际购买行为之间存在不同的作用机制,且影响这一关系成立的情境因素也不同,因此,尽管消费者对作物营养强化农产品具有一定的支付意愿,但并不一定能完全促使消费者产生实际的购买行为。

五、产业化问题

产品生物有效性的差异是中国作物营养强化产业化的基本制约因素。营养强化作物中微量营养素的稳定性受某些因素影响。郝元峰等(2015)认为全球气候变化及温室效应等可能影响作物中微量营养素含量。市场推广缓慢是中国作物营养强化产业化的关键制约因素。中国作物营养强化的推广面临以下三个主要问题:一是主体多样化。作物营养强化在推广过程中要求各主体如消费者、生产者、企业、政府等均积极投入。二是执行欠规范化。例如,当前中国尚未兴起企业自主营养标签(张利庠等,2017),作物营养强化是否标签化及如何处理其与转基因的关系等(Campos-Bowers and Wittenmyer,2007)问题尚无明确规定。三是产业链不完善。当前目标作物主要在试点区域种植,"试点区域种植—大面积种植—被消费者接受"这一过程存在技术采纳、生产加工、市场营销等产业链各环节的挑战,其中某一环节的滞后均可能引发中国作物营养强化全产业链的断裂,进而阻碍中国作物营养强化产业化的进程。各利益相关方协同发展欠缺是中国作物营养强化产业化的主要制约因素。作物营养强化是跨部门、跨领域、跨学科的大联合,需要作物营养强化的各利益相关方积极投入并协同发展。然而,当前作物营养强化发展力量涣散,未完全获得消费端、生产端、营养端各利益相关方的积极投入,未形成各参与主体协同发展的联动机制,无法实现全技术链的创新、全价值链的升级及全产业链的融合,不利于中国作物营养强化产业化的形成。

六、战略与政策问题

作物营养强化优先序的缺乏与发展战略的不完善，使中国作物营养强化发展缺乏保障性因素。作为新兴的营养干预措施，在作物营养强化发展初期，各利益相关方在进行作物营养强化干预投资前需要支撑性的证据信息以确定在何处以何种特定的营养强化作物为目标，以实现营养和健康价值的最大化（Asare-Marfo et al.，2013）。因此，需要对作物营养强化进行投资干预的优先序判别，为中国作物营养强化的干预投资提供可靠的指导信息。然而，当前仍缺乏对中国作物营养强化优先序的判别及相对完善的发展战略，这加大了中国作物营养强化发展的现实困难。作物营养强化干预政策的缺乏与实施路径的不完善，使中国作物营养强化发展缺乏促进性因素。国际作物营养强化项目的核心是促进作物营养强化品种的传播，并通过产品和市场开发将生产者与消费者联系起来，从而创造对这些品种的需求，开展吸引和发展用户能力、扩散新技术和创造有利于传播作物营养强化品种的有利环境的战略（Nestel et al.，2006）。然而，囿于当前作物营养强化发展的周期特征、社会各界认识不足等原因，各干预主体尚未制定完善的干预政策与实施路径，这在一定程度上制约了中国作物营养强化的发展。

第二节　中国作物营养强化农产品的进一步发展方向

作为一项新兴的具有成本效益的营养干预战略（李路平和张金磊，2016；de Groote et al.，2014），作物营养强化在缓解隐性饥饿、改善国民营养状况及减少由微量营养素缺乏造成的巨大经济损失的同时将何去何从？基于前文所述，本节将从作物营养强化的健康价值、作物营养强化新技术、采纳意愿和种植效益、食品营养健康改善效应、市场化和产业化、发展战略和政策等方面进行探讨，总结和阐述中国作物营养强化存在的问题及发展方向（图 20.1）。

一、多方位普及作物营养强化的健康价值

作物营养强化的健康价值显著，社会各界对作物营养强化的价值认识有待进一步提高，需要多方位普及以提高公众对作物营养强化的认识。作物营养强化通过育种手段提高了作物中微量营养素的含量，可降低人体因微量营养素缺乏引起疾病的患病率，改善人口健康，从长远看可减少微量营养素缺乏产生的经济损失。另外，作物营养强化可缓解农村低收入群体的健康问题，在一定程度上有助于农村地区的和谐发展及有效防止返贫，具有经济、营养及社会价值。

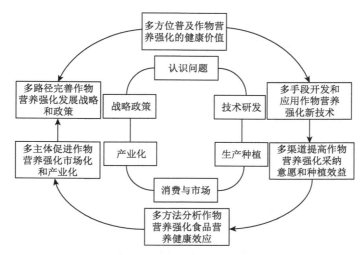

图 20.1　中国作物营养强化存在的问题及发展方向

然而，当前作物营养强化仍处于发展初期，且受转基因的负面舆论影响，致使国民与社会各界难以全面准确地认识作物营养强化及其产品的价值。因此，应该动员各主体积极参与，基于多媒体进行宣传，根据各情境开展教育，认真区分作物营养强化与转基因的关系，多方普及以实现作物营养强化经济、营养和社会价值的全面覆盖。

二、多手段开发和应用作物营养强化新技术

作物营养强化新技术具有巨大的发展潜力，育种工作者需要多手段开发和应用作物营养强化技术。一是培育育种新技术，增强作物营养强化品种的生物有效性。二是"因地制宜"开发新品种。中国地形气候差异明显，异质小气候、传统种植环境的复杂性、田间条件不理想等因素使农户采纳新的作物品种的决策过程变得复杂，这成为中国引进作物营养强化品种的挑战（Morris and Bellon，2004）。因此，开发适合当地种植的新品种可促进作物营养强化的推广普及。三是迎合需求应用新技术。在中国，农户通常具有生产者和消费者双重身份属性（Shikuku et al.，2019）。然而，传统育种通常侧重于改善作物的生物学特性，对"生活在这些环境中的人们特有的生产和消费需求"理解较少（Morris and Bellon，2004）。因此，需开发应用符合种植者及消费者需求的新品种。

三、多渠道提高作物营养强化采纳意愿和种植效益

作物营养强化品种的采纳意愿和种植效益较好，但仍需通过多方渠道予以提

高。首先，就作物营养强化技术的采纳意愿而言，一是关注农户心理状态。农户的信念等心理倾向会影响其采纳农业技术的决定（Musser et al.，1986），因此，在促使农户生产和消费作物营养强化农产品的过程中，让农户认识到该作物的营养价值及如何更有效地管理该作物，以改变农户对该作物的信念，并最终改变农户对该作物的生产和消费行为。二是努力推进技术扩散。不仅要促使农户种植和销售作物营养强化农产品，还应鼓励他们与其他农户分享其专业知识，突破隐性的口碑传播障碍。就作物营养强化的种植效益而言，一是避免政策制定的"急功近利"，不仅要关注明显的直接效益，还要关注长期的可持续效益，如投资优良的作物营养强化种子；二是处理好生产成本与种植收益之间的关系，不忽视农户的心理预期收益，切实提高农户的种植效益。

四、多方法分析作物营养强化食品营养健康效应

作物营养强化食品的营养健康效应明显，但现有分析方法有待进一步提升，需结合多种方法进行分析。一是增加人口营养健康改善的评价方法，事前分析与事后分析相结合，以衡量作物营养强化农产品对消费者营养健康的实际影响。二是建立并扩大作物营养强化的数据库，基于可观测指标，更全面了解作物营养强化的营养健康效应。三是比较作物营养强化农产品与替代产品的营养健康效应，从成本效益、经济效益等方面着手，确定作物营养强化的经济效益及其比较优势，从而为作物营养强化的开展提供决策依据。

五、多主体促进作物营养强化市场化和产业化

作物营养强化的市场化与产业化正在形成，需要实现企业、消费者、种植者、政府等多个主体协同发展。第一，对企业生产者而言，一是有效细分市场，区分作物营养强化农产品与其他功能性食品之间的特征，实现差异化战略。二是在实际情境中寻找消费者对作物营养强化农产品支付意愿与实际购买行为差异的作用机制及边界条件。第二，对技术育种者而言，明晰作物营养强化农产品生物有效性的影响因素，提供优良的品种，为作物营养强化的推广提供基础保障。第三，对政府等部门机构而言，一是倡导作物营养强化各主体积极参与，二是以法律法规条例等形式，规范作物营养强化的发展，为作物营养强化提供稳定的成长环境。第四，对消费者而言，增加主客观知识，辨析作物营养强化与转基因的关系，准确认识作物营养强化。第五，对种植者而言，积极尝试新品种作物，实施有效管理进而提高种植效益。

六、多路径完善作物营养强化发展战略和政策

　　构建作物营养强化的发展战略与政策，联结多条路径为作物营养强化的发展"保驾护航"。一是以营养健康为目标调整农业结构（许世卫和李哲敏，2006）。粮食安全的本质是食物安全，而食物安全的关键是粮食（张云华，2018），为满足粮食的生产及安全不可忽视粮食内部生产结构调整（钱龙等，2018）。因此，积极鼓励作物营养强化品种的种植，有效优化食物生产结构以满足居民营养健康需求。二是以粮食政策为保障，以区域协调发展为原则，发挥作物营养强化的经济、社会及营养价值。三是以法律法规为依托，通过标签化等方式对作物营养强化及其产品进行合法性界定。四是进行作物营养强化优先序的判别，为各主体投资作物营养强化提供参考意见。五是实现多主体协同发展，打造各利益相关方协同发展机制，实现全技术链创新、全价值链升级和全产业链融合。

第二十一章 未来政策取向

作物营养强化农产品能够有效解决由微量营养素缺乏所导致的营养不良问题，但以往关于作物营养强化的研究大多集中在国外且多集中于作物开发、生物有效性、健康效益等方面，本书采用农业经济学、健康经济学、发展经济学及实验经济学等领域的研究方法进行跨学科研究，通过作物营养强化农产品对人口健康的改善效果分析，揭示了宏观和微观层面作物营养强化农产品对人口健康的改善效果。并在此基础上构建了中国区域级 BPI 和经济评价，进一步说明了作物营养强化农产品改善人口健康的具体方向和所带来的经济效益与成本效益。与此同时，还对作物营养强化农产品的市场表现进行了研究，结果表明，消费者对作物营养强化农产品的支付意愿相对较高，但仍然存在一定的风险，需要通过沟通信息消除消费者的疑惑。本书得出的研究结果对中国作物营养强化农产品的评估、开发、采用和推广有一定的指导意义。但仍然要注意到，作物营养强化的推广与发展仍然存在很多问题，需要政府、农户、企业和消费者的共同努力，以期有效改善中国居民微量营养素缺乏问题。基于此，本书针对作物营养强化对人口营养健康的改善效果、经济评价及市场分析部分提出相应的对策建议。

第一节 关于作物营养强化经济评价指标的建议

作物营养强化对人口营养健康的改善效果及其经济评价的指标体系对了解作物营养强化的健康效益、经济效益和成本效益具有至关重要的意义，在此基础上，还可以将作物营养强化的成本收益和成本有效性与其他国家、其他营养干预措施进行比较，从而为政府和企业采用推广作物营养强化提供依据。因此，应该重视作物营养强化的事前经济评价分析，完善相应的评价指标。具体包括以下建议。

一、政府应高度重视和强化作物营养强化事前分析，积极建立和完善适合中国实际情况的宏观层面经济评价指标体系

作物营养强化能够有效解决微量营养素缺乏，但现有的关于作物营养强化的经济评价研究大多在国外开展，国内相关研究欠缺。本书在以往研究的基础上，基于作物营养强化事前经济评价方法——DALY 方法，并对其进行修正，构建了

中国作物营养强化事前经济评价指标体系，从宏观层面说明了作物营养强化的健康效益、经济效益和成本效益，并证实了经济评价指标体系的有效性。在实践中，本指标体系还可以进行其他作物、其他微量营养素和省级层面的测算。因此，政府应该高度重视和强化作物营养强化农产品的事前经济评价分析，积极建立和完善更适合中国实际情况的宏观层面的经济评价指标体系，如根据中国的实际情况对经济评价指标体系中的人口学指标、预期寿命指标、疾病相关指标进行校准，从而提高指标体系的准确性和适用性。据此开展的事前经济评价能够为政府的资金投入提供依据，有利于作物营养强化农产品的研发、采用和推广，从而能有效改善微量营养素缺乏，进而改善中国农村地区和低收入群体的健康状况，提高其经济收入。

二、企业应积极开展作物营养强化事前经济评价分析，从而因地制宜地开发合适的作物营养强化农产品

企业应该在种植、生产和加工作物营养强化农产品前，积极开展事前经济评价分析，从而进行比较，以便确定最适合企业的农产品，以及每种农产品最合适的销售地区，只有这样才能最大限度地保证产品的销售和食用，增加企业的经济利润，从而改善目标地区、目标人群的营养健康状况。特别是针对农村地区和低收入人群而言，开展事前经济评价分析，了解可最大限度改善该地区和人群人口健康状况的作物品种与微量元素品种，从而因地制宜地开发农产品，这对于最大限度地改善一般营养干预措施难以覆盖的农村地区和低收入人群的营养健康状况具有十分重要的意义。

第二节　关于作物营养强化作物开发的建议

宏观和微观层面的分析均说明作物营养强化农产品对人口营养健康具有显著的改善效果，并且此改善效果可以带来较大的经济效益和成本效益，因此，开发更多作物营养强化农产品对解决隐性饥饿问题十分必要。因此，应该增加政策资金投入，积极开发作物营养强化农产品。具体包括以下建议。

一、政府应增加科研投入和完善相关配套基础设施，帮助学术界和企业研发更多营养强化农产品

作物营养强化农产品可以有效地改善人口健康状况，并能带来巨大的经济效益，因此，政府应该进一步加大对中国作物营养强化农产品的支持力度。首先是完善相关的配套政策和措施，使得科研人员有更好的环境进行研发。其次是增加

研发的资金投入，帮助学术界和企业进一步加强作物营养强化农产品的相关研发，不仅要增加对富叶酸产品的投入，也要增加对其他农产品、其他微量营养素的研发投入，如铁强化大米、锌强化小麦等的投入，以便开发更多富含微量营养素的营养强化农产品，从而有效地改善中国微量营养素缺乏的状况。最后是技术和人员上的投入，政府应该支持科研人员采用最先进的技术不断地研发更适合消费者的作物营养强化农产品。

二、企业应积极鼓励科研创新和增加资金投入，设计更多既能保持其微量营养素水平又能提高其附加值的作物营养强化农产品

作物营养强化农产品能够有效地改善人口健康水平，因此，企业应该进一步增加对作物营养强化农产品的研发设计支持。首先，应完善相应的科研创新激励体制，使研发人员有足够的内生动力进行创新，从而研发出微量营养素含量更高、性能更稳定的作物营养强化农产品。其次，应投入大量研发资金，以确保有充足的资金进行作物营养强化农产品的研发，从而开发出更多富含微量营养素的农产品。最后，应加强相关研发的技术支持和人员支持，确保相关研发人员能够研发出性能更加稳定的富含各种微量营养素的作物营养强化农产品，从而有效改善微量营养素缺乏状况。

第三节　关于优化作物营养强化路径选择的建议

基于省级区域数据的中国 BPI 的构建为作物营养强化农产品的发展方向和发展路径提供了一定的依据。BPI 对优化作物营养强化农产品的路径选择具有重要意义。因此，接下来应该开展多种作物的 BPI，从而为作物营养强化的发展提供方向。具体包括以下建议。

一、政府和企业应积极构建作物营养强化农产品的优先指数

通过 BPI 可以发现在一个地区最适宜开发的作物营养强化农产品的作物品种和微量营养素品种，对指导作物营养强化的具体发展具有重要意义。因此，政府和企业应积极构建多种微量营养素与作物品种的优先指数，因地制宜地发展作物营养强化农产品，优化作物营养强化农产品的路径选择，从而能以最经济有效的方式改善中国农村地区和低收入人群的营养健康状况。通过对不同种类作物营养强化的品质、方向、效益的比较，以明确每个地区更适合开展哪种类型的作物营养强化，得出当前应该在特定区域实施何种作物营养强化的具体决策，为政府投

资和发展作物营养强化农产品提供方向与指导，从而最大限度地改善中国居民的营养健康状况，特别是农村地区和低收入人群的营养健康状况。

二、基于 BPI 实现"阶梯式"干预

根据构建的中国区域级 BPI 的区域性特征，基于区域化实现"阶梯式"干预。根据划分的五类优先干预的区域，实现"阶梯式"干预。优先对第一阶梯最适宜干预的省份进行干预，充分发挥第二阶梯省份干预能力的优势，根据需求合理有效地进行第三阶梯省份的干预，因地制宜适当实施第四阶梯省份的干预，散点式局部开展第五阶梯省份的干预，实现区域化"阶梯式"干预的环环相扣与有序开展。

第四节　关于扩大作物营养强化农产品覆盖范围的建议

宏观和微观层面的分析均说明作物营养强化农产品对人口营养健康具有显著的改善效果，并且此种改善效果可以带来较大的经济效益和成本效益，因此，推广作物营养强化农产品使其被更多的人口接受对解决隐性饥饿问题十分必要。因此，应该加强公众认知教育，扩大作物营养强化农产品的覆盖范围。具体包括以下建议。

一、政府应加大科普宣传，加强农村居民对作物营养强化农产品的认知

本书通过 RCT 方法验证了作物营养强化农产品对微观消费者营养健康的改善作用，结果表明，作物营养强化农产品能够有效改善育龄妇女的微量营养素缺乏状况，提高其营养健康水平，从而减少由此导致的劳动力损失和经济损失。因此，作物营养强化农产品是改善微量营养素缺乏的可能措施。为了最大化作物营养强化农产品的功效，政府应该加强作物营养强化农产品的舆论宣传与推广，加大宣传力度，综合利用多种形式的宣传手段如专题培训、讲座、科普日、发放补贴等加强消费者与农户对作物营养强化农产品健康效益的了解及认知，增加其购买意愿和食用频率，进而扩大作物营养强化农产品的覆盖范围，使得更广泛地区特别是农村地区和低收入人群能有效地改善微量营养素缺乏状况。

二、企业应充分利用网络新媒体与传统媒体，增加公众对作物营养强化农产品的知识

作物营养强化农产品可以有效改善微观个体的营养健康状况，但作为一种新

型农产品，消费者对其了解相对较少，加上有的作物营养强化会改变农产品的外观、颜色和形状，这可能会导致消费者的恐惧和排斥心理，从而使其受益人群减少。因此，企业应综合利用传统媒体如广播、电视等渠道宣传作物营养强化农产品的健康效益，同时运用网络、微信、微博等新媒体加强作物营养强化农产品健康效益的宣传，增加居民对作物营养强化农产品相关知识的了解，使得微观个体的接受程度增加，从而扩大作物营养强化农产品的受益人群，进而能够起到有效改善微量营养素缺乏的作用，特别是改善生活困难地区居民的健康状况，从而提高其劳动能力，有效防止返贫。

三、通过增加补贴、提供优惠等方式加强农户的种植意愿，从而保证作物营养强化农产品的供应

作物营养强化农产品具有微观层面的健康效益，但要扩大其覆盖范围，首先要加强农户的种植意愿。农户的种植意愿是影响作物营养强化农产品种植面积的重要原因，因此，加强农户对作物营养强化农产品的了解，增强其种植意愿对于保障作物营养强化农产品的供给至关重要，也可以缓解微量营养素缺乏状况。此外，农户种植作物营养强化农产品也有利于作物营养强化产业的发展，而作物营养强化产业的发展，有利于解决隐性饥饿问题，因此，应采取多种方式调动农户的种植积极性，如加强宣传、实施种子优惠、增加补贴等。

四、通过开展公众健康教育、提供营养改善信息等方式增强消费者购买意愿

作物营养强化农产品能够有效地改善消费者微量营养素缺乏的状况，从而减轻由微量营养素缺乏所导致的疾病负担，进而节约劳动力并产生经济效益。因此，消费者在日常生活中，应该注意选购和食用作物营养强化的农产品，这样可以在不改变饮食习惯的前提下改善营养健康状况。因此，要采取多种手段提高消费者购买和食用作物营养强化农产品的频率，如加强其健康益处的宣传、给予一定的价格优惠等，从而保证作物营养强化农产品的受益人群数量。

第五节　关于作物营养强化农产品推广与扩散的建议

作物营养强化农产品作为一种新型农产品，其市场表现对于采纳和食用意愿相当重要，应努力减少作物营养强化农产品扩散过程中的风险，加强消费者和农户对其接受意愿，从而提高作物营养强化农产品的经济价值，增强其扩散范围。

本书第四篇的研究说明产品特质、产品类型及沟通信息会显著影响消费者的接受度，因此，应整合信息资源渠道，提高作物营养强化农产品的经济价值。具体包括以下建议。

一、以消费者为导向进行作物营养强化农产品的开发

在对传统农产品进行创新性开发过程中，农产品颜色的改变可能会增强消费者的感知风险，进而降低消费者支付意愿。因此，在生产培育过程中应该尽量选择不影响作物颜色的矿物质营养素。消费者对作物营养强化技术生产的天然型营养强化农产品表现出较高的购买意愿，而对食物强化技术生产的非天然型营养强化农产品的购买意愿低于普通产品，因此，在产品生产方面可鼓励农户大胆选购作物营养强化的新型小麦种子，提高农户的种植积极性。

二、加大作物营养强化农产品的宣传力度，不断提高消费者健康意识

研究发现，给消费者提供营养强化的相关信息，可以有效地提高消费者的接受度和支付意愿。企业可以采取多种形式提供营养强化信息，如在多媒体投放广告、在产品包装上显示营养强化信息及请有关专家背书等，企业应根据自己的实际情况采取最适合企业的方式，从而提高消费者的接受度。此外，企业应该综合利用传统媒体（如广告、专家讲座）和新媒体（如微博、公众号）加强对作物营养强化农产品的宣传力度，提高消费者健康意识并倡导消费者关注营养健康问题（特别是营养素缺乏问题），强调不仅要吃得饱，更要吃得好，从而不断提高消费者对作物营养强化农产品的关注和认可。在对作物营养强化农产品宣传时，还可以有意识地激活消费者预防倾向，更多地告诉消费者微量营养素缺乏可能会带来的危害和风险，从而提高消费者对作物营养强化农产品的选择。

三、基于消费者的认知规律，进行针对性的产品沟通

在作物营养强化农产品推广和宣传过程中，要基于消费者的认知规律，进行针对性的产品沟通。消费者在进行作物营养强化农产品的购买决策时，相比预防定向的消极信息，促进定向的积极信息会让消费者感知到更多的收益，从而增强消费者的支付意愿。因此，在广告、宣传材料或产品的说明和标签中，应该突出补充营养素带来的益处而不是缺乏营养素带来的损失。此外，不同沟通信息类型对不同需求和不同微量营养素缺乏的群体有不同的影响，因此，企业或政府部门需要针对不同需求群体提供不同的作物营养强化农产品沟通信息，并且对于不同

微量营养素缺乏状况的消费者也应该采取不同的沟通信息方式。价格作为影响消费决策最为直观的因素，往往会受到消费者第一时间的关注。无论农产品的绝对价格如何，企业应比较自有农产品与同类农产品的相对价格来制定合理而有效的沟通策略。对于相对高价的农产品，企业可以通过广告信息、营销人员沟通等方式，使消费者更加关注农产品的抽象意义或情感，从而降低消费者的价格敏感度；对于相对实惠、低价的农产品，企业可以引导消费者多加关注具体的农产品特质，给予消费者一种"价优物美"的感觉，从而促进消费者购买。

四、防范消费者食品感知风险的泛化对作物营养强化农产品的负面外溢

食品与人们的健康息息相关，对食品的感知风险是影响消费者购买决策的重要因素。由于作物营养强化农产品在生产加工环节引入了新技术，再加上消费者对作物营养强化农产品的不熟悉，容易使消费者联想到食品安全问题和转基因技术等增加消费者感知风险的信息，因此，在创新型农产品的宣传和沟通时，要提高其与其他农产品的区分度，尽量避免和减少负面外溢效应的影响。

参 考 文 献

艾小青. 2016. 特定抽样下有效样本量的性质研究[J]. 统计与决策,（23）: 12-14.

白琳, 张勇, 黄承钰, 等. 2010. 不同小麦面粉铁和锌吸收率的分析比较[J]. 卫生研究, 39（3）: 386-389.

曹志宏, 陈志超, 郝晋珉. 2012. 中国城乡居民食品消费变化趋势分析[J]. 长江流域资源与环境, 21（10）: 1173-1178.

常素英, 何武, 陈春明. 2006. 中国儿童营养状况 15 年变化分析: 5 岁以下儿童生长发育变化特点[J]. 卫生研究,（6）: 768-771.

陈通, 刘贝贝, 青平, 等. 2017. 消费者食品安全风险交流质量评价模型的构建研究[J]. 农业现代化研究, 38（5）: 764-771.

陈璇, 孙涛, 田烨. 2017. 系统信任、风险感知与转基因水稻公众接受: 基于三省市调查数据的分析[J]. 华中农业大学学报（社会科学版）,（5）: 125-131, 149.

陈雪婷, 黄炜虹, 齐振宏, 等. 2019. 农户土地经营权流转意愿的决定: 成本收益还是政策环境?——基于小农户和种粮大户分化视角[J]. 中国农业大学学报, 24（2）: 191-201.

陈志钢, 詹悦, 张玉梅, 等. 2020. 新冠肺炎疫情对全球食物安全的影响及对策[J]. 中国农村经济,（5）: 2-12.

程国强, 朱满德. 2020. 新冠肺炎疫情冲击粮食安全: 趋势、影响与应对[J]. 中国农村经济,（5）: 13-20.

储雪玲, 卫龙宝. 2010. 农村居民健康的影响因素研究: 基于中国健康与营养调查数据的动态分析[J]. 农业技术经济,（5）: 37-46.

戴迎春, 朱彬, 应瑞瑶. 2006. 消费者对食品安全的选择意愿: 以南京市有机蔬菜消费行为为例[J]. 南京农业大学学报（社会科学版）,（1）: 47-52.

邓婷鹤, 何秀荣, 白军飞. 2016. "退休——消费"之谜: 基于家庭生产对消费下降的解释[J]. 南方经济,（5）: 1-16.

董彦会, 王政和, 杨招庚, 等. 2017. 2005 年至 2014 年中国 7～18 岁儿童青少年营养不良流行现状及趋势变化分析[J]. 北京大学学报（医学版）, 49（3）: 424-432.

杜晓梦, 赵占波, 崔晓. 2015. 评论效价、新产品类型与调节定向对在线评论有用性的影响[J]. 心理学报, 47（4）: 555-568.

樊胜根. 2020. 重塑食物系统, 根除"隐性饥饿"[J]. 食品安全导刊,（7）: 58-59.

樊胜根. 2021. 增强食物供应链韧性以应对多种不确定性: 评周曙东专著《农产品安全、气候变化与农业生产转型研究》[J]. 世界农业,（9）: 115-116.

范云六. 2007. 以生物强化应对隐性饥饿[J]. 科技导报,（11）: 1.

方杰, 温忠麟. 2018. 基于结构方程模型的有调节的中介效应分析[J]. 心理科学, 41（2）: 453-458.

封志明，史登峰. 2006. 近20年来中国食物消费变化与膳食营养状况评价[J]. 资源科学，（1）：2-8.

傅罡，赖建强，陈春明. 2006. 中国居民2002年营养不良及贫血对未来劳动生产力的影响[J]. 中华流行病学杂志，（8）：651-654.

甘倩，陈竞，李荔，等. 2016. 学生营养改善计划地区2013年学生维生素A营养状况[J]. 中国学校卫生，37（5）：661-663.

高旭阔，刘奇. 2019. 再生水项目国民经济评价体系研究[J]. 环境科学与技术，42（4）：229-236.

郭桐君，蒋丽芳，张亚，等. 2017. 河南育龄妇女孕前血清叶酸水平及影响因素研究[J]. 中国妇幼健康研究，28（7）：802-805.

郭耀辉，刘强，熊鹰，等. 2018. 农业循环经济发展指数及障碍度分析：以四川省21个市州为例[J]. 农业技术经济，（11）：132-138.

郝元峰，张勇，何中虎. 2015. 作物锌生物强化研究进展[J]. 生命科学，27（8）：1047-1054.

何万领，李晓丽，杨肖娥. 2010. 植物源铁生物有效性及评价方法研究进展[J]. 植物营养与肥料学报，16（2）：485-491.

何一哲，雷小刚，张成东，等. 2012. 富铁锌彩粒小麦营养品质与开发利用研究[J]. 植物遗传资源学报，13（4）：672-677.

何一哲，宁军芬，郭仲民，等. 2008. 中国发展生物强化功能食品的机遇与挑战[J]. 世界农业，（5）：53-56.

胡银根，余依云，王聪，等. 2019. 基于成本收益理论的宅基地自愿有偿退出有效阈值：以改革试点区宜城市为例[J]. 自然资源学报，34（6）：1317-1330.

华欣洋，江震，王志锋，等. 2014. 贵州省农村地区儿童微量元素补充现状、影响因素及对生长发育迟缓效果预测研究[J]. 中国儿童保健杂志，22（8）：791-794.

黄季焜. 2018. 四十年中国农业发展改革和未来政策选择[J]. 农业技术经济，（3）：4-15.

霍军生，孙静，常素英，等. 2018. 营养包改善贫困地区婴幼儿贫血状况的成本效益[J]. 卫生研究，47（5）：733-740.

霍军生，孙静，黄建. 2008. 食物强化成本-效果及成本-效益分析[J]. 卫生研究，37（S1）：60-66.

姜百臣，吴桐桐. 2017. 偏好逆转下消费者生鲜鸡认知与购买意愿：基于广东省问卷数据的分析[J]. 中国农村观察，（6）：71-85.

靳朝翔，靳明，钱思烨，等. 2019. 生鲜农产品线下线上渠道迁徙意愿研究：危机感知的调节作用[J]. 财经论丛，（9）：92-102.

孔亚敏，向坤，雒瑶，等. 2015. 中国神经管缺陷发生率地区差异及干预对策[J]. 中国实用妇科与产科杂志，31（12）：1110-1116.

匡远配，罗荷花. 2010. "两型农业"综合评价指标体系构建及实证分析[J]. 农业技术经济，（7）：69-77.

蓝丰颖，王美辰，赵艾，等. 2017. 中国6城市2农村3～12岁儿童不同来源铁摄入情况研究[J]. 中国儿童保健杂志，25（8）：763-766.

李方，林茜. 2015. 增补叶酸预防神经管缺陷：研究进展与展望[J]. 中国儿童保健杂志，23（11）：1166-1168.

李国景，陈永福，朱文博，等. 2019. 基于营养视角的中国食物进口需求研究[J]. 中国食物与营养，25（10）：5-9.

李路平, 张金磊. 2016. 中国生物强化项目的成本收益和成本有效性分析: 以生物强化富铁小麦为例[J]. 生物技术进展, 6 (6): 414-421.

李蒙蒙. 2018. 目标与效能匹配视角下作物营养强化农产品信息说服力研究[D]. 武汉: 华中农业大学.

李腾飞, 亢霞. 2016. "十三五"时期我国粮食安全的重新审视与体系建构[J]. 农业现代化研究, 37 (4): 657-662.

李云森. 2012. 家庭收入风险对中国农村居民营养摄入水平的影响[J]. 南方经济, (10): 200-213, 227.

廖芬, 青平, 李剑. 2021. 叶酸强化水稻改善人口营养健康的经济评价研究[J].农业技术经济, 320 (12): 17-32.

廖芬, 青平, 游良志. 2019. 作物营养强化对改善人口营养健康的影响: 文献述评与展望[J]. 华中农业大学学报 (社会科学版), (3): 88-96, 162-163.

林晖芸, 汪玲. 2007. 调节性匹配理论述评[J]. 心理科学进展, (5): 749-753.

林黎, 曾果, 兰真, 等. 2011. 生物强化及其营养改善研究进展[J]. 现代预防医学, 38 (12): 2240-2242.

林永钦, 齐维孜, 祝琴. 2019. 基于生态足迹的中国可持续食物消费模式[J]. 自然资源学报, 34 (2): 338-347.

刘贝贝, 青平, 匡依婷. 2019. 价优物美与价廉物值: 作物营养强化农产品消费者决策研究[J]. 华中农业大学学报 (社会科学版), (6): 60-69, 162.

刘贝贝, 青平, 游良志. 2018. 创新型农产品类型、消费者主观知识与购买意愿分析: 以营养强化农产品为例[J]. 农村经济, (8): 51-55.

刘佳佳, 董书萱, 李秀婷, 等. 2019. 我国高校学生及家庭膳食消费结构研究: 基于中国科学院大学的微观调研数据[J]. 管理评论, 31 (3): 3-13.

刘军弟, 王凯, 韩纪琴. 2009. 消费者对食品安全的支付意愿及其影响因素研究[J]. 江海学刊, (3): 83-89, 238.

刘楠楠, 严建兵. 2015. 玉米维生素 A 生物强化研究进展和展望[J]. 生命科学, 27 (8): 1028-1036.

罗丞. 2010. 消费者对安全食品支付意愿的影响因素分析: 基于计划行为理论框架[J]. 中国农村观察, (6): 22-34.

罗良国, 王艳. 2007. 日本食物消费结构演变及启示[J]. 农业经济问题, (8): 104-109.

罗翔, 曾菊新, 朱媛媛, 等. 2016. 谁来养活中国: 耕地压力在粮食安全中的作用及解释[J]. 地理研究, 35 (12): 2216-2226.

马德福, 张玉梅, 王培玉, 等. 2014. 中国 7 城市 2 乡镇 3～12 岁儿童血矿物质水平调查[J]. 北京大学学报 (医学版), 46 (3): 379-382.

牛敏杰, 赵俊伟, 尹昌斌, 等. 2016. 我国农业生态文明水平评价及空间分异研究[J]. 农业经济问题, 37 (3): 17-25, 110.

逄学思, 周晓雨, 徐海泉, 等. 2017. 美国食品营养强化发展经验及对我的启示[J]. 中国农业科技导报, 19 (12): 8-13.

钱龙, 袁航, 刘景景, 等. 2018. 农地流转影响粮食种植结构分析[J]. 农业技术经济, (8): 63-74.

钱文荣, 王大哲. 2015. 如何稳定我国玉米供给: 基于省际动态面板数据的实证分析[J]. 农业技术经济, (1): 22-32.

青平，张胜男，孙山. 2018. 沟通信息类型对营养强化食物购买意愿的影响：调节定向和正确感的作用[J]. 珞珈管理评论，（2）：120-131.

全世文，于晓华，曾寅初. 2017. 我国消费者对奶粉产地偏好研究：基于选择实验和显示偏好数据的对比分析[J]. 农业技术经济，（1）：52-66.

邵丹青，王霰，于跃波，等. 2017. 微量营养素强化作物食品及消费需求研究[J]. 中国粮油学报，32（11）：186-190.

盛晓阳. 2011. 儿童锌缺乏的识别、预防和治疗[J]. 实用儿科临床杂志，26（23）：1842-1844.

史耀疆，王欢，罗仁福，等. 2013. 营养干预对陕西贫困农村学生身心健康的影响研究[J]. 中国软科学，（10）：48-58.

宋勇军. 2018. FAO 食物平衡表编制方法及其对中国的启示[J]. 农业展望，14（3）：69-72.

孙明茂，洪夏铁，李圭星，等. 2006. 水稻籽粒微量元素含量的遗传研究进展[J]. 中国农业科学，（10）：1947-1955.

孙山，青平，刘贝贝，等. 2018. 创新型农产品的产品特质对消费者支付意愿的影响：以作物营养强化大米为例[J]. 农业现代化研究，39（5）：743-750.

孙志燕，侯永志. 2019. 对我国区域不平衡发展的多视角观察和政策应对[J]. 管理世界，35（8）：1-8.

田刚，张义，张蒙，等. 2018. 生鲜农产品电子商务模式创新对企业绩效的影响：兼论环境动态性与线上线下融合性的联合调节效应[J]. 农业技术经济，（8）：135-144.

汪涛，何昊，诸凡. 2010. 新产品开发中的消费者创意：产品创新任务和消费者知识对消费者产品创意的影响[J]. 管理世界，（2）：80-92，166，187.

汪希成，谢冬梅. 2020. 我国农村居民食物消费结构的合理性与空间差异[J]. 财经科学，（3）：120-132.

王财玉，吴波. 2018. 时间参照对绿色消费的影响：环保意识和产品环境怀疑的调节作用[J]. 心理科学，41（3）：621-626.

王济民，张灵静，欧阳儒彬. 2018. 改革开放四十年我国粮食安全：成就、问题及建议[J]. 农业经济问题，（12）：14-18.

王丽佳，霍学喜. 2018. 消费者对质量认证果品高价支付意愿分析[J]. 农业现代化研究，39（4）：665-672.

王灵恩，侯鹏，刘晓洁，等. 2018. 中国食物可持续消费内涵及其实现路径[J]. 资源科学，40（8）：1550-1559.

王霰，郭斐，王磊，等. 2018. 营养强化食品发展及消费需求分析[J]. 现代食品，（14）：36-38.

王兴玲，张卫杰，冯红旗，等. 2004. 河南省 1996 至 2002 年神经管畸形发生动态及相关因素分析[J]. 郑州大学学报（医学版），（5）：854-856.

王玉斌，华静. 2016. 信息传递对农户转基因作物种植意愿的影响[J]. 中国农村经济，（6）：71-80.

王玉英，陈春明，王福珍，等. 2007. 营养强化辅助食品补充物对甘肃贫困农村婴幼儿体格生长的影响[J]. 卫生研究，（1）：78-81.

王志刚，毛燕娜. 2006. 城市消费者对 HACCP 认证的认知程度、接受程度、支付意愿及其影响因素分析：以北京市海淀区超市购物的消费者为研究对象[J]. 中国农村观察，（5）：2-12.

文琴，张春义. 2015. 满足健康需求的营养型农业与营养分子育种[J]. 科学通报，60（36）：3543-3548.

文晓巍，杨朝慧，陈一康，等.2018.改革开放四十周年：我国食品安全问题关注重点变迁及内在逻辑[J].农业经济问题，（10）：14-23.

吴林海，王红纱，刘晓琳.2014.可追溯猪肉：信息组合与消费者支付意愿[J].中国人口·资源与环境，24（4）：35-45.

吴林海，王红纱，朱淀，等.2013.消费者对不同层次安全信息可追溯猪肉的支付意愿研究[J].中国人口·资源与环境，23（8）：165-176.

吴林海，徐玲玲，王晓莉.2010.影响消费者对可追溯食品额外价格支付意愿与支付水平的主要因素：基于 Logistic、Interval Censored 的回归分析[J].中国农村经济，（4）：77-86.

吴庆山，文川.2013.新疆哈密地区儿童血中微量元素的检测分析[J].吉林医学，34（20）：4063-4064.

吴秀芳，刘沛.2012.家庭因素对小学生营养知识、态度、行为的影响[J].江苏预防医学，23（3）：17-19.

谢传晓，王康宁，张德贵，等.2007.玉米铁微营养生物有效性与生物强化的研究进展[J].玉米科学，（1）：81-84.

谢璐璐，朱清，刘畅，等.2019.甘肃省育龄妇女叶酸服用依从性及影响因素调查[J].中国预防医学杂志，20（12）：1219-1222.

辛良杰，李鹏辉.2018.基于 CHNS 的中国城乡居民的食品消费特征：兼与国家统计局数据对比[J].自然资源学报，33（1）：75-84.

徐菲，公丽艳，闵钟燨，等.2019.我国居民营养状况研究与展望[J].农业科技与装备，（1）：85-86.

徐迎军，尹世久，宋洪杰，等.2015.消费者支付意愿研究综述：以有机食品为例[J].营销科学学报，11（3）：120-138.

许世卫.2001.中国食物发展与区域比较研究[M].北京：中国农业出版社.

许世卫，李哲敏.2006.以营养健康为重点目标的农业生产结构调整战略[J].农业经济问题，（12）：30-33，79.

杨春.2016.中国 6-13 岁儿童和孕妇维生素 A 营养状况分析[D].北京：中国疾病预防控制中心.

杨春，陈竞，云春凤，等.2016.中国中小城市小学生维生素 A 缺乏和贫血现况调查[J].卫生研究，45（3）：489-491.

姚琦，乐国安.2009.动机理论的新发展：调节定向理论[J].心理科学进展，17（6）：1264-1273.

姚琦，马华维，乐国安.2010.期望与绩效的关系：调节定向的调节作用[J].心理学报，42（6）：704-714.

尹世久，徐迎军，陈默.2013.消费者有机食品购买决策行为与影响因素研究[J].中国人口·资源与环境，23（7）：136-141.

尹世久，徐迎军，陈雨生.2015a.食品质量信息标签如何影响消费者偏好：基于山东省 843 个样本的选择实验[J].中国农村观察，（1）：39-49，94.

尹世久，徐迎军，徐玲玲，等.2015b.食品安全认证如何影响消费者偏好？——基于山东省 821 个样本的选择实验[J].中国农村经济，（11）：40-53.

应瑞瑶，侯博，陈秀娟，等.2016.消费者对可追溯食品信息属性的支付意愿分析：猪肉的案例[J].中国农村经济，（11）：44-56.

于铁山.2015.食品安全风险认知影响因素的实证研究：基于对武汉市食品安全风险认知调查[J].

华中农业大学学报（社会科学版），（6）：101-108.

于晓薇，胡宏伟，吴振华，等. 2010. 我国城市居民健康状况及影响因素研究[J]. 中国人口·资源与环境，20（2）：151-156.

俞振宁，谭永忠，茅铭芝，等. 2018. 重金属污染耕地治理式休耕补偿政策：农户选择实验及影响因素分析[J]. 中国农村经济，（2）：109-125.

袁建文，李科研. 2013. 关于样本量计算方法的比较研究[J]. 统计与决策，（1）：22-25.

曾果，林黎，刘祖阳，等. 2008. 生物强化高 β-胡萝卜素甘薯对儿童维生素 A 营养干预研究[J]. 营养学报，30（6）：575-579.

张蓓，黄志平，文晓巍. 2014. 营销刺激、心理反应与有机蔬菜消费者购买意愿和行为：基于有序 Logistic 回归模型的实证分析[J]. 农业技术经济，（2）：47-56.

张蓓，林家宝. 2017. 禽流感风险感知情景下冰鲜鸡消费者决策研究：基于认知和情感机制的作用分析[J]. 农业现代化研究，38（5）：772-782.

张车伟，蔡昉. 2002. 中国贫困农村的食物需求与营养弹性[J]. 经济学（季刊），（4）：199-216.

张春义，王磊. 2009. 生物强化在中国：培育新品种 提供好营养[M]. 北京：中国农业科学技术出版社.

张继国，张兵，王惠君，等. 2012a. 1989—2009 年中国九省区膳食营养素摄入状况及变化趋势（七）18～49 岁成年居民膳食锌的摄入状况及变化趋势[J]. 营养学报，34（2）：111-113.

张继国，张兵，王惠君，等. 2012b. 食物强化策略对我国居民营养状况的改善作用[J]. 中国健康教育，28（12）：1053-1054，1058.

张金磊，李路平. 2014. 中国生物强化富铁小麦营养干预居民缺铁性贫血疾病负担分析[J]. 中国农业科技导报，16（6）：132-142.

张利庠，王录安，刘晓鸥. 2017. 食品企业自主营养标签与食品安全[J]. 农业经济问题，38（6）：3，101-109.

张霆. 2012. 营养不良对儿童健康发育的影响[J]. 中国儿童保健杂志，20（5）：388-390，394.

张同军，常锋，徐增康，等. 2010. 汉阴县 0～5 岁农村儿童营养不良状况研究[J]. 实用预防医学，17（11）：2216-2218.

张应语，张梦佳，王强，等. 2015. 基于感知收益-感知风险框架的 O2O 模式下生鲜农产品购买意愿研究[J]. 中国软科学，（6）：128-138.

张有望，李崇光. 2018. 农产品价格波动中的金融化因素分析：以大豆、食糖为例[J]. 华中农业大学学报（社会科学版），（5）：86-93，164-165.

张云华. 2018. 关于粮食安全几个基本问题的辨析[J]. 农业经济问题，（5）：27-33.

张宗利，徐志刚. 2020. 收入增长与膳食知识对超重人群热量摄入的影响：基于居民体重管理决策模型[J]. 农业现代化研究，41（1）：104-114.

张祖庆，姜雅莉. 2011. 基于联合分析法的消费者对产品支付意愿和偏好研究[J]. 统计与决策，（3）：112-114.

赵卫红，刘秀娟. 2013. 消费者对可追溯性蔬菜的购买意愿的实证研究[J]. 农村经济，（1）：56-59.

郑志浩. 2015. 城镇消费者对转基因大米的需求研究[J]. 管理世界，（3）：66-75.

郑志浩，高颖，赵殷钰. 2016. 收入增长对城镇居民食物消费模式的影响[J]. 经济学（季刊），15（1）：263-288.

支国安，王登辉. 1999. 强化锌面粉的研究与开发[J]. 食品科技，（1）：4-5.

中华人民共和国国家统计局. 2013. 中国统计年鉴[M]. 北京：中国统计出版社.

中国作物营养强化项目. 2018. 发展营养型农业促进国民健康[J]. 高科技与产业化，266（7）：66-77.

钟文晶，邹宝玲，罗必良. 2018. 食品安全与农户生产技术行为选择[J]. 农业技术经济，（3）：16-27.

周应恒，彭晓佳. 2006. 江苏省城市消费者对食品安全支付意愿的实证研究：以低残留青菜为例[J]. 经济学（季刊），（3）：1319-1342.

周竹君. 2015. 当前我国谷物消费需求分析[J]. 农业技术经济，（5）：68-75.

朱淀，蔡杰，王红纱. 2013. 消费者食品安全信息需求与支付意愿研究：基于可追溯猪肉不同层次安全信息的 BDM 机制研究[J]. 公共管理学报，10（3）：129-136，143.

朱俊峰，陈凝子，王文智. 2011. 后"三鹿"时期河北省农村居民对质量认证乳品的消费意愿分析[J]. 经济经纬，（1）：63-67.

朱信凯，夏薇. 2015. 论新常态下的粮食安全：中国粮食真的过剩了吗？[J]. 华中农业大学学报（社会科学版），（6）：1-10.

Alderman H，Hoddinott J，Kinsey B. 2006. Long term consequences of early childhood malnutrition[J]. Oxford Economic Papers，58（3）：450-474.

Allard T，Griffin D. 2017. Comparative price and the design of effective product communications[J]. Journal of Marketing，81（5）：16-29.

Allen L H. 2003. Interventions for micronutrient deficiency control in developing countries：past，present and future[J]. The Journal of Nutrition，133（11）：3875S-3878S.

Almekinders C J M，Hardon J，Christinck A，et al. 2006. Bringing farmers back into breeding. Experiences with participatory plant breeding and challenges for institutionalization[R]. Agromisa Foundation.

Alston J M，James J S. 2002. The incidence of agricultural policy[M]//Robert E E. Handbook of Agricultural Economics. Amsterdam：Elsevier：1689-1749.

Asare-Marfo D，Birol E，Gonzalez C，et al. 2013. Prioritizing countries for biofortification interventions using country-level data[R]. HarvestPlus Working Papers.

Asselin A M. 2005. Eggcentric behavior：consumer characteristics that demonstrate greater willingness to pay for functionality[J]. American Journal of Agricultural Economics，87（5）：1339-1344.

Avnet T，Higgins E T. 2006. How regulatory fit affects value in consumer choices and opinions[J]. Journal of Marketing Research，43（1）：1-10.

Bagriansky J，Champa N，Pak K，et al. 2014. The economic consequences of malnutrition in Cambodia，more than 400 million US dollar lost annually[J]. Asia Pacific Journal of Clinical Nutrition，23（4）：524-531.

Baltussen R，Knai C，Sharan M. 2004. Iron fortification and iron supplementation are cost-effective interventions to reduce iron deficiency in four subregions of the world[J]. The Journal of Nutrition，134（10）：2678-2684.

Banerji A，Birol E，Karandikar B，et al. 2016. Information，branding，certification，and consumer willingness to pay for high-iron pearl millet：evidence from experimental auctions in

Maharashtra，India[J]. Food Policy，62：133-141.

Banerji A，Chowdhury S，Groote H，et al. 2015. Using elicitation mechanisms to estimate the demand for nutritious maize：evidence from experiments in Rural Ghana[R]. HarvestPlus Working Papers .

Bansode R，Kumar S. 2015. Biofortification-a novel tool to reduce micronutrient malnutrition[J]. Indian Journal of Biotechnology，7（2）：205-208.

Barsalou L W. 1985. Ideals，central tendency，and frequency of instantiation as determinants of graded structure in categories[J]. Journal of Experimental Psychology：Learning，Memory，and Cognition，11（4）：629-654.

Bazzani C，Caputo V，Nayga R M Jr，et al. 2017. Revisiting consumers' valuation for local versus organic food using a non-hypothetical choice experiment：does personality matter？[J]. Food Quality and Preference，62：144-154.

Becker G M，DeGroot M H，Marschak J. 1964. Measuring utility by a single-response sequential method[J]. Behavioral Science，9（3）：226-232.

Berry J，Fischer G，Guiteras R. 2020. Eliciting and utilizing willingness to pay：evidence from field trials in Northern Ghana[J]. Journal of Political Economy，128（4）：1436-1473.

Bhaskaram P. 2002. Micronutrient malnutrition，infection，and immunity：an overview[J]. Nutrition Reviews，60（suppl_5）：S40-S45.

Bhutta Z A. 2008. Micronutrient needs of malnourished children[J]. Current Opinion in Clinical Nutrition & Metabolic Care，11（3）：309-314.

Bhutta Z A，Black R E，Brown K H，et al. 1999. Prevention of diarrhea and pneumonia by zinc supplementation in children in developing countries：pooled analysis of randomized controlled trials[J]. The Journal of Pediatrics，135（6）：689-697.

Birol E，Meenakshi J V，Oparinde A，et al. 2015. Developing country consumers' acceptance of biofortified foods：a synthesis[J]. Food Security，7（3）：555-568.

Biswas A，Pullig C，Yagci M I，et al. 2002. Consumer evaluation of low price guarantees：the moderating role of reference price and store image[J]. Journal of Consumer Psychology，12（2）：107-118.

Black R E，Allen L H，Bhutta Z A，et al. 2008. Maternal and child undernutrition：global and regional exposures and health consequences[J]. The Lancet，371（9608）：243-260.

Bornemann T，Homburg C. 2011. Psychological distance and the dual role of price[J]. Journal of Consumer Research，38（3）：490-504.

Bouis H. 1996. Enrichment of food staples through plant breeding：a new strategy for fighting micronutrient malnutrition[J]. Nutrition Reviews，54（5）：131-137.

Bouis H E，Hotz C，McClafferty B，et al. 2011. Biofortification：a new tool to reduce micronutrient malnutrition[J]. Food and Nutrition Bulletin，32：S31-S40.

Bouis H E，Welch R M. 2010. Biofortification：a sustainable agricultural strategy for reducing micronutrient malnutrition in the global south[J]. Crop Science，50：S20-S32.

Brown K H，Peerson J M，Rivera J，et al. 2002. Effect of supplemental zinc on the growth and serum zinc concentrations of prepubertal children：a meta-analysis of randomized controlled trials[J].

The American Journal of Clinical Nutrition, 75 (6): 1062-1071.

Cakmak I, Kutman U B. 2018. Agronomic biofortification of cereals with zinc: a review[J]. European Journal of Soil Science, 69 (1): 172-180.

Camacho C J, Higgins E T, Luger L. 2003. Moral value transfer from regulatory fit: what feels right is right and what feels wrong is wrong[J]. Journal of Personality and Social Psychology, 84 (3): 498-510.

Campos-Bowers M H, Wittenmyer B F. 2007. Biofortification in China: policy and practice[J]. Health Research Policy and Systems, 5 (10): 1-7.

Cavanagh K V, Forestell C A. 2013. The effect of brand names on flavor perception and consumption in restrained and unrestrained eaters[J]. Food Quality and Preference, 28 (2): 505-509.

Cesario J, Grant H, Higgins E T. 2004. Regulatory fit and persuasion: transfer from "feeling right" [J]. Journal of Personality and Social Psychology, 86 (3): 388-404.

Chai W, Cheng Y, Ye L, et al. 2009. Chinese dietary vitamin intake and deficiency in recent ten years based on systematic analysis[C]//2nd International Meeting of the Micronutrient Forum Micronutrients, Health and Development: Evidence-Based Programs, Beijing, China.

Chaudhary S, Verma M, Dhawan V, et al. 1996. Plasma vitamin A, zinc and selenium concentrations in children with acute and persistent diarrhoea[J]. Journal of Diarrhoeal Diseases Research, 14 (3): 190-193.

Chowdhury S, Meenakshi J V, Tomlins K I, et al. 2011. Are consumers in developing countries willing to pay more for micronutrient-dense biofortified foods? Evidence from a field experiment in *Uganda*[J]. American Journal of Agricultural Economics, 93 (1): 83-97.

Combs G F Jr, Duxbury J M, Welch R M. 1997. Food systems for improved health: linking agricultural production and human nutrition[J]. European Journal of Clinical Nutrition, 51: S32-S33.

Crowe E, Higgins E T. 1997. Regulatory focus and strategic inclinations: promotion and prevention in decision-making[J]. Organizational Behavior and Human Decision Processes, 69 (2): 117-132.

Dauda S Y, Lee J. 2015. Technology adoption: a conjoint analysis of consumers' preference on future online banking services[J]. Information Systems, 53: 1-15.

Davis-Stober C P, Brown N, Park S, et al. 2017. Recasting a biologically motivated computational model within a Fechnerian and random utility framework[J]. Journal of Mathematical Psychology, 77: 156-164.

de Benoist B, Delange F. 2002. Iodine deficiency: current situation and future prospects[J]. Cahiers D'études et de Recherches Francophones/Santé, 12 (1): 9-17.

de Brauw A, Eozenou P, Gilligan D O, et al. 2018. Biofortification, crop adoption and health information: impact pathways in Mozambique and Uganda[J]. American Journal of Agricultural Economics, 100 (3): 906-930.

de Groote H, Chege C K, Tomlins K, et al. 2014. Combining experimental auctions with a modified home-use test to assess rural consumers' acceptance of quality protein maize, a biofortified crop[J]. Food Quality and Preference, 38: 1-13.

de Groote H, Kimenju S C. 2008. Comparing consumer preferences for color and nutritional quality in maize: application of a semi-double-bound logistic model on urban consumers in Kenya[J]. Food Policy, 33 (4): 362-370.

de Groote H, Kimenju S C, Morawetz U B. 2011. Estimating consumer willingness to pay for food quality with experimental auctions: the case of yellow versus fortified maize meal in Kenya[J]. Agricultural Economics, 42 (1): 1-16.

de Groote H, Narrod C, Kimenju S C, et al. 2016. Measuring rural consumers' willingness to pay for quality labels using experimental auctions: the case of aflatoxin-free maize in Kenya[J]. Agricultural Economics, 47 (1): 33-45.

de-Magistris T, Gracia A. 2014. Do consumers care about organic and distance labels? An empirical analysis in Spain[J]. International Journal of Consumer Studies, 38 (6): 660-669.

de-Regil L M, Suchdev P S, Vist G E, et al. 2013. Home fortification of foods with multiple micronutrient powders for health and nutrition in children under two years of age[J]. Evidence - Based Child Health: A Cochrane Review Journal, 8 (1): 112-201.

de Steur H, Buysse J, Feng S Y, et al. 2013. Role of information on consumers' willingness-to-pay for genetically-modified rice with health benefits: an application to China[J]. Asian Economic Journal, 27 (4): 391-408.

de Steur H, Feng S Y, Shi X P, et al. 2014. Consumer preferences for micronutrient strategies in China. A comparison between folic acid supplementation and folate biofortification[J]. Public Health Nutrition, 17 (6): 1410-1420.

de Steur H, Gellynck X, Blancquaert D, et al. 2012a. Health impact in China of folate-biofortified rice[J]. New Biotechnology, 29 (3): 432-442.

de Steur H, Gellynck X, Feng S Y, et al. 2012b. Determinants of willingness-to-pay for GM rice with health benefits in a high-risk region: evidence from experimental auctions for folate biofortified rice in China[J]. Food Quality and Preference, 25 (2): 87-94.

de Steur H, Gellynck X, Storozhenko S, et al. 2010. Health benefits of folate biofortified rice in China[J]. Nature Biotechnology, 28 (6): 554-556.

de Steur H, Wesana J, Blancquaert D, et al. 2017a. The socioeconomics of genetically modified biofortified crops: a systematic review and meta-analysis[J]. Annals of the New York Academy of Sciences, 1390 (1): 14-33.

de Steur H, Wesana J, Blancquaert D, et al. 2017b. Methods matter: a meta-regression on the determinants of willingness-to-pay studies on biofortified foods[J]. Annals of the New York Academy of Sciences, 1390 (1): 34-46.

de Valença A W, Bake A, Brouwer I D, et al. 2017. Agronomic biofortification of crops to fight hidden hunger in sub-Saharan Africa[J]. Global Food Security, 12: 8-14.

de Wals P, Tairou F, van Allen M I, et al. 2007. Reduction in neural-tube defects after folic acid fortification in Canada[J]. The New England Journal of Medicine, 357 (2): 135-142.

Dey S, Goswami S, Goswami M. 2010. Prevalence of anaemia in women of reproductive age in Meghalaya: a logistic regression analysis[J]. Turkish Journal of Medical Sciences, 40 (5): 783-789.

Dixon S, Shackley P. 2003. The use of willingness to pay to assess public preferences towards the fortification of foodstuffs with folic acid[J]. Health Expectations, 6 (2): 140-148.

Dodds W B, Monroe K B, Grewal D. 1991. Effects of price, brand, and store information on buyers' product evaluations[J]. Journal of Marketing Research, 28 (3): 307-319.

Duflo E, Dupas P, Kremer M. 2011. Peer effects, teacher incentives, and the impact of tracking: evidence from a randomized evaluation in Kenya[J]. American Economic Review, 101 (5): 1739-1774.

Durkin M S, Schneider H, Pathania V S, et al. 2006. Learning and developmental disabilities[M]// Jamison D, Breman J, Measham A, et al. Disease Control Priorities Related to Mental, Neurological, Developmental and Substance Abuse Disorders. Geneva: World Health Organization Press: 39-56.

Eichler K, Wieser S, Rüthemann I, et al. 2012. Effects of micronutrient fortified milk and cereal food for infants and children: a systematic review[J]. BMC Public Health, 12: 506.

Evans D B, Edejer T T, Adam T, et al. 2005. Achieving the millennium development goals for health: methods to assess the costs and health effects of interventions for improving health in developing countries[J]. British Medical Journal, 331 (7525): 1137-1140.

Evans L M, Petty R E. 2003. Self-guide framing and persuasion: responsibly increasing message processing to ideal levels[J]. Personality and Social Psychology Bulletin, 29 (3): 313-324.

Evenson R E, Gollin D. 2003. Crop genetic improvement in developing countries: overview and summary[M]//Evenson R E, Gollin D. Crop Variety Improvement and Its Effect on Productivity: The Impact of International Agricultural Research. Wallingford: CABI Publishing: 7-38.

Falguera V, Aliguer N, Falguera M. 2012. An integrated approach to current trends in food consumption: moving toward functional and organic products? [J]. Food Control, 26 (2): 274-281.

Feuchtbaum L B, Currier R J, Riggle S, et al. 1999. Neural tube defect prevalence in California (1990-1994): eliciting patterns by type of defect and maternal race/ethnicity[J]. Genetic Testing, 3 (3): 265-272.

Fiedler J L, Macdonald B. 2012. Feasibility, costs, and cost-effectiveness analysis of fortification programs in 48 countries[J]. Food and Nutrition Bulletin, 30 (4): 283-316.

Finkelstein J L, Mehta S, Udipi S A, et al. 2015. A randomized trial of iron-biofortified pearl millet in school children in India[J]. The Journal of Nutrition, 145 (7): 1576-1581.

Fischer Walker C L, Ezzati M, Black R E. 2009. Global and regional child mortality and burden of disease attributable to zinc deficiency[J]. European Journal of Clinical Nutrition, 63 (5): 591-597.

Fiske S T. 1980. Attention and weight in person perception: the impact of negative and extreme behavior[J]. Journal of Personality and Social Psychology, 38 (6): 889-906.

Gallagher K M, Updegraff J A. 2012. Health message framing effects on attitudes, intentions, and behavior: a meta-analytic review[J]. Annals of Behavioral Medicine, 43 (1): 101-116.

Gannon B, Kaliwile C, Arscott S A, et al. 2014. Biofortified orange maize is as efficacious as a vitamin A supplement in Zambian children even in the presence of high liver reserves of vitamin A: a community-based, randomized placebo-controlled trial[J]. The American Journal of Clinical

Nutrition，100（6）：1541-1550.

Geers A L，Weiland P E，Kosbab K，et al. 2005. Goal activation，expectations，and the placebo effect[J]. Journal of Personality and Social Psychology，89（2）：143-159.

Geiger C J，Wyse B W，Parent C R，et al. 1991. Nutrition labels in bar graph format deemed most useful for consumer purchase decisions using adaptive conjoint analysis[J]. Journal of the American Dietetic Association，91（7）：800-807.

Gibson J，Rozelle S. 2002. How elastic is calorie demand？Parametric，nonparametric，and semiparametric results for urban Papua New Guinea[J]. Journal of Development Studies，38（6）：23-46.

Gibson R S. 2006. Zinc：the missing link in combating micronutrient malnutrition in developing countries[J]. Proceedings of the Nutrition Society，65（1）：51-60.

Ginon E，Chabanet C，Combris P，et al. 2014. Are decisions in a real choice experiment consistent with reservation prices elicited with BDM "auction"？The case of French baguettes[J]. Food Quality and Preference，31：173-180.

Gómez-Galera S，Rojas E，Sudhakar D，et al. 2010. Critical evaluation of strategies for mineral fortification of staple food crops[J]. Transgenic Research，19（2）：165-180.

Gould S J. 1988. Consumer attitudes toward health and health care：a differential perspective[J]. Journal of Consumer Affairs，22（1）：96-118.

Grewal D，Krishnan R，Baker J，et al. 1998. The effect of store name，brand name and price discounts on consumers' evaluations and purchase intentions[J]. Journal of Retailing，74（3）：331-352.

Grunert K G. 2005. Food quality and safety：consumer perception and demand[J]. European Review of Agricultural Economics，32（3）：369-391.

Grunert K G，Wills J，Celemín L F，et al. 2012. Socio-demographic and attitudinal determinants of nutrition knowledge of food shoppers in six European countries[J]. Food Quality and Preference，26（2）：166-177.

Guerrant R L，Lima A A M，Davidson F. 2000. Micronutrients and infection：interactions and implications with enteric and other infections and future priorities[J]. The Journal of Infectious Diseases，182（Supplement_1）：S134-S138.

Gunaratna N S，Bosha T，Belayneh D，et al. 2016. Women's and children's acceptance of biofortified quality protein maize for complementary feeding in rural Ethiopia[J]. Journal of the Science of Food and Agriculture，96（10）：3439-3445.

Haas J D，Beard J L，Murray-Kolb L E，et al. 2005. Iron-biofortified rice improves the iron stores of nonanemic Filipino women[J]. The Journal of Nutrition，135（12）：2823-2830.

Haas J D，Luna S V，Lung'aho M G，et al. 2016. Consuming iron biofortified beans increases iron status in Rwandan women after 128 days in a randomized controlled feeding trial[J]. The Journal of Nutrition，146（8）：1586-1592.

Hallberg L. 1981. Bioavailability of dietary iron in man[J]. Annual Review of Nutrition，1：123-147.

Hamilton R W，Srivastava J. 2008. When 2 + 2 is not the same as 1 + 3：variations in price sensitivity across components of partitioned prices[J]. Journal of Marketing Research，45（4）：450-461.

Hamukwala P，Oparinde A，Binswanger-Mkhize H P，et al. 2019. Design factors influencing willingness-to-pay estimates in the Becker-DeGroot-Marschak（BDM）mechanism and the non-hypothetical choice experiment: a case of biofortified maize in Zambia[J]. Journal of Agricultural Economics，70（1）：81-100.

Han D H，Duhachek A，Agrawal N. 2016. Coping and construal level matching drives health message effectiveness via response efficacy or self-efficacy enhancement[J]. Journal of Consumer Research，43（3）：429-447.

Hansen J，Kutzner F，Wänke M. 2013. Money and thinking: reminders of money trigger abstract construal and shape consumer judgments[J]. Journal of Consumer Research，39（6）：1154-1166.

Hansen J，Wänke M. 2011. The abstractness of luxury[J]. Journal of Economic Psychology，32（5）：789-796.

HarvestPlus. 2012. Disseminating orange-fleshed sweet potato: findings from a HarvestPlus Project in Mozambique and *Uganda*[R]. Washington DC: HarvestPlus.

Harvey P W J，Dary O. 2012. Governments and academic institutions play vital roles in food fortification: iron as an example[J]. Public Health Nutrition，15（10）：1791-1795.

Hayes A F. 2013. Introduction to Mediation，Moderation，and Conditional Process Analysis: A Regression-Based Approach[M]. New York: The Guilford Press.

Hein M，Kurz P，Steiner W J. 2020. Analyzing the capabilities of the HB logit model for choice-based conjoint analysis: a simulation study[J]. Journal of Business Economics，90（1）：1-36.

Hellyer N E，Fraser I，Haddock-Fraser J. 2012. Food choice，health information and functional ingredients: an experimental auction employing bread[J]. Food Policy，37（3）：232-245.

Herr P M，Kardes F R，Kim J. 1991. Effects of word-of-mouth and product-attribute information on persuasion: an accessibility-diagnosticity perspective[J]. Journal of Consumer Research，17（4）：454-462.

Herrington C，Lividini K，Angel M D，et al. 2019. Prioritizing Countries for Biofortification Interventions: Biofortification Priority Index Second Edition（BPI 2.0）[R]. HarvestPlus Working Paper No. 40.

Higgins E T. 1998. Promotion and prevention: regulatory focus as a motivational principle[J]. Advances in Experimental Social Psychology，30：1-46.

Higgins E T. 2000. Making a good decision: value from fit[J]. American Psychologist，55（11）：1217-1230.

Higgins E T，Friedman R S，Harlow R E，et al. 2001. Achievement orientations from subjective histories of success: promotion pride versus prevention pride[J]. European Journal of Social Psychology，31（1）：3-23.

Hirschi K D. 2009. Nutrient biofortification of food crops[J]. Annual Review of Nutrition，29：401-421.

Hoddinott J. 2011. Agriculture，health，and nutrition: toward conceptualizing the linkages[C]. 2020 Conference: Leveraging Agriculture for Improving Nutrition and Health. New Delhi，India.

Holton A，Lee N，Coleman R. 2014. Commenting on health: a framing analysis of user comments in response to health articles online[J]. Journal of Health Communication，19（7）：825-837.

Hotz C，McClafferty B. 2007. From harvest to health: challenges for developing biofortified staple foods and determining their impact on micronutrient status[J]. Food and Nutrition Bulletin, 28 (2_suppl2): S271-S279.

Huang J Y, Ackerman J M, Sedlovskaya A. 2017. (De) contaminating product preferences: a multi-method investigation into pathogen threat's influence on used product preferences[J]. Journal of Experimental Social Psychology, 70: 143-152.

Huang L, Bai L, Zhang X Y, et al. 2019. Re-understanding the antecedents of functional foods purchase: mediating effect of purchase attitude and moderating effect of food neophobia[J]. Food Quality and Preference, 73: 266-275.

Imdad A, Bhutta Z A. 2012a. Routine iron/folate supplementation during pregnancy: effect on maternal anaemia and birth outcomes[J]. Paediatric and Perinatal Epidemiology, 26 (s1): 168-177.

Imdad A, Bhutta Z A. 2012b. Effects of calcium supplementation during pregnancy on maternal, fetal and birth outcomes[J]. Paediatric and Perinatal Epidemiology, 26 (s1): 138-152.

Irmak C, Wakslak C J, Trope Y. 2013. Selling the forest, buying the trees: the effect of construal level on seller-buyer price discrepancy[J]. Journal of Consumer Research, 40 (2): 284-297.

Jamison D T, Breman J G, Measham A R, et al. 2006. Disease Control Priorities in Developing Countries[M]. 2nd ed. Washington DC: The World Bank.

Jayanti R K, Burns A C. 1998. The antecedents of preventive health care behavior: an empirical study[J]. Journal of the Academy of Marketing Science, 26 (1): 6-15.

Jiang T, Xue Q. 2010. Fortified salt for preventing iodine deficiency disorders: a systematic review Chin[J]. Chinese Journal of Evidence-Based Medicine, 10: 857-861.

Johns T, Eyzaguirre P B. 2007. Biofortification, biodiversity and diet: a search for complementary applications against poverty and malnutrition[J]. Food Policy, 32 (1): 1-24.

Joireman J A, van Lange P A M, van Vugt M. 2004. Who cares about the environmental impact of cars? Those with an eye toward the future[J]. Environment and Behavior, 36 (2): 187-206.

Jones G, Steketee R W, Black R E, et al. 2003. How many child deaths can we prevent this year? [J]. The Lancet, 362 (9377): 65-71.

Kapil U, Bhavna A. 2002. Adverse effects of poor micronutrient status during childhood and adolescence[J]. Nutrition Reviews, 60: S84-S90.

Kareklas I, Carlson J R, Muehling D D. 2014. "I eat organic for my benefit and yours": egoistic and altruistic considerations for purchasing organic food and their implications for advertising strategists[J]. Journal of Advertising, 43 (1): 18-32.

Kidwell B, Farmer A, Hardesty D M. 2013. Getting liberals and conservatives to go green: political ideology and congruent appeals[J]. Journal of Consumer Research, 40 (2): 350-367.

Kim H, Rao A R, Lee A Y. 2009. It's time to vote: the effect of matching message orientation and temporal frame on political persuasion[J]. Journal of Consumer Research, 35 (6): 877-889.

King J C. 2002. Evaluating the impact of plant biofortification on human nutrition[J]. The Journal of Nutrition, 132 (3): 511S-513S.

Kosek M, Bern C, Guerrant R L. 2003. The global burden of diarrhoeal disease, as estimated from studies published between 1992 and 2000[J]. Bulletin of the World Health Organization, 81 (3):

197-204.

Labroo A A, Pocheptsova A. 2016. Metacognition and consumer judgment: fluency is pleasant but disfluency ignites interest[J]. Current Opinion in Psychology, 10: 154-159.

Lagerkvist C J, Okello J, Muoki P, et al. 2016. Nutrition promotion messages: the effect of information on consumer sensory expectations, experiences and emotions of vitamin A-biofortified sweet potato[J]. Food Quality and Preference, 52: 143-152.

Lancaster K J. 1966. A new approach to consumer theory[J]. The Journal of Political Economy, 74 (2): 132-157.

Latimer A E, Rivers S E, Rench T A, et al. 2008. A field experiment testing the utility of regulatory fit messages for promoting physical activity[J]. Journal of Experimental Social Psychology, 44 (3): 826-832.

Lee A Y, Aaker J L. 2004. Bringing the frame into focus: the influence of regulatory fit on processing fluency and persuasion[J]. Journal of Personality and Social Psychology, 86 (2): 205-218.

Lee A Y, Labroo A A. 2004. The effect of conceptual and perceptual fluency on brand evaluation[J]. Journal of Marketing Research, 41 (2): 151-165.

Lee K K, Zhao M. 2014. The effect of price on preference consistency over time[J]. Journal of Consumer Research, 41 (1): 109-118.

Liberman N, Trope Y. 2003. Construal level theory of intertemporal judgment and decision[M]// Loewenstein G, Read D, Baumeister R F. Time and Decision: Economic and Psychological Perspectives on Intertemporal Choice. New York: Russel Sage Foundation: 245-276.

Lichters M, Wackershauser V, Han S X, et al. 2019. On the applicability of the BDM mechanism in product evaluation[J]. Journal of Retailing and Consumer Services, 51: 1-7.

List J A, Gallet C A. 2001. What experimental protocol influence disparities between actual and hypothetical stated values? [J]. Environmental and Resource Economics, 20 (3): 241-254.

Lividini K, Fiedler J L. 2015. Assessing the promise of biofortification: a case study of high provitamin A maize in Zambia[J]. Food Policy, 54: 65-77.

Lockie S, Lyons K, Lawrence G, et al. 2002. Eating "green": motivations behind organic food consumption in Australia[J]. Sociologia Ruralis, 42 (1): 23-40.

Loken B, Barsalou L W, Joiner C. 2008. Categorization theory and research in consumer psychology: category representation and category-based inference[M]//Haugtvedt C P, Herr P M, Kardes F R. Handbook of Consumer Psychology. New York: Psychology Press: 133-163.

López-Mosquera N. 2016. Gender differences, theory of planned behavior and willingness to pay[J]. Journal of Environmental Psychology, 45: 165-175.

Low J W, Arimond M, Osman N, et al. 2007. A food-based approach introducing orange-fleshed sweet potatoes increased vitamin A intake and serum retinol concentrations in young children in rural Mozambique[J]. The Journal of Nutrition, 137 (5): 1320-1327.

Lyttkens C H. 2003. Time to disable DALYs? [J]. The European Journal of Health Economics, 4(3): 195-202.

Ma G S, Jin Y, Li Y P, et al. 2008. Iron and zinc deficiencies in China: what is a feasible and cost-effective strategy? [J]. Public Health Nutrition, 11 (6): 632-638.

Mai R, Hoffmann S. 2012. Taste lovers versus nutrition fact seekers: how health consciousness and self-efficacy determine the way consumers choose food products[J]. Journal of Consumer Behaviour, 11 (4): 316-328.

Mandal S, Prabhakar V R, Pal J, et al. 2014. An assessment of nutritional status of children aged 0-14 years in a slum area of Kolkata[J]. International Journal of Medicine and Public Health, 4 (2): 159-162.

Marette S, Roosen J, Blanchemanche S, et al. 2010. Functional food, uncertainty and consumers' choices: a lab experiment with enriched yoghurts for lowering cholesterol[J]. Food Policy, 35 (5): 419-428.

Masset E, Haddad L, Cornelius A, et al. 2012. Effectiveness of agricultural interventions that aim to improve nutritional status of children: systematic review[J]. BMJ, 344: d8222.

Mathers C D, Vos E T, Stevenson C E, et al. 2001. The burden of disease and injury in Australia[J]. Bulletin of the World Health Organization, 79 (11): 1076-1084.

Mayer J E, Pfeiffer W H, Beyer P. 2008. Biofortified crops to alleviate micronutrient malnutrition[J]. Current Opinion in Plant Biology, 11 (2): 166-170.

Mayo-Wilson E, Imdad A, Herzer K, et al. 2011. Vitamin A supplementation for preventing morbidity and mortality in children from 6 months to 5 years of age[J]. Journal of Evidence-Based Medicine, 4 (2): 141-141.

Meas T, Hu W Y, Batte M T, et al. 2015. Substitutes or complements? consumer preference for local and organic food attributes[J]. American Journal of Agricultural Economics, 97 (4): 1044-1071.

Meenakshi J V, Johnson N L, Manyong V M, et al. 2010. How cost-effective is biofortification in combating micronutrient malnutrition? An *ex ante* assessment[J]. World Development, 38 (1): 64-75.

Michaelidou N, Hassan L M. 2008. The role of health consciousness, food safety concern and ethical identity on attitudes and intentions towards organic food[J]. International Journal of Consumer Studies, 32 (2): 163-170.

Miller K M, Hofstetter R, Krohmer H, et al. 2011. How should consumers' willingness to pay be measured? An empirical comparison of state-of-the-art approaches[J]. Journal of Marketing Research, 48 (1): 172-184.

Molden D C, Lee A Y, Higgins E T. 2008. Motivations for promotion and prevention[M]//Shah J Y, Gardner W L. Handbook of Motivation Science. New York: The Guilford Press: 169-187.

Moorman M, van den Putte B. 2008. The influence of message framing, intention to quit smoking, and nicotine dependence on the persuasiveness of smoking cessation messages[J]. Addictive Behaviors, 33 (10): 1267-1275.

Morawetz U B, de Groote H, Kimenju S C. 2011. Improving the use of experimental auctions in Africa: theory and evidence[J]. Journal of Agricultural and Resource Economics, 36 (2): 263-279.

Moro D, Veneziani M, Sckokai P, et al. 2015. Consumer willingness to pay for catechin-enriched yogurt: evidence from a stated choice experiment[J]. Agribusiness, 31 (2): 243-258.

Morris M L, Bellon M R. 2004. Participatory plant breeding research: opportunities and challenges for the international crop improvement system[J]. Euphytica，136（1）：21-35.

Murray C J L，Lopez A D. 1996. The Global Burden of Disease：A Comprehensive Assessment of Mortality and Disability from Diseases，Injuries，and Risk Factors in 1990 and Projected to 2020[M]. Cambridge：Harvard School of Public Health.

Musgrove P，Fox-Rushby J. 2006. Cost-effectiveness analysis for priority setting[M]//Jamison D T，Breman J G，Measham A R，et al. Disease Control Priorities in Developing Countries. 2nd ed. Washington DC：The World Bank：271-285.

Musser W N，Wetzstein M E，Reece S Y，et al. 1986. Beliefs of farmers and adoption of integrated pest management[J]. Agricultural Economics Research，38（1）：34-44.

Naylor R W，Droms C M，Haws K L. 2009. Eating with a purpose：consumer response to functional food health claims in conflicting versus complementary information environments[J]. Journal of Public Policy & Marketing，28（2）：221-233.

Nestel P，Bouis H E，Meenakshi J V，et al. 2006. Biofortification of staple food crops[J]. The Journal of Nutrition，136（4）：1064-1067.

Newman C L，Howlett E，Burton S. 2014. Shopper response to front-of-package nutrition labeling programs：potential consumer and retail store benefits[J]. Journal of Retailing，90（1）：13-26.

Nguema A，Norton G W，Fregene M，et al. 2011. Expected economic benefits of meeting nutritional needs through biofortified cassava in *Nigeria* and Kenya[J]. African Journal of Agricultural and Resource Economics，6（1）：1-17.

Olivares M，Walter T，Hertrampf E，et al. 1999. Anaemia and iron deficiency disease in children[J]. British Medical Bulletin，55（3）：534-543.

Olney D K，Rawat R，Ruel M T. 2012. Identifying potential programs and platforms to deliver multiple micronutrient interventions[J]. The Journal of Nutrition，142（1）：178S-185S.

Oluba O M，Oredokun-Lache A B，Odutuga A A. 2018. Effect of vitamin A biofortification on the nutritional composition of cassava flour（gari）and evaluation of its glycemic index in healthy adults[J]. Journal of Food Biochemistry，42（4）：e12450.

Oparinde A，Banerji A，Birol E，et al. 2016a. Information and consumer willingness to pay for biofortified yellow cassava：evidence from experimental auctions in *Nigeria*[J]. Agricultural Economics，47（2）：215-233.

Oparinde A，Birol E，Murekezi A，et al. 2016b. Radio messaging frequency，information framing，and consumer willingness to pay for biofortified iron beans：evidence from revealed preference elicitation in rural Rwanda[J]. Canadian Journal of Agricultural Economics/Revue Canadienne D'Agroéconomie，64（4）：613-652.

Osendarp S J M，Martinez H，Garrett G S，et al. 2018. Large-scale food fortification and biofortification in low-and middle-income countries：a review of programs，trends，challenges，and evidence gaps[J]. Food and Nutrition Bulletin，39（2）：315-331.

Park H，Reber B H，Chon M G. 2016. Tweeting as health communication：health organizations' use of Twitter for health promotion and public engagement[J]. Journal of Health Communication，21（2）：188-198.

Parker J R，Lehmann D R，Xie Y. 2016. Decision comfort[J]. Journal of Consumer Research，43（1）：

113-133.

Pedersen O W. 2008. Benefits and costs of the environment: copenhagen consensus 2008[J]. Journal of Environmental Law, 20 (3): 465-473.

Penn J M, Hu W Y. 2018. Understanding hypothetical bias: an enhanced meta-analysis[J]. American Journal of Agricultural Economics, 100 (4): 1186-1206.

Peters D H, Tran N T, Adam T. 2013. Implementation Research in Health: A Practical Guide[M]. Geneva: World Health Organization.

Ploysangam A, Falciglia G A, Brehm B J. 1997. Effect of marginal zinc deficiency on human growth and development[J]. Journal of Tropical Pediatrics, 43 (4): 192-198.

Prasad A, Strijnev A, Zhang Q. 2008. What can grocery basket data tell us about health consciousness? [J]. International Journal of Research in Marketing, 25 (4): 301-309.

Pray C E, Huang J K. 2007. Biofortification for China: political responses to food fortification and GM technology, interest groups, and possible strategies[J]. AgBioForum, 10 (3): 161-169.

Preacher K J, Rucker D D, Hayes A F. 2007. Addressing moderated mediation hypotheses: theory, methods, and prescriptions[J]. Multivariate Behavioral Research, 42 (1): 185-227.

Qaim M, Stein A J, Meenakshi J V. 2007. Economics of biofortification[J]. Agricultural Economics, 37 (s1): 119-133.

Ramakrishnan U. 2002. Prevalence of micronutrient malnutrition worldwide[J]. Nutrition Reviews, 60: S46-S52.

Rao A R, Monroe K B. 1989. The effect of price, brand name, and store name on buyers' perceptions of product quality: an integrative review[J]. Journal of Marketing Research, 26 (3): 351-357.

Ravallion M. 1990. Income effects on undernutrition[J]. Economic Development and Cultural Change, 38 (3): 489-515.

Rawat N, Neelam K, Tiwari V K, et al. 2013. Biofortification of cereals to overcome hidden hunger[J]. Plant Breeding, 132 (5): 437-445.

Reber R, Schwarz N, Winkielman P. 2004. Processing fluency and aesthetic pleasure: is beauty in the perceiver's processing experience? [J]. Personality and Social Psychology Review, 8 (4): 364-382.

Reber R, Winkielman P, Schwarz N. 1998. Effects of perceptual fluency on affective judgments[J]. Psychological Science, 9 (1): 45-48.

Reinhardt U E, Cheng T M. 2000. The world health report 2000-health systems: improving performance[J]. Bulletin of the World Health Organization, 78 (8): 1064.

Renner B, Knoll N, Schwarzer R. 2000. Age and body make a difference in optimistic health beliefs and nutrition behaviors[J]. International Journal of Behavioral Medicine, 7 (2): 143-159.

Ricci E C, Banterle A, Stranieri S. 2018. Trust to go green: an exploration of consumer intentions for eco-friendly convenience food[J]. Ecological Economics, 148: 54-65.

Roosen J, Bieberstein A, Blanchemanche S, et al. 2015. Trust and willingness to pay for nanotechnology food[J]. Food Policy, 52: 75-83.

Rothman A J, Salovey P. 1997. Shaping perceptions to motivate healthy behavior: the role of message framing[J]. Psychological Bulletin, 121 (1): 3-19.

Rucker D D, Galinsky A D. 2008. Desire to acquire: powerlessness and compensatory consumption[J]. Journal of Consumer Research, 35 (2): 257-267.

Rudan I, Tomaskovic L, Boschi-Pinto C, et al. 2004. Global estimate of the incidence of clinical pneumonia among children under five years of age[J]. Bulletin of the World Health Organization, 82 (12): 895-903.

Rush D. 2000. Nutrition and maternal mortality in the developing world[J]. The American Journal of Clinical Nutrition, 72 (1): 212S-240S.

Sachs J D, McArthur J W, Schmidt-Traub G, et al. 2004. Ending Africa's poverty trap[J]. Brookings Papers on Economic Activity, (1): 117-240.

Salovey P. 2005. Promoting prevention and detection: psychologically tailoring and framing messages about health[M]//Bibace R, Laird J D, Noller K L, et al. Science and Medicine in Dialogue: Thinking Through Particulars and Universals. Westport: Praeger: 17-42.

Saltzman A, Birol E, Bouis H E, et al. 2013. Biofortification: progress toward a more nourishing future[J]. Global Food Security, 2 (1): 9-17.

Saltzman A, Birol E, Oparinde A, et al. 2017. Availability, production, and consumption of crops biofortified by plant breeding: current evidence and future potential[J]. Annals of the New York Academy of Sciences, 1390 (1): 104-114.

Schwarz N. 2004. Metacognitive experiences in consumer judgment and decision making[J]. Journal of Consumer Psychology, 14 (4): 332-348.

Seta J J, Seta C E, McCormick M. 2017. Commonalities and differences among frames: a unification model[J]. Journal of Behavioral Decision Making, 30 (5): 1113-1130.

Sharma P, Aggarwal P, Kaur A. 2017. Biofortification: a new approach to eradicate hidden hunger[J]. Food Reviews International, 33 (1): 1-21.

Sherwin J C, Reacher M H, Dean W H, et al. 2012. Epidemiology of vitamin A deficiency and xerophthalmia in at-risk populations[J]. Transactions of the Royal Society of Tropical Medicine and Hygiene, 106 (4): 205-214.

Shikuku K M, Okello J J, Sindi K, et al. 2019. Effect of farmers' multidimensional beliefs on adoption of biofortified crops: evidence from sweetpotato farmers in Tanzania[J]. The Journal of Development Studies, 55 (2): 227-242.

Shrimpton R, Victora C G, de Onis M, et al. 2001. Worldwide timing of growth faltering: implications for nutritional interventions[J]. Pediatrics, 107 (5): e75.

Siegrist M, Cvetkovich G, Roth C. 2000. Salient value similarity, social trust, and risk/benefit perception[J]. Risk Analysis, 20 (3): 353-362.

Siegrist M, Shi J, Giusto A, et al. 2015. Worlds apart. Consumer acceptance of functional foods and beverages in Germany and China[J]. Appetite, 92: 87-93.

Siró I, Kápolna E, Kápolna B, et al. 2008. Functional food. Product development, marketing and consumer acceptance-a review[J]. Appetite, 51 (3): 456-467.

Smith V. 2014. Multiple-micronutrient supplementation for women during pregnancy[J]. The Practising Midwife, 17 (1): 36-38.

Song H, Schwarz N. 2009. If it's difficult to pronounce, it must be risky: fluency, familiarity, and risk perception[J]. Psychological Science, 20 (2): 135-138.

Stein A J, Meenakshi J V, Qaim M, et al. 2005. Health benefits of biofortification-an ex-ante analysis of iron-rich rice and wheat in India[C]. American Agricultural Economics Association Annual Meeting.

Stein A J, Nestel P, Meenakshi J V, et al. 2007. Plant breeding to control zinc deficiency in India: how cost-effective is biofortification? [J]. Public Health Nutrition, 10 (5): 492-501.

Stein A J, Sachdev H P S, Qaim M. 2008. Genetic engineering for the poor: golden rice and public health in India[J]. World Development, 36 (1): 144-158.

Stevens R, Winter-Nelson A. 2008. Consumer acceptance of provitamin A-biofortified maize in Maputo, Mozambique[J]. Food Policy, 33 (4): 341-351.

Sundar A, Noseworthy T J. 2016. Too exciting to fail, too sincere to succeed: the effects of brand personality on sensory disconfirmation[J]. Journal of Consumer Research, 43 (1): 44-67.

Talsma E F, Brouwer I D, Verhoef H, et al. 2016. Biofortified yellow cassava and vitamin A status of Kenyan children: a randomized controlled trial[J]. The American Journal of Clinical Nutrition, 103 (1): 258-267.

Talsma E F, Melse-Boonstra A, Brouwer I D. 2017. Acceptance and adoption of biofortified crops in low-and middle-income countries: a systematic review[J]. Nutrition Reviews, 75 (10): 798-829.

Tang G. 2010. Bioconversion of dietary provitamin A carotenoids to vitamin A in humans[J]. The American Journal of Clinical Nutrition, 91 (5): 1468S-1473S.

Teuber R, Dolgopolova I, Nordström J. 2016. Some like it organic, some like it purple and some like it ancient: consumer preferences and WTP for value-added attributes in whole grain bread[J]. Food Quality and Preference, 52: 244-254.

Tian X, Yu X H. 2015. Using semiparametric models to study nutrition improvement and dietary change with different indices: the case of China[J]. Food Policy, 53: 67-81.

Townsend C, Kahn B E. 2014. The "visual preference heuristic": the influence of visual versus verbal depiction on assortment processing, perceived variety, and choice overload[J]. Journal of Consumer Research, 40 (5): 993-1015.

Traoré L, Banou A A, Sacko D, et al. 1998. Strategies to reduce vitamin A deficiency[J]. Cahiers D'études et de Recherches Francophones/Santé, 8 (2): 158.

Trope Y, Liberman N. 2010. Construal-level theory of psychological distance[J]. Psychological Review, 117 (2): 440-463.

Trope Y, Liberman N, Wakslak C. 2007. Construal levels and psychological distance: effects on representation, prediction, evaluation, and behavior[J]. Journal of Consumer Psychology, 17 (2): 83-95.

Underwood B A. 1999. Micronutrient Deficiencies as a Public Health Problem in Developing Countries and Effectiveness of Supplementation, Fortification, and Nutrition Education Programs: Is There a Role for Agriculture? [M]. Washington DC: International Food Policy Research Institute.

Unnevehr L J. 1986. Consumer demand for rice grain quality and returns to research for quality improvement in Southeast Asia[J]. American Journal of Agricultural Economics, 68 (3):

634-641.

van Jaarsveld P J, Faber M, Tanumihardjo S A, et al. 2005. β-carotene-rich orange-fleshed sweet potato improves the vitamin A status of primary school children assessed with the modified-relative-dose-response test[J]. The American Journal of Clinical Nutrition, 81 (5): 1080-1087.

Vassalos M, Hu W Y, Woods T, et al. 2016. Risk preferences, transaction costs, and choice of marketing contracts: evidence from a choice experiment with fresh vegetable producers[J]. Agribusiness, 32 (3): 379-396.

Vecchio R, van Loo E J, Annunziata A. 2016. Consumers' willingness to pay for conventional, organic and functional yogurt: evidence from experimental auctions[J]. International Journal of Consumer Studies, 40 (3): 368-378.

Vickrey W. 1961. Counterspeculation, auctions, and competitive sealed tenders[J]. Journal of Finance, 16 (1): 8-37.

Volinskiy D, Adamowicz W L, Veeman M, et al. 2009. Does choice context affect the results from incentive-compatible experiments? The case of non-GM and country-of-origin premia in canola oil[J]. Canadian Journal of Agricultural Economics/Revue Canadienne D'Agroéconomie, 57 (2): 205-221.

Vollset S E, Refsum H, Irgens L M, et al. 2000. Plasma total homocysteine, pregnancy complications, and adverse pregnancy outcomes: the Hordaland Homocysteine study[J]. The American Journal of Clinical Nutrition, 71 (4): 962-968.

Voss R P Jr, Corser R, McCormick M, et al. 2018. Influencing health decision-making: a study of colour and message framing[J]. Psychology & Health, 33 (7): 941-954.

Wakeel A, Arif S, Bashir M A, et al. 2018. Perspectives of folate biofortification of cereal grains[J]. Journal of Plant Nutrition, 41 (19): 2507-2524.

Wakefield K L, Inman J J. 2003. Situational price sensitivity: the role of consumption occasion, social context and income[J]. Journal of Retailing, 79 (4): 199-212.

Waldman K B, Kerr J M, Isaacs K B. 2014. Combining participatory crop trials and experimental auctions to estimate farmer preferences for improved common bean in Rwanda[J]. Food Policy, 46: 183-192.

Welch R M. 2001. Micronutrients, agriculture and nutrition: linkages for improved health and well being[J]. Perspectives on the Micronutrient Nutrition of Crops, 247-289.

Welch R M, Graham R D. 2004. Breeding for micronutrients in staple food crops from a human nutrition perspective[J]. Journal of Experimental Botany, 55 (396): 353-364.

White K, MacDonnell R, Dahl D W. 2011. It's the mind-set that matters: the role of construal level and message framing in influencing consumer efficacy and conservation behaviors[J]. Journal of Marketing Research, 48 (3): 472-485.

White P J, Broadley M R. 2009. Biofortification of crops with seven mineral elements often lacking in human diets-iron, zinc, copper, calcium, magnesium, selenium and iodine[J]. New Phytologist, 182 (1): 49-84.

Whitehair K J, Shanklin C W, Brannon L A. 2013. Written messages improve edible food waste behaviors in a university dining facility[J]. Journal of the Academy of Nutrition and Dietetics，113（1）：63-69.

Wintergerst E S，Maggini S，Hornig D H. 2007. Contribution of selected vitamins and trace elements to immune function[J]. Annals of Nutrition and Metabolism，51（4）：301-323.

Wolters E A. 2014. Attitude-behavior consistency in household water consumption[J]. The Social Science Journal，51（3）：455-463.

World Bank. 1993. World Development Report 1993：Investing in Health[M]. New York，N.Y.：Oxford University Press.

World Bank. 2009. The World Bank Annual Report 2009：Year in Review[M]. Washington DC：World Bank Publications.

World Health Organization. 2002. World Health Report 2002：Reducing Risks，Promoting Healthy Life[M]. Geneva：World Health Organization.

World Health Organization. 2007. Standards for Maternal and Neonatal Care[M]. Geneva：World Health Organization.

World Health Organization. 2015. Guideline：Optimal Serum and Red Blood Cell Folate Concentrations in Women of Reproductive Age for Prevention of Neural Tube Defects[M]. Geneva：World Health Organization.

Wu L H，Wang S X，Zhu D，et al. 2015. Chinese consumers' preferences and willingness to pay for traceable food quality and safety attributes：the case of pork[J]. China Economic Review，35：121-136.

Xie D H，Yang T B，Liu Z Y，et al. 2016. Epidemiology of birth defects based on a birth defect surveillance system from 2005 to 2014 in Hunan Province，China[J]. PLoS One，11（1）：e0147280.

Xue H，Mainville D，You W，et al. 2010. Consumer preferences and willingness to pay for grass-fed beef：empirical evidence from in-store experiments[J]. Food Quality and Preference，21（7）：857-866.

Yan D F，Sengupta J. 2011. Effects of construal level on the price-quality relationship[J]. Journal of Consumer Research，38（2）：376-389.

Yi H M，Zhang H Q，Ma X C，et al. 2015. Impact of free glasses and a teacher incentive on children's use of eyeglasses：a cluster-randomized controlled trial[J]. American Journal of Ophthalmology，160（5）：889-896.

Yin S J，Wu L H，Du L L，et al. 2010. Consumers' purchase intention of organic food in China[J]. Journal of the Science of Food and Agriculture，90（8）：1361-1367.

You D Z，Hug L，Ejdemyr S，et al. 2015. Global，regional，and national levels and trends in under-5 mortality between 1990 and 2015，with scenario-based projections to 2030：a systematic analysis by the UN Inter-agency Group for Child Mortality Estimation[J]. The Lancet，386（10010）：2275-2286.

You J，Imai K S，Gaiha R. 2016. Declining nutrient intake in a growing China：does household heterogeneity matter？[J]. World Development，77：171-191.

Zaman Q U，Aslam Z，Yaseen M，et al. 2018. Zinc biofortification in rice：leveraging agriculture to moderate hidden hunger in developing countries[J]. Archives of Agronomy and Soil Science, 64 (2): 147-161.

Zeithaml V A. 1988. Consumer perceptions of price, quality, and value: a means-end model and synthesis of evidence[J]. Journal of Marketing, 52 (3): 2-22.

Zeng Z Q, Yuan P, Wang Y P, et al. 2011. Folic acid awareness and intake among women in areas with high prevalence of neural tube defects in China: a cross-sectional study[J]. Public Health Nutrition, 14 (7): 1142-1147.

Zhang C M, Zhao W Y, Gao A X, et al. 2018. How could agronomic biofortification of rice be an alternative strategy with higher cost-effectiveness for human iron and zinc deficiency in China? [J]. Food and Nutrition Bulletin, 39 (2): 246-259.

Zhao X S, Lynch J G Jr, Chen Q M. 2010. Reconsidering Baron and Kenny: myths and truths about mediation analysis[J]. Journal of Consumer Research, 37 (2): 197-206.

Zhong F N, Xiang J, Zhu J. 2012a. Impact of demographic dynamics on food consumption: a case study of energy intake in China[J]. China Economic Review, 23 (4): 1011-1019.

Zhong M, Kawaguchi R, Kassai M, et al. 2012b. Retina, retinol, retinal and the natural history of vitamin A as a light sensor[J]. Nutrients, 4 (12): 2069-2096.

Zhou D, Yu X H. 2015. Calorie elasticities with income dynamics: evidence from the literature[J]. Applied Economic Perspectives and Policy, 37 (4): 575-601.

Zhou Y H, Tang J Y, Wu M J, et al. 2011. Effect of folic acid supplementation on cardiovascular outcomes: a systematic review and meta-analysis[J]. PLoS One, 6 (9): e25142.

Zhu C, Lopez R A, Liu X O. 2016. Information cost and consumer choices of healthy foods[J]. American Journal of Agricultural Economics, 98 (1): 41-53.

Zhu C, Lopez R A, Liu X O. 2019. Consumer responses to front-of-package labeling in the presence of information spillovers[J]. Food Policy, 86: 101723.

Zhu L, Ling H. 2008. National neural tube defects prevention program in China[J]. Food and Nutrition Bulletin, 29 (2): S196-S204.

Zimmermann R, Qaim M. 2004. Potential health benefits of golden rice: a Philippine case study[J]. Food Policy, 29 (2): 147-168.